普通高等院校数学类规划教材

# 应用线性代数

YINGYONG XIANXING DAISHU

（第二版）

大连理工大学城市学院基础教学部 组编

主 编 曹铁川

副主编 高桂英 刘怡娣

编 者 高旭彬 张 鹤

大连理工大学出版社

**图书在版编目(CIP)数据**

应用线性代数 / 大连理工大学城市学院基础教学部组编；曹铁川主编. -- 2 版. -- 大连：大连理工大学出版社，2022.12(2024.12 重印)
普通高等院校数学类规划教材
ISBN 978-7-5685-3991-3

Ⅰ. ①应… Ⅱ. ①大… ②曹… Ⅲ. ①线性代数—高等学校—教材 Ⅳ. ①O151

中国版本图书馆 CIP 数据核字(2022)第 218783 号

大连理工大学出版社出版
地址：大连市软件园路 80 号　邮政编码：116023
营销中心：0411-84707410　84708842　邮购及零售：0411-84706041
E-mail：dutp@dutp.cn　URL：https://www.dutp.cn
辽宁星海彩色印刷有限公司印刷　　大连理工大学出版社发行

幅面尺寸：185mm×260mm　印张：12.75　字数：295 千字
2011 年 7 月第 1 版　　2022 年 12 月第 2 版
2024 年 12 月第 3 次印刷

责任编辑：王晓历　　责任校对：常　皓
封面设计：张　莹

ISBN 978-7-5685-3991-3　　定　价：35.80 元

# 前言 Preface

在大学教育中，线性代数是理工、金融、管理等众多专业必修的一门重要基础课程. 不仅因为它的理论与方法遍及自然科学、工程技术，以及经济学等多个领域，有着应用的广泛性，而且从人才素质培养方面来讲，也是不可或缺的.

线性代数的基本概念、基本理论和基本方法具有较强的逻辑性、抽象性，这些特点恰恰又使一些初学者望而生畏.《应用线性代数》(第二版)是为普通高等院校，特别是应用型本科院校所编写的. 考虑实际的授课对象，我们在编写过程中，在遵循本学科系统性与科学性的前提下，内容选择尽量少而精，概念的引入、理论的展开、篇章的过渡，尽可能从学生熟知的实例出发，并选择恰当的切入点，由浅入深，循序渐进，融会贯通. 本教材充分注意到应用型本科学生的发展要求，既重视理论基础，又注重实际应用，对于较难的理论证明做了适当的弱化处理，代之以通俗直观的举例或类比加以说明.

例如，从我国古代著名算题及解线性方程组入手，给出了二阶、三阶行列式的概念，并统一于用递归法定义的 $n$ 阶行列式，这样的定义自然易懂，避免了用逆序法定义的烦琐，还使学生尽早熟悉了代数余子式的概念.

又如，从电路、线性方程组，以及我国民间流传甚广的“田忌赛马”故事中引出矩阵的概念，从救灾物品捐助、运输等实际问题中，归纳出矩阵的加法、数乘，以及矩阵和矩阵的乘法定义. 结合解线性方程组的消元法，引出了矩阵的初等变换及矩阵秩的概念.

对于初学者难以理解的向量的线性相关性、向量组的秩、最大线性无关组，我们采用了“调色”的比喻，帮助学生直观理解.

再如，关于向量空间、向量空间的基、向量的坐标等概念，是通过与解析几何的知识类比加以说明的. 每章之后我们特别附设了“应用实例阅读”一节，收录了一些具有真实背景并用该章知识即能圆满解决的成功范例. 这些实例涉及领域广泛，生动地展示了线性代数作为表达、分析、计算工具，在解决离散线性关系问题时的强大功能.

简而言之，我们着力追求的是把“直观化”“形象化”“应用性”的教学构想贯彻本教材始终.

《应用线性代数》(第二版)涵盖了线性代数课程的最基本内容和方法，通过本课程的学习，读者将熟悉和掌握行列式的运算、矩阵理论和基本运算、线性方程组的理论和求解方法，掌握矩阵的特征值和特征向量、矩阵的对角化及二次型的标准化和正定二次型的基本理论等.本教材还介绍了如何在线性代数运算中使用 MATLAB 软件，为应用型本科院校学生的培养提供新的尝试.

本教材由大连理工大学城市学院基础教学部组织编写，曹铁川任主编并负责统稿，副主编有高桂英(第 2 章、第 5 章)、刘怡娣(第 1 章)，编者有高旭彬(第 3 章)、张鹤(第 4 章)。

本版教材是在《应用线性代数》基础上，根据近年来的教学实验，按照精品教材的要求修订而成的。本次修订主要是结合实情对例题和习题做了较多的调整，并加入针对重点或难点知识的讲解视频，使教材更有利于教与学。本次修订工作由曹铁川、高桂英、刘怡娣、张鹤完成。

由于作者水平有限，不妥之处在所难免，期待读者和同行批评指正。

**编　者**
**于大连理工大学城市学院**
2022 年 12 月

Contents

# 目录

# 第1章

# 行列式

行列式是一种特定的算式，是线性代数中的一个重要概念.行列式在对矩阵和线性方程组等问题的研究中起着重要的作用.作为重要的数学工具之一，在数学的许多分支和工程技术中也有着广泛的应用.本章的主要内容是通过对二元线性方程组和三元线性方程组的讨论，引出二阶行列式、三阶行列式的概念并推广到 $n$ 阶行列式，介绍行列式的性质和计算，以及求解线性方程组的克莱姆法则.

## 1.1 二阶和三阶行列式

### 1.1.1 二阶行列式

行列式的概念最初是伴随着求解方程个数与未知量个数相同的一次方程组提出来的.

**【例 1-1】** 鸡兔同笼问题是我国古代著名趣题之一，大约在 1 500 年前，《孙子算经》中就记载了这个问题：今有雉兔同笼，上有三十五头，下有九十四足，问雉兔各几何？

本题用二元一次方程组很容易解出答案.

**解** 设鸡有 $x$ 只，兔子有 $y$ 只，则由题意得

二元一次方程组

$$\begin{cases} x+y=35 \\ 2x+4y=94 \end{cases},$$

利用消元法，得

$$\begin{cases} x=23 \\ y=12 \end{cases},$$

即鸡 23 只，兔 12 只.

一般地，对于二元一次方程组

$$\begin{cases} a_{11}x_1+a_{12}x_2=b_1, \\ a_{21}x_1+a_{22}x_2=b_2 \end{cases}, \tag{1-1}$$

当 $a_{11}a_{22}-a_{12}a_{21}\neq 0$ 时，用消元法求解方程组，得到唯一解：

$$\begin{cases} x_1=\dfrac{b_1a_{22}-b_2a_{12}}{a_{11}a_{22}-a_{12}a_{21}} \\ x_2=\dfrac{b_2a_{11}-b_1a_{21}}{a_{11}a_{22}-a_{12}a_{21}} \end{cases}. \tag{1-2}$$

引入记号

$$D=\begin{vmatrix} a & b \\ c & d \end{vmatrix}=ad-bc, \tag{1-3}$$

并称这个由 4 个数 $a,b,c,d$ 排成的两行、两列的式子 $\begin{vmatrix} a & b \\ c & d \end{vmatrix}$ 为**二阶行列式**，其中 $a,b,c,d$ 称为二阶行列式的 4 个**元素**.

由定义可知，$ad-bc$ 就是图 1-1 中行列式实连线（称为**主对角线**）上的两个元素的乘积与虚连线（称为**副对角线**）上的两个元素的乘积之差.

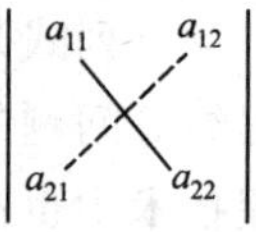

$$\begin{vmatrix} a_{11} & a_{12} \\ a_{21} & a_{22} \end{vmatrix}$$

图 1-1

在线性方程组(1-1)中，若记 $D=\begin{vmatrix} a_{11} & a_{12} \\ a_{21} & a_{22} \end{vmatrix}$（称为**系数行列式**），$D_1=\begin{vmatrix} b_1 & a_{12} \\ b_2 & a_{22} \end{vmatrix}$，$D_2=\begin{vmatrix} a_{11} & b_1 \\ a_{21} & b_2 \end{vmatrix}$，则当 $D\neq 0$ 时，方程组的唯一解就可以用行列式的形式表示为

$$x_1=\frac{D_1}{D}=\frac{\begin{vmatrix} b_1 & a_{12} \\ b_2 & a_{22} \end{vmatrix}}{\begin{vmatrix} a_{11} & a_{12} \\ a_{21} & a_{22} \end{vmatrix}},\quad x_2=\frac{D_2}{D}=\frac{\begin{vmatrix} a_{11} & b_1 \\ a_{21} & b_2 \end{vmatrix}}{\begin{vmatrix} a_{11} & a_{12} \\ a_{21} & a_{22} \end{vmatrix}}.$$

上面的结果，实际上提供了一种用行列式求解二元一次方程组的方法. 例如在前面“鸡兔同笼”问题中，$D=\begin{vmatrix} 1 & 1 \\ 2 & 4 \end{vmatrix}=2\neq 0$，方程组有唯一解.

鸡数 $$x=\frac{\begin{vmatrix} 35 & 1 \\ 94 & 4 \end{vmatrix}}{D}=\frac{46}{2}=23,$$

兔子数 $$y=\frac{\begin{vmatrix} 1 & 35 \\ 2 & 94 \end{vmatrix}}{D}=\frac{24}{2}=12.$$

## 1.1.2 三阶行列式

**定义 1-1** 由 9 个数 $a_{ij}\,(i,j=1,2,3)$ 排成的三行三列的式子

$$\begin{vmatrix} a_{11} & a_{12} & a_{13} \\ a_{21} & a_{22} & a_{23} \\ a_{31} & a_{32} & a_{33} \end{vmatrix}$$

称为**三阶行列式**. 它表示代数和

$$a_{11}a_{22}a_{33}+a_{12}a_{23}a_{31}+a_{13}a_{21}a_{32}-(a_{13}a_{22}a_{31})-(a_{12}a_{21}a_{33})-(a_{11}a_{23}a_{32}),$$

其中，$a_{ij}$ 称为行列式的**元素**；$i$ 表示 $a_{ij}$ 所在的**行数**，$j$ 表示 $a_{ij}$ 所在的**列数**.

从定义可以看出，三阶行列式表示的代数和中共有 6 项，而每一项都是不同行\，不同列的三个数的乘积，其计算方法可按照图 1-2 中的对角线法则来记忆.

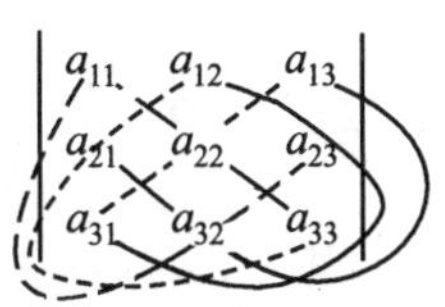


图 1-2

把 $a_{11}$ 到 $a_{33}$ 的实连线称为**主对角线**，$a_{13}$ 到 $a_{31}$ 的虚连线称为**副对角线**，图中三条实线是平行于主对角线的连线，三条虚线是平行于副对角线的连线，实线上三个元素之积冠以正号，虚线上三个元素之积冠以负号.

**【例 1-2】** 计算行列式 $D=\begin{vmatrix}1 & 1 & 4\\ 3 & -1 & 5\\ 1 & 2 & 0\end{vmatrix}$ 的值.

**解**　用对角线法则计算，得

$$\begin{aligned}D&=1\times(-1)\times0+1\times5\times1+4\times3\times2-4\times(-1)\times1-1\times3\times0-1\times5\times2\\&=0+5+24-(-4)-0-10\\&=23\end{aligned}$$

对于三元一次方程组

$$\begin{cases}a_{11}x_1+a_{12}x_2+a_{13}x_3=b_1\\a_{21}x_1+a_{22}x_2+a_{23}x_3=b_2\\a_{31}x_1+a_{32}x_2+a_{33}x_3=b_3\end{cases},$$

若记

$$D=\begin{vmatrix}a_{11} & a_{12} & a_{13}\\ a_{21} & a_{22} & a_{23}\\ a_{31} & a_{32} & a_{33}\end{vmatrix},\quad D_1=\begin{vmatrix}b_1 & a_{12} & a_{13}\\ b_2 & a_{22} & a_{23}\\ b_3 & a_{32} & a_{33}\end{vmatrix},$$

$$D_2=\begin{vmatrix}a_{11} & b_1 & a_{13}\\ a_{21} & b_2 & a_{23}\\ a_{31} & b_3 & a_{33}\end{vmatrix},\quad D_3=\begin{vmatrix}a_{11} & a_{12} & b_1\\ a_{21} & a_{22} & b_2\\ a_{31} & a_{32} & b_3\end{vmatrix},$$

经验证，当 $D\neq0$ 时，方程组有唯一解，且可用行列式表示为 $x_1=\dfrac{D_1}{D}$，$x_2=\dfrac{D_2}{D}$，$x_3=\dfrac{D_3}{D}$.

其中三阶行列式 $D$ 由方程组未知量的系数构成，称为系数行列式. $D_1$，$D_2$，$D_3$ 分别是由常数列 $b_1$，$b_2$，$b_3$ 代替 $D$ 中的第一列、第二列、第三列所构成的三阶行列式.

**【例 1-3】** 用行列式求解线性方程组

$$\begin{cases}x_1+x_2+x_3=6\\2x_1+x_2-2x_3=-2\\3x_1-x_2+x_3=4\end{cases}.$$

**解**　$D=\begin{vmatrix}1 & 1 & 1\\ 2 & 1 & -2\\ 3 & -1 & 1\end{vmatrix}$

$$=1\times1\times1+1\times(-2)\times3+1\times2\times(-1)-1\times1\times3-1\times2\times1-(-1)\times(-2)\times1$$

$=-14$，

$$D_1=\begin{vmatrix}6 & 1 & 1\\ -2 & 1 & -2\\ 4 & -1 & 1\end{vmatrix}=-14,$$

$$D_2=\begin{vmatrix}1 & 6 & 1\\ 2 & -2 & -2\\ 3 & 4 & 1\end{vmatrix}=-28,$$

$$D_3=\begin{vmatrix}1 & 1 & 6\\ 2 & 1 & -2\\ 3 & -1 & 4\end{vmatrix}=-42.$$

故方程组的解为

$$\begin{cases}x_1=\dfrac{D_1}{D}=1\\ x_2=\dfrac{D_2}{D}=2\\ x_3=\dfrac{D_3}{D}=3\end{cases}.$$

### 1.1.3 二阶行列式和三阶行列式的关系

余子式和代数余子式

由二阶行列式和三阶行列式的定义可知，

$$\begin{vmatrix}a_{11} & a_{12} & a_{13}\\ a_{21} & a_{22} & a_{23}\\ a_{31} & a_{32} & a_{33}\end{vmatrix}=a_{11}a_{22}a_{33}+a_{12}a_{23}a_{31}+a_{13}a_{21}a_{32}-(a_{13}a_{22}a_{31})-(a_{12}a_{21}a_{33})-(a_{11}a_{23}a_{32})$$

$$=a_{11}(a_{22}a_{33}-a_{23}a_{32})-a_{12}(a_{21}a_{33}-a_{23}a_{31})+a_{13}(a_{21}a_{32}-a_{22}a_{31})$$

$$=a_{11}\begin{vmatrix}a_{22} & a_{23}\\ a_{32} & a_{33}\end{vmatrix}-a_{12}\begin{vmatrix}a_{21} & a_{23}\\ a_{31} & a_{33}\end{vmatrix}+a_{13}\begin{vmatrix}a_{21} & a_{22}\\ a_{31} & a_{32}\end{vmatrix} \tag{1-4}$$

观察此式可以看出，三阶行列式等于它的第一行每个元素分别乘以一个二阶行列式的代数和.

为了进一步了解三阶行列式和二阶行列式的关系，下面给出余子式和代数余子式的概念.

以三阶行列式 $D=\begin{vmatrix}a_{11} & a_{12} & a_{13}\\ a_{21} & a_{22} & a_{23}\\ a_{31} & a_{32} & a_{33}\end{vmatrix}$ 为例，对元素 $a_{11}$ 而言，将元素 $a_{11}$ 所在的行和列划去后，留下的元素按原来的相对位置不变构成的二阶行列式，称为元素 $a_{11}$ 的**余子式**，记为

$$M_{11}=\begin{vmatrix}a_{22} & a_{23}\\ a_{32} & a_{33}\end{vmatrix}.$$

记 $A_{11}=(-1)^{1+1}M_{11}=(-1)^{1+1}\begin{vmatrix} a_{22} & a_{23} \\ a_{32} & a_{33} \end{vmatrix}$ 为元素 $a_{11}$ 的**代数余子式**.

类似有元素 $a_{21}$ 的代数余子式 $A_{21}=(-1)^{2+1}M_{21}=(-1)^{2+1}\begin{vmatrix} a_{12} & a_{13} \\ a_{32} & a_{33} \end{vmatrix}$.

一般地,在三阶行列式中,把元素 $a_{ij}$ 所在的第 $i$ 行和第 $j$ 列划去后,留下的元素按原来的相对位置不变构成的二阶行列式,称为元素 $a_{ij}$ 的**余子式**,记作 $M_{ij}$. 记 $A_{ij}=(-1)^{i+j}M_{ij}$,称为元素 $a_{ij}$ 的**代数余子式**.

**【例 1-4】** 设 $D=\begin{vmatrix} 2 & 0 & 3 \\ 1 & 4 & -1 \\ 2 & 1 & 1 \end{vmatrix}$,求第一行各元素的余子式和代数余子式.

**解**

$$M_{11}=\begin{vmatrix} 4 & -1 \\ 1 & 1 \end{vmatrix}=5,\ A_{11}=(-1)^{1+1}M_{11}=5;$$

$$M_{12}=\begin{vmatrix} 1 & -1 \\ 2 & 1 \end{vmatrix}=3,\ A_{12}=(-1)^{1+2}M_{12}=-3;$$

$$M_{13}=\begin{vmatrix} 1 & 4 \\ 2 & 1 \end{vmatrix}=-7,\ A_{13}=(-1)^{1+3}M_{13}=-7.$$

**【例 1-5】** 设行列式 $D=\begin{vmatrix} 3 & 1 & -2 \\ 2 & 4 & 3 \\ 5 & 0 & 1 \end{vmatrix}$,求行列式的值以及行列式的各行每个元素与其对应代数余子式的乘积之和.

**解** $D=3\times4\times1+1\times3\times5+2\times0\times(-2)-(-2)\times4\times5-1\times2\times1-3\times3\times0=65$

对于第一行有

$$3\times(-1)^2\begin{vmatrix} 4 & 3 \\ 0 & 1 \end{vmatrix}+1\times(-1)^3\begin{vmatrix} 2 & 3 \\ 5 & 1 \end{vmatrix}+(-2)\times(-1)^4\begin{vmatrix} 2 & 4 \\ 5 & 0 \end{vmatrix}$$

$=3\times(4-0)-1\times(2-15)+(-2)\times(0-20)$

$=12+13+40$

$=65.$

对于第二行有

$$2\times(-1)^3\begin{vmatrix} 1 & -2 \\ 0 & 1 \end{vmatrix}+4\times(-1)^4\begin{vmatrix} 3 & -2 \\ 5 & 1 \end{vmatrix}+3\times(-1)^5\begin{vmatrix} 3 & 1 \\ 5 & 0 \end{vmatrix}$$

$=-2\times(1-0)+4\times(3+10)-3\times(0-5)$

$=-2+52+15$

$=65.$

对于第三行有

$$5\times(-1)^4\begin{vmatrix} 1 & -2 \\ 4 & 3 \end{vmatrix}+0\times(-1)^5\begin{vmatrix} 3 & -2 \\ 2 & 3 \end{vmatrix}+1\times(-1)^6\begin{vmatrix} 3 & 1 \\ 2 & 4 \end{vmatrix}$$

$=5\times(3+8)+0+(12-2)$

$=65.$

这里注意到一个现象，即行列式每一行的各元素与其对应代数余子式的乘积之和结果相同并且等于行列式的值，事实上有下面的结论.

**定理 1-1** 三阶行列式的值等于它的任一行(列)的各元素与其对应代数余子式的乘积之和，并称此为**行列式的展开定理**，即

$$\begin{vmatrix} a_{11} & a_{12} & a_{13} \\ a_{21} & a_{22} & a_{23} \\ a_{31} & a_{32} & a_{33} \end{vmatrix} = a_{i1}A_{i1} + a_{i2}A_{i2} + a_{i3}A_{i3}$$

$$= \sum_{j=1}^{3} a_{ij}A_{ij} \quad (i=1,2,3) \tag{1-5}$$

或

$$\begin{vmatrix} a_{11} & a_{12} & a_{13} \\ a_{21} & a_{22} & a_{23} \\ a_{31} & a_{32} & a_{33} \end{vmatrix} = a_{1j}A_{1j} + a_{2j}A_{2j} + a_{3j}A_{3j}$$

$$= \sum_{i=1}^{3} a_{ij}A_{ij} \quad (j=1,2,3).$$

在上面的例题中，注意到若行列式的某行(列)元素有“0”，则可以简化运算，因此应用展开定理计算行列式的时候，往往选取含有“0”元素比较多的行(列).

# 1.2 *n* 阶行列式

由二阶行列式和三阶行列式的关系可发现，三阶行列式的值等于它的第一行各个元素与其对应代数余子式的乘积之和. 如果定义一阶行列式 $|a|=a$，那么在二阶行列式 $\begin{vmatrix} a_{11} & a_{12} \\ a_{21} & a_{22} \end{vmatrix}$ 中，与三阶行列式相似，各元素的代数余子式记作

$$A_{11}=(-1)^{1+1}a_{22}=a_{22}, \quad A_{12}=(-1)^{1+2}a_{21}=-a_{21},$$
$$A_{21}=(-1)^{2+1}a_{12}=-a_{12}, \quad A_{22}=(-1)^{2+2}a_{11}=a_{11},$$

则

$$D=\begin{vmatrix} a_{11} & a_{12} \\ a_{21} & a_{22} \end{vmatrix} = a_{11}|a_{22}| - a_{12}|a_{21}| = a_{11}A_{11} + a_{12}A_{12}. \tag{1-6}$$

如果把式(1-6)和式(1-5)作为二阶、三阶行列式的定义，那么这种定义方法是统一的，其特点都是用低阶行列式定义高一阶的行列式. 下面按照这种递归的方法，给出 $n$ 阶行列式的定义.

**定义 1-2** 设 $n^2$ 个数 $a_{ij}\,(i,j=1,2,\cdots,n)$，记号 $\begin{vmatrix} a_{11} & a_{12} & \cdots & a_{1n} \\ a_{21} & a_{22} & \cdots & a_{2n} \\ \vdots & \vdots & & \vdots \\ a_{n1} & a_{n2} & \cdots & a_{nn} \end{vmatrix}$ 称为 ***n* 阶行列式**，它是一个算式，其值为：

当 $n=1$ 时，$D=|a_{11}|=a_{11}$；

当 $n\geqslant 2$ 时，$D=\begin{vmatrix} a_{11} & a_{12} & \cdots & a_{1n} \\ a_{21} & a_{22} & \cdots & a_{2n} \\ \vdots & \vdots & & \vdots \\ a_{n1} & a_{n2} & \cdots & a_{nn} \end{vmatrix}=a_{11}A_{11}+a_{12}A_{12}+\cdots+a_{1n}A_{1n}$；

其中，$a_{ij}$ 称为行列式的**元素**；$i$ 表示 $a_{ij}$ 所在的**行数**；$j$ 表示 $a_{ij}$ 所在的**列数**.

$$A_{ij}=(-1)^{i+j}M_{ij},$$

$$M_{ij}=\begin{vmatrix} a_{11} & \cdots & a_{1,j-1} & a_{1,j+1} & \cdots & a_{1n} \\ \vdots & & \vdots & \vdots & & \vdots \\ a_{i-1,1} & \cdots & a_{i-1,j-1} & a_{i-1,j+1} & \cdots & a_{i-1,n} \\ a_{i+1,1} & \cdots & a_{i+1,j-1} & a_{i+1,j+1} & \cdots & a_{i+1,n} \\ \vdots & & \vdots & \vdots & & \vdots \\ a_{n1} & \cdots & a_{n,j-1} & a_{n,j+1} & \cdots & a_{nn} \end{vmatrix} \quad (i,j=1,2,\cdots,n),$$

称 $M_{ij}$ 为元素 $a_{ij}$ 的**余子式**，$A_{ij}$ 为元素 $a_{ij}$ 的**代数余子式**.

由定义可知，行列式的算式是由其 $n^2$ 个元素 $a_{ij}(i,j=1,2,\cdots,n)$ 的乘积构成的和式，即第一行各元素与其代数余子式的乘积之和，称此和式为**展开式**.

$n$ 阶行列式中，$a_{11},a_{22},\cdots,a_{nn}$ 所在的对角线称为行列式的**主对角线**，另一条对角线称为行列式的**副对角线**.

**【例 1-6】** 设 $D=\begin{vmatrix} 1 & 2 & 3 & 0 \\ 0 & 1 & 1 & 0 \\ 2 & y & -2 & 0 \\ -1 & -1 & 1 & 2 \end{vmatrix}$，计算元素 $y$ 的余子式和代数余子式.

**解** 根据余子式和代数余子式的定义，元素 $y$ 的余子式和代数余子式分别为

$$M_{32}=\begin{vmatrix} 1 & 3 & 0 \\ 0 & 1 & 0 \\ -1 & 1 & 2 \end{vmatrix} \xlongequal{r_3+r_1} \begin{vmatrix} 1 & 3 & 0 \\ 0 & 1 & 0 \\ 0 & 4 & 2 \end{vmatrix}=\begin{vmatrix} 1 & 0 \\ 4 & 2 \end{vmatrix}=2, A_{32}=(-1)^{3+2}M_{32}=-2.$$

**【例 1-7】** 计算**对角行列式**(除主对角线上的元素，其余元素全为零)

$$D=\begin{vmatrix} a_{11} & & & \\ & a_{22} & & \\ & & \ddots & \\ & & & a_{nn} \end{vmatrix}$$

的值.

**解** 注意到行列式的每一行只有一个非零元素，反复使用行列式的定义，有

$$D=a_{11}\begin{vmatrix} a_{22} & & \\ & a_{33} & & \\ & & \ddots & \\ & & & a_{nn} \end{vmatrix}=a_{11}a_{22}\begin{vmatrix} a_{33} & & \\ & \ddots & \\ & & a_{nn} \end{vmatrix}$$

$$=\cdots=a_{11}a_{22}\cdots a_{nn}.$$

【例 1-8】 证明 $n$ 阶**下三角行列式**(主对角线以上的元素全为零)($n\geqslant 2$)

$$D_n=\begin{vmatrix} a_{11} & & & \\ a_{21} & a_{22} & & \\ \vdots & \vdots & \ddots & \\ a_{n1} & a_{n2} & \cdots & a_{nn} \end{vmatrix}=a_{11}a_{22}\cdots a_{nn}.$$

**证明** 用数学归纳法.

当 $n=2$ 时,结论显然成立,$D_2=\begin{vmatrix} a_{11} & 0 \\ a_{21} & a_{22} \end{vmatrix}=a_{11}a_{22}$.

假设结论对 $n-1$ 阶下三角行列式成立,则由定义

$$D_n=\begin{vmatrix} a_{11} & & & \\ a_{21} & a_{22} & & \\ \vdots & \vdots & \ddots & \\ a_{n1} & a_{n2} & \cdots & a_{nn} \end{vmatrix}=(-1)^{1+1}a_{11}\begin{vmatrix} a_{22} & & & \\ a_{32} & a_{33} & & \\ \vdots & \vdots & \ddots & \\ a_{n2} & a_{n3} & \cdots & a_{nn} \end{vmatrix},$$

右端行列式是 $n-1$ 阶下三角行列式,根据归纳法假设得

$$D_n=a_{11}(a_{22}\cdots a_{nn})=a_{11}a_{22}\cdots a_{nn}.$$

用完全类似的方法可以证明**上三角行列式**(主对角线以下的元素全为零)

$$D=\begin{vmatrix} a_{11} & a_{12} & \cdots & a_{1n} \\ & a_{22} & \cdots & a_{2n} \\ & & \ddots & \vdots \\ & & & a_{nn} \end{vmatrix}=a_{11}a_{22}\cdots a_{nn}.$$

## 1.3 行列式的性质

直接用行列式定义计算行列式,一般是比较烦琐的.下面讨论一些行列式的性质,以期简化行列式的计算.

将行列式 $D$ 的各行与同序号的列互换,所得到的行列式称为行列式 $D$ 的**转置行列式**,记作 $D^{\mathrm{T}}$.

**性质 1** 行列式与它的转置行列式相等.

**证明** 这个性质可用数学归纳法证明,由于证明表述较繁,略去其证明.下面仅以二阶和三阶行列式为例,验证其正确性.

设二阶行列式 $D_2=\begin{vmatrix} a_{11} & a_{12} \\ a_{21} & a_{22} \end{vmatrix}$,则

$$D_2^{\mathrm{T}}=\begin{vmatrix} a_{11} & a_{21} \\ a_{12} & a_{22} \end{vmatrix}=a_{11}a_{22}-a_{12}a_{21}=D_2,$$

所以 $D_2=D_2^{\mathrm{T}}$.

设三阶行列式 $D_3=\begin{vmatrix} a_{11} & a_{12} & a_{13} \\ a_{21} & a_{22} & a_{23} \\ a_{31} & a_{32} & a_{33} \end{vmatrix}$，则 $D_3^{\mathrm{T}}=\begin{vmatrix} a_{11} & a_{21} & a_{31} \\ a_{12} & a_{22} & a_{32} \\ a_{13} & a_{23} & a_{33} \end{vmatrix}$，将 $D_3$ 按第一行展开

$$\begin{aligned} D_3 &= a_{11}A_{11}+a_{12}A_{12}+a_{13}A_{13} \\ &= a_{11}\begin{vmatrix} a_{22} & a_{23} \\ a_{32} & a_{33} \end{vmatrix}+a_{12}\times(-1)\begin{vmatrix} a_{21} & a_{23} \\ a_{31} & a_{33} \end{vmatrix}+a_{13}\begin{vmatrix} a_{21} & a_{22} \\ a_{31} & a_{32} \end{vmatrix} \\ &= a_{11}(a_{22}a_{33}-a_{32}a_{23})-a_{12}(a_{21}a_{33}-a_{31}a_{23})+a_{13}(a_{21}a_{32}-a_{31}a_{22}). \end{aligned}$$

将 $D_3^{\mathrm{T}}$ 按第一列展开

$$\begin{aligned} D_3^{\mathrm{T}} &= a_{11}A_{11}+a_{12}A_{21}+a_{13}A_{31} \\ &= a_{11}\begin{vmatrix} a_{22} & a_{32} \\ a_{23} & a_{33} \end{vmatrix}+a_{12}\times(-1)\begin{vmatrix} a_{21} & a_{31} \\ a_{23} & a_{33} \end{vmatrix}+a_{13}\begin{vmatrix} a_{21} & a_{31} \\ a_{22} & a_{32} \end{vmatrix} \\ &= a_{11}(a_{22}a_{33}-a_{32}a_{23})-a_{12}(a_{21}a_{33}-a_{31}a_{23})+a_{13}(a_{21}a_{32}-a_{31}a_{22}) \\ &= D_3. \end{aligned}$$

所以 $D_3=D_3^{\mathrm{T}}$.

由此性质可知，行列式中的行与列具有同等地位，因而讨论行列式性质时，凡是对行成立的，对列也同样成立，反之亦然.

在 1.1 节中，我们曾验证了三阶行列式等于它的任一行(列)的各元素与其对应代数余子式的乘积之和. 更一般地，有下面的定理.

**定理 1-2**　$n$ 阶行列式等于它的任一行(列)的各元素与其对应代数余子式的乘积之和，即

$$\begin{vmatrix} a_{11} & a_{12} & \cdots & a_{1n} \\ a_{21} & a_{22} & \cdots & a_{2n} \\ \vdots & \vdots & & \vdots \\ a_{n1} & a_{n2} & \cdots & a_{nn} \end{vmatrix}=a_{i1}A_{i1}+a_{i2}A_{i2}+\cdots+a_{in}A_{in} = \sum_{j=1}^{n}a_{ij}A_{ij}\quad (i=1,2,\cdots,n)$$

或

$$\begin{vmatrix} a_{11} & a_{12} & \cdots & a_{1n} \\ a_{21} & a_{22} & \cdots & a_{2n} \\ \vdots & \vdots & & \vdots \\ a_{n1} & a_{n2} & \cdots & a_{nn} \end{vmatrix}=a_{1j}A_{1j}+a_{2j}A_{2j}+\cdots+a_{nj}A_{nj} = \sum_{i=1}^{n}a_{ij}A_{ij}\quad (j=1,2,\cdots,n).$$

这个定理称为**行列式按行(列)展开法则**，证明从略.

**性质 2**　互换行列式的任意两行(列)，行列式的值变号.

对于一般的 $n$ 阶行列式，此性质的证明从略. 下面以三阶行列式为例加以说明. 例如，三阶行列式

$$D=\begin{vmatrix} a_{11} & a_{12} & a_{13} \\ a_{21} & a_{22} & a_{23} \\ a_{31} & a_{32} & a_{33} \end{vmatrix},$$

交换行列式 $D$ 的第一行与第二行后的行列式记作 $D_1$，则

$$D_1=\begin{vmatrix} a_{21} & a_{22} & a_{23} \\ a_{11} & a_{12} & a_{13} \\ a_{31} & a_{32} & a_{33} \end{vmatrix}.$$

将 $D$ 按第一行展开，有

$$D=a_{11}A_{11}+a_{12}A_{12}+a_{13}A_{13}.$$

将 $D_1$ 按第二行展开，有

$$\begin{aligned} D_1 &= a_{11}B_{21}+a_{12}B_{22}+a_{13}B_{23} \quad (\text{此处的 } B_{ij} \text{ 指的是 } D_1 \text{ 中各元素的代数余子式}) \\ &= a_{11}(-A_{11})+a_{12}(-A_{12})+a_{13}(-A_{13}) \quad (\text{第一行与第二行交换}) \\ &= -(a_{11}A_{11}+a_{12}A_{12}+a_{13}A_{13}) \\ &= -D. \end{aligned}$$

**推论** 若行列式的某两行(列)完全相同，则此行列式的值等于零.

**证明** 把这相同的两行互换位置，则由性质 2 得到 $D=-D$，故 $D=0$.

**性质 3** 行列式某一行(列)的各元素都乘以同一数 $k$，等于用数 $k$ 乘此行列式. 即

$$\begin{vmatrix} a_{11} & a_{12} & \cdots & a_{1n} \\ \vdots & \vdots & & \vdots \\ ka_{i1} & ka_{i2} & \cdots & ka_{in} \\ \vdots & \vdots & & \vdots \\ a_{n1} & a_{n2} & \cdots & a_{nn} \end{vmatrix} = k\begin{vmatrix} a_{11} & a_{12} & \cdots & a_{1n} \\ \vdots & \vdots & & \vdots \\ a_{i1} & a_{i2} & \cdots & a_{in} \\ \vdots & \vdots & & \vdots \\ a_{n1} & a_{n2} & \cdots & a_{nn} \end{vmatrix}.$$

**证明** 将上式左端的行列式按第 $i$ 行展开. 注意到左右两端行列式第 $i$ 行元素的代数余子式是相同的，故

$$\begin{aligned} \text{左端} &= ka_{i1}A_{i1}+ka_{i2}A_{i2}+\cdots+ka_{in}A_{in} \\ &= k(a_{i1}A_{i1}+a_{i2}A_{i2}+\cdots+a_{in}A_{in})=\text{右端}. \end{aligned}$$

**推论** 若行列式某一行(列)的元素均含有公因子 $k$，则 $k$ 可以提到行列式的外面.

**推论** 若行列式某一行(列)的元素全为零，则此行列式的值等于零.

**性质 4** 若行列式有两行(列)对应元素成比例，则该行列式的值等于零. 即

$$\begin{matrix} \\ \text{第 } i \text{ 行} \\ \\ \text{第 } j \text{ 行} \\ \\ \end{matrix}\begin{vmatrix} \vdots & \vdots & & \vdots \\ ka_{i1} & ka_{i2} & \cdots & ka_{in} \\ \vdots & \vdots & & \vdots \\ a_{i1} & a_{i2} & \cdots & a_{in} \\ \vdots & \vdots & & \vdots \end{vmatrix}=0.$$

**证明** $\begin{vmatrix} \vdots & \vdots & & \vdots \\ ka_{i1} & ka_{i2} & \cdots & ka_{in} \\ \vdots & \vdots & & \vdots \\ a_{i1} & a_{i2} & \cdots & a_{in} \\ \vdots & \vdots & & \vdots \end{vmatrix} = k\begin{vmatrix} \vdots & \vdots & & \vdots \\ a_{i1} & a_{i2} & \cdots & a_{in} \\ \vdots & \vdots & & \vdots \\ a_{i1} & a_{i2} & \cdots & a_{in} \\ \vdots & \vdots & & \vdots \end{vmatrix} = 0.$

**性质 5** 若行列式某一行(列)的每个元素均为两项之和,则行列式可表示为两个同阶的行列式之和. 即

$$D=\begin{vmatrix} a_{11} & a_{12} & \cdots & a_{1n} \\ \vdots & \vdots & & \vdots \\ b_{i1}+c_{i1} & b_{i2}+c_{i2} & \cdots & b_{in}+c_{in} \\ \vdots & \vdots & & \vdots \\ a_{n1} & a_{n2} & \cdots & a_{nn} \end{vmatrix} = \begin{vmatrix} a_{11} & a_{12} & \cdots & a_{1n} \\ \vdots & \vdots & & \vdots \\ b_{i1} & b_{i2} & \cdots & b_{in} \\ \vdots & \vdots & & \vdots \\ a_{n1} & a_{n2} & \cdots & a_{nn} \end{vmatrix} + \begin{vmatrix} a_{11} & a_{12} & \cdots & a_{1n} \\ \vdots & \vdots & & \vdots \\ c_{i1} & c_{i2} & \cdots & c_{in} \\ \vdots & \vdots & & \vdots \\ a_{n1} & a_{n2} & \cdots & a_{nn} \end{vmatrix}.$$

**证明** 将行列式按第 $i$ 行展开,则有

$$D=\sum_{j=1}^{n}(b_{ij}+c_{ij})A_{ij}=\sum_{j=1}^{n}b_{ij}A_{ij}+\sum_{j=1}^{n}c_{ij}A_{ij}=D_1+D_2,$$

其中 $D_1$ 是等式右端第一个行列式,$D_2$ 是等式右端第二个行列式.

**性质 6** 若将行列式某行(列)的各元素乘以数 $k$ 加到另一行(列)的对应元素上去,则行列式的值不变,即

$$D=\begin{vmatrix} a_{11} & a_{12} & \cdots & a_{1n} \\ \vdots & \vdots & & \vdots \\ a_{i1} & a_{i2} & \cdots & a_{in} \\ \vdots & \vdots & & \vdots \\ a_{j1} & a_{j2} & \cdots & a_{jn} \\ \vdots & \vdots & & \vdots \\ a_{n1} & a_{n2} & \cdots & a_{nn} \end{vmatrix} = \begin{vmatrix} a_{11} & a_{12} & \cdots & a_{1n} \\ \vdots & \vdots & & \vdots \\ a_{i1}+ka_{j1} & a_{i2}+ka_{j2} & \cdots & a_{in}+ka_{jn} \\ \vdots & \vdots & & \vdots \\ a_{j1} & a_{j2} & \cdots & a_{jn} \\ \vdots & \vdots & & \vdots \\ a_{n1} & a_{n2} & \cdots & a_{nn} \end{vmatrix}.$$

**证明** 由性质 5 可知

$$\begin{vmatrix} a_{11} & a_{12} & \cdots & a_{1n} \\ \vdots & \vdots & & \vdots \\ a_{i1}+ka_{j1} & a_{i2}+ka_{j2} & \cdots & a_{in}+ka_{jn} \\ \vdots & \vdots & & \vdots \\ a_{j1} & a_{j2} & \cdots & a_{jn} \\ \vdots & \vdots & & \vdots \\ a_{n1} & a_{n2} & \cdots & a_{nn} \end{vmatrix}$$

$$
=\begin{vmatrix} a_{11} & a_{12} & \cdots & a_{1n} \\ \vdots & \vdots & & \vdots \\ a_{i1} & a_{i2} & \cdots & a_{in} \\ \vdots & \vdots & & \vdots \\ a_{j1} & a_{j2} & \cdots & a_{jn} \\ \vdots & \vdots & & \vdots \\ a_{n1} & a_{n2} & \cdots & a_{nn} \end{vmatrix} + \begin{vmatrix} a_{11} & a_{12} & \cdots & a_{1n} \\ \vdots & \vdots & & \vdots \\ ka_{j1} & ka_{j2} & \cdots & ka_{jn} \\ \vdots & \vdots & & \vdots \\ a_{j1} & a_{j2} & \cdots & a_{jn} \\ \vdots & \vdots & & \vdots \\ a_{n1} & a_{n2} & \cdots & a_{nn} \end{vmatrix}
$$

$$
=D+0=D.
$$

**性质 7** 行列式某行(列)的每个元素与另一行(列)对应元素的代数余子式的乘积之和为零,即

$$
a_{i1}A_{j1}+a_{i2}A_{j2}+\cdots+a_{in}A_{jn}=0 \quad (i\neq j)
$$

或

$$
a_{1i}A_{1j}+a_{2i}A_{2j}+\cdots+a_{ni}A_{nj}=0 \quad (i\neq j).
$$

**证明** 设

$$
D=\begin{vmatrix} a_{11} & a_{12} & \cdots & a_{1n} \\ \vdots & \vdots & & \vdots \\ a_{i1} & a_{i2} & \cdots & a_{in} \\ \vdots & \vdots & & \vdots \\ a_{j1} & a_{j2} & \cdots & a_{jn} \\ \vdots & \vdots & & \vdots \\ a_{n1} & a_{n2} & \cdots & a_{nn} \end{vmatrix}, \quad D_1=\begin{vmatrix} a_{11} & a_{12} & \cdots & a_{1n} \\ \vdots & \vdots & & \vdots \\ a_{i1} & a_{i2} & \cdots & a_{in} \\ \vdots & \vdots & & \vdots \\ a_{i1} & a_{i2} & \cdots & a_{in} \\ \vdots & \vdots & & \vdots \\ a_{n1} & a_{n2} & \cdots & a_{nn} \end{vmatrix} \begin{matrix} \\ \\ \text{第 } i \text{ 行} \\ \\ \text{第 } j \text{ 行} \\ \\ \\ \end{matrix}
$$

在行列式 $D_1$ 中,由于第 $i$ 行与第 $j$ 行对应元素相等,则 $D_1=0$,又 $D_1$ 与 $D$ 的第 $j$ 行各元素的代数余子式对应相等,则将 $D_1$ 按第 $j$ 行展开得

$$
a_{i1}A_{j1}+a_{i2}A_{j2}+\cdots+a_{in}A_{jn}=0 \quad (i\neq j),
$$

同理可证 $a_{1i}A_{1j}+a_{2i}A_{2j}+\cdots+a_{ni}A_{nj}=0 \quad (i\neq j)$.

恰当地应用行列式的这些性质及推论往往可使行列式的计算变得较为简单.下面通过例题介绍计算行列式的常用方法.在此之前,约定一些行列式的运算记号:

$r(i)$表示按第 $i$ 行展开;

$c(j)$表示按第 $j$ 列展开;

$\lambda r_i$ 表示第 $i$ 行的元素乘以数 $\lambda$;

$\lambda c_j$ 表示第 $j$ 列的元素乘以数 $\lambda$;

$r_i \leftrightarrow r_j$ 表示交换第 $i,j$ 两行对应元素;

$c_i \leftrightarrow c_j$ 表示交换第 $i,j$ 两列对应元素;

$r_i+\lambda r_j$ 表示第 $j$ 行的元素乘以数 $\lambda$ 加到第 $i$ 行的对应元素上;

$c_i+\lambda c_j$ 表示第 $j$ 列的元素乘以数 $\lambda$ 加到第 $i$ 列的对应元素上.

## 1.4 $n$ 阶行列式的计算

**【例 1-9】** 计算行列式 $D=\begin{vmatrix}2&3&-1&4\\3&0&1&1\\0&-6&0&0\\1&0&2&3\end{vmatrix}$.

**解** 行列式第 3 行有三个零元素,故按第 3 行展开.

$$D=\begin{vmatrix}2&3&-1&4\\3&0&1&1\\0&-6&0&0\\1&0&2&3\end{vmatrix}\xlongequal{\text{第三行展开}}(-6)\times(-1)^{3+2}\begin{vmatrix}2&-1&4\\3&1&1\\1&2&3\end{vmatrix}$$

$$\xlongequal[r_2+(-3)r_3]{r_1+(-2)r_3}6\begin{vmatrix}0&-5&-2\\0&-5&-8\\1&2&3\end{vmatrix}\xlongequal{\text{第三行展开}}6\times(-1)^{3+1}\begin{vmatrix}-5&-2\\-5&-8\end{vmatrix}=180$$

**【例 1-10】** 计算行列式 $D=\begin{vmatrix}0&1&-1&2\\-1&-1&2&1\\-1&0&-1&1\\2&2&1&0\end{vmatrix}$.

**解** 该行列式各元素数字比较小,故可利用行列式的性质将其化为上三角行列式.

$$D\xlongequal{r_2\leftrightarrow r_1}-\begin{vmatrix}-1&-1&2&1\\0&1&-1&2\\-1&0&-1&1\\2&2&1&0\end{vmatrix}\xlongequal[r_4+2r_1]{r_3-r_1}-\begin{vmatrix}-1&-1&2&1\\0&1&-1&2\\0&1&-3&0\\0&0&5&2\end{vmatrix}$$

$$\xlongequal{r_3-r_2}-\begin{vmatrix}-1&-1&2&1\\0&1&-1&2\\0&0&-2&-2\\0&0&5&2\end{vmatrix}\xlongequal{r_4+\frac{5}{2}r_3}-\begin{vmatrix}-1&-1&2&1\\0&1&-1&2\\0&0&-2&-2\\0&0&0&-3\end{vmatrix}$$

$$=-(-1)\times1\times(-2)\times(-3)=6.$$

**【例 1-11】** 计算 3 阶行列式 $D=\begin{vmatrix}3&1&1\\297&101&99\\5&-3&2\end{vmatrix}$.

**解** 根据行列式中第 2 行元素的特点,可将行列式拆成两个行列式和的形式.

$$D=\begin{vmatrix}3&1&1\\297&101&99\\5&-3&2\end{vmatrix}=\begin{vmatrix}3&1&1\\300-3&100+1&100-1\\5&-3&2\end{vmatrix}$$

$$=\begin{vmatrix}3&1&1\\300&100&100\\5&-3&2\end{vmatrix}+\begin{vmatrix}3&1&1\\-3&1&-1\\5&-3&2\end{vmatrix}$$

$$=100\times\begin{vmatrix}3&1&1\\3&1&1\\5&-3&2\end{vmatrix}+\begin{vmatrix}3&1&1\\0&2&0\\5&-3&2\end{vmatrix}=2\times\begin{vmatrix}3&1\\5&2\end{vmatrix}=2.$$

**【例 1-12】** 计算行列式 $\begin{vmatrix}a_1&1&1&1\\1&a_2&0&0\\1&0&a_3&0\\1&0&0&a_4\end{vmatrix}(a_1a_2a_3a_4\neq0)$

**解** $\begin{vmatrix}a_1&1&1&1\\1&a_2&0&0\\1&0&a_3&0\\1&0&0&a_4\end{vmatrix}\xlongequal{\text{第二行展开}}1\times(-1)^{2+1}\begin{vmatrix}1&1&1\\0&a_3&0\\0&0&a_4\end{vmatrix}+a_2\times(-1)^{2+2}\begin{vmatrix}a_1&1&1\\1&a_3&0\\1&0&a_4\end{vmatrix}$

$$=-a_3a_4+a_2\left[1\times(-1)^{3+1}\begin{vmatrix}1&1\\a_3&0\end{vmatrix}+a_4\times(-1)^{3+3}\begin{vmatrix}a_1&1\\1&a_3\end{vmatrix}\right]$$

$$=-a_3a_4+a_2[-a_3+a_4(a_1a_3-1)]$$

$$=-a_3a_4-a_2a_3+a_1a_2a_3a_4-a_2a_4$$

**【例 1-12】** 计算行列式 $D=\begin{vmatrix}1+x&1&1&1\\1&1-x&1&1\\1&1&1+y&1\\1&1&1&1-y\end{vmatrix}$.

**解** 利用性质 5 将 $D$ 拆为两个行列式之和,再化简.

$$D\xlongequal{\text{第一列拆开}}\begin{vmatrix}1&1&1&1\\1&1-x&1&1\\1&1&1+y&1\\1&1&1&1-y\end{vmatrix}+\begin{vmatrix}x&1&1&1\\0&1-x&1&1\\0&1&1+y&1\\0&1&1&1-y\end{vmatrix}$$

$$=\begin{vmatrix}1&1&1&1\\0&-x&0&0\\0&0&y&0\\0&0&0&-y\end{vmatrix}+x\begin{vmatrix}1-x&1&1\\1&1+y&1\\1&1&1-y\end{vmatrix}$$

$$=xy^2+x\left(\begin{vmatrix}1&1&1\\1&1+y&1\\1&1&1-y\end{vmatrix}+\begin{vmatrix}-x&1&1\\0&1+y&1\\0&1&1-y\end{vmatrix}\right)$$

$$=xy^2+x\left(\begin{vmatrix}1&1&1\\0&y&0\\0&0&-y\end{vmatrix}-x\begin{vmatrix}1+y&1\\1&1-y\end{vmatrix}\right)$$

$$=xy^2+x(-y^2+xy^2)=x^2y^2.$$

**【例 1-13】** 已知 $\begin{vmatrix} x & 1 & 1 & 1 \\ 1 & x & 1 & 1 \\ 1 & 1 & x & 1 \\ 1 & 1 & 1 & x \end{vmatrix}=0$，求 $x$.

**解**　注意到行列式各行及各列 4 个数的和都是 $3+x$. 故有

$$\begin{vmatrix} x & 1 & 1 & 1 \\ 1 & x & 1 & 1 \\ 1 & 1 & x & 1 \\ 1 & 1 & 1 & x \end{vmatrix} \xlongequal{c_1+c_2+c_3+c_4} \begin{vmatrix} 3+x & 1 & 1 & 1 \\ 3+x & x & 1 & 1 \\ 3+x & 1 & x & 1 \\ 3+x & 1 & 1 & x \end{vmatrix}$$

$$=(3+x)\begin{vmatrix} 1 & 1 & 1 & 1 \\ 1 & x & 1 & 1 \\ 1 & 1 & x & 1 \\ 1 & 1 & 1 & x \end{vmatrix} \xlongequal[r_4-r_1]{\substack{r_2-r_1 \\ r_3-r_1}} (3+x)\begin{vmatrix} 1 & 1 & 1 & 1 \\ 0 & x-1 & 0 & 0 \\ 0 & 0 & x-1 & 0 \\ 0 & 0 & 0 & x-1 \end{vmatrix}$$

$$=(3+x)(x-1)^3$$

即

$$(3+x)(x-1)^3=0,$$

可得 $x=1$ 或 $x=-3$.

有些 $n$ 阶行列式的计算需用递推公式或数学归纳法解决.

**【例 1-14】** 计算 $n$ 阶行列式

$D_n=\begin{vmatrix} a & & 1 \\ & \ddots & \\ 1 & & a \end{vmatrix}$，其中主对角线上的元素都是 $a$，未写出的元素都是 0；

**解**　将 $D_n$ 按第一行展开，有

$$D_n=\begin{vmatrix} a & 0 & \cdots & 0 & 1 \\ 0 & a & \cdots & 0 & 0 \\ \cdots & \cdots & & \cdots & \cdots \\ 0 & 0 & \cdots & a & 0 \\ 1 & 0 & \cdots & 0 & a \end{vmatrix}=a\begin{vmatrix} a & 0 & \cdots & 0 & 0 \\ 0 & a & \cdots & 0 & 0 \\ \cdots & \cdots & & \cdots & \cdots \\ 0 & 0 & \cdots & 0 & a \end{vmatrix}+(-1)^{n+1}\begin{vmatrix} 0 & a & \cdots & 0 \\ 0 & 0 & \cdots & 0 \\ \cdots & \cdots & & \cdots \\ 1 & 0 & \cdots & 0 \end{vmatrix},$$

再将第二个行列式按第一列展开，有

$$D_n=a\cdot a^{n-1}+(-1)^{n+1}\cdot(-1)^n a^{n-2}=a^{n-2}(a^2-1).$$

**【例 1-15】** 证明 $n$ 阶范德蒙行列式

$$D_n=\begin{vmatrix} 1 & 1 & 1 & \cdots & 1 \\ x_1 & x_2 & x_3 & \cdots & x_n \\ x_1^2 & x_2^2 & x_3^2 & \cdots & x_n^2 \\ \vdots & \vdots & \vdots & & \vdots \\ x_1^{n-1} & x_2^{n-1} & x_3^{n-1} & \cdots & x_n^{n-1} \end{vmatrix}=\prod_{1\leqslant i<j\leqslant n}(x_j-x_i).$$

其中符号“$\prod$”表示 $x_j-x_i$ 的全体同类因子的乘积.

**证明** 用数学归纳法证明.

当 $n=2$ 时，$D_2=\begin{vmatrix}1 & 1\\ x_1 & x_2\end{vmatrix}=x_2-x_1$，结论成立．

当 $n=3$ 时，

$$D_3=\begin{vmatrix}1 & 1 & 1\\ x_1 & x_2 & x_3\\ x_1^2 & x_2^2 & x_3^2\end{vmatrix}\xlongequal{r_3-x_1r_2}\begin{vmatrix}1 & 1 & 1\\ x_1 & x_2 & x_3\\ 0 & x_2^2-x_1x_2 & x_3^2-x_1x_3\end{vmatrix}$$

$$\xlongequal{r_2-x_1r_1}\begin{vmatrix}1 & 1 & 1\\ 0 & x_2-x_1 & x_3-x_1\\ 0 & x_2(x_2-x_1) & x_3(x_3-x_1)\end{vmatrix}=\begin{vmatrix}x_2-x_1 & x_3-x_1\\ x_2(x_2-x_1) & x_3(x_3-x_1)\end{vmatrix}$$

$$=(x_2-x_1)(x_3-x_1)\begin{vmatrix}1 & 1\\ x_2 & x_3\end{vmatrix}$$

$$=(x_2-x_1)(x_3-x_1)(x_3-x_2)$$

$$=\prod_{1\leqslant i<j\leqslant 3}(x_j-x_i).$$

假设对 $n-1$ 阶范德蒙行列式结论成立，即

$$D_{n-1}=\begin{vmatrix}1 & 1 & 1 & \cdots & 1\\ x_1 & x_2 & x_3 & \cdots & x_{n-1}\\ x_1^2 & x_2^2 & x_3^2 & \cdots & x_{n-1}^2\\ \vdots & \vdots & \vdots & & \vdots\\ x_1^{n-2} & x_2^{n-2} & x_3^{n-2} & \cdots & x_{n-1}^{n-2}\end{vmatrix}=\prod_{1\leqslant i<j\leqslant n-1}(x_j-x_i),$$

则对于 $n$ 阶范德蒙行列式

$$D_n=\begin{vmatrix}1 & 1 & 1 & \cdots & 1\\ x_1 & x_2 & x_3 & \cdots & x_n\\ x_1^2 & x_2^2 & x_3^2 & \cdots & x_n^2\\ \vdots & \vdots & \vdots & & \vdots\\ x_1^{n-1} & x_2^{n-1} & x_3^{n-1} & \cdots & x_n^{n-1}\end{vmatrix}=\begin{vmatrix}1 & 1 & \cdots & 1\\ 0 & x_2-x_1 & \cdots & x_n-x_1\\ 0 & x_2(x_2-x_1) & \cdots & x_n(x_n-x_1)\\ \vdots & \vdots & & \vdots\\ 0 & x_2^{n-2}(x_2-x_1) & \cdots & x_n^{n-2}(x_n-x_1)\end{vmatrix}$$

$$=(x_2-x_1)(x_3-x_1)\cdots(x_n-x_1)\begin{vmatrix}1 & 1 & \cdots & 1\\ x_2 & x_3 & \cdots & x_n\\ \vdots & \vdots & & \vdots\\ x_2^{n-2} & x_3^{n-2} & \cdots & x_n^{n-2}\end{vmatrix}.$$

上式右端的行列式为 $n-1$ 阶范德蒙行列式，由归纳假设得

$$D_n=(x_2-x_1)(x_3-x_1)\cdots(x_n-x_1)\prod_{2\leqslant i<j\leqslant n}(x_j-x_i)$$

$$=\prod_{1\leqslant i<j\leqslant n}(x_j-x_i).$$

**【例 1-16】** 计算行列式

$$D=\begin{vmatrix}1&1&1&1\\2&4&8&16\\3&9&27&81\\4&16&64&256\end{vmatrix}.$$

**解**　此题可转化为范德蒙行列式来计算.

$$D=\begin{vmatrix}1&1&1&1\\2&4&8&16\\3&9&27&81\\4&16&64&256\end{vmatrix}=2\times3\times4\begin{vmatrix}1&1&1&1\\1&2&4&8\\1&3&9&27\\1&4&16&64\end{vmatrix}$$

$$=2\times3\times4\begin{vmatrix}1&1&1&1\\1&2&2^2&2^3\\1&3&3^2&3^3\\1&4&4^2&4^3\end{vmatrix}=2\times3\times4\begin{vmatrix}1&1&1&1\\1&2&3&4\\1&2^2&3^2&4^2\\1&2^3&3^3&4^3\end{vmatrix}$$

$$=2\times3\times4\times(4-3)\times(4-2)\times(4-1)\times(3-2)\times(3-1)\times(2-1)$$

$$=288.$$

# 1.5　克莱姆法则

在1.1节中,我们用行列式的形式表示了二元、三元方程组解的形式,下面讨论$n$个未知量\,$n$个方程的线性方程组,在系数行列式不等于零时的行列式解法,即克莱姆(Cramer)法则.

## 1.5.1　非齐次线性方程组

设$n$元线性方程组

$$\begin{cases}a_{11}x_1+a_{12}x_2+\cdots+a_{1n}x_n=b_1\\a_{21}x_1+a_{22}x_2+\cdots+a_{2n}x_n=b_2\\\vdots\\a_{n1}x_1+a_{n2}x_2+\cdots+a_{nn}x_n=b_n\end{cases}\tag{1-7}$$

其中,$x_1,x_2,\cdots,x_n$为**未知量**;$a_{ij}$为未知量的**系数**;$b_1,b_2,\cdots,b_n$为**常数项**.

若方程组(1-7)右端的常数项$b_1,b_2,\cdots,b_n$不全为零,称方程组(1-7)为**非齐次线性方程组**,若$b_1,b_2,\cdots,b_n$全为零,方程组

$$\begin{cases}a_{11}x_1+a_{12}x_2+\cdots+a_{1n}x_n=0\\a_{21}x_1+a_{22}x_2+\cdots+a_{2n}x_n=0\\\vdots\\a_{n1}x_1+a_{n2}x_2+\cdots+a_{nn}x_n=0\end{cases}\tag{1-8}$$

称为**齐次线性方程组**.记

$$D=\begin{vmatrix} a_{11} & a_{12} & \cdots & a_{1n} \\ a_{21} & a_{22} & \cdots & a_{2n} \\ \vdots & \vdots & & \vdots \\ a_{n1} & a_{n2} & \cdots & a_{nn} \end{vmatrix},$$

称为线性方程组的**系数行列式**.下面不加证明地给出克莱姆法则.

**定理 1-3(克莱姆法则)** 若线性方程组(1-7)的系数行列式 $D\neq 0$,则它有唯一解:

$$x_1=\frac{D_1}{D},x_2=\frac{D_2}{D},\cdots,x_j=\frac{D_j}{D},\cdots,x_n=\frac{D_n}{D}.$$

其中 $D_j$ 是把系数行列式 $D$ 中的第 $j$ 列的元素用常数项 $b_1,b_2,\cdots,b_n$ 代替后得到的 $n$ 阶行列式,即

$$D_j=\begin{vmatrix} a_{11} & \cdots & a_{1,j-1} & b_1 & a_{1,j+1} & \cdots & a_{1n} \\ a_{21} & \cdots & a_{2,j-1} & b_2 & a_{2,j+1} & \cdots & a_{2n} \\ \vdots & & \vdots & \vdots & \vdots & & \vdots \\ a_{n1} & \cdots & a_{n,j-1} & b_n & a_{n,j+1} & \cdots & a_{nn} \end{vmatrix} \quad (j=1,2,\cdots,n).$$

**【例 1-17】** 解线性方程组$\begin{cases} x_1+x_2+x_3+x_4=1 \\ -2x_1-x_2+3x_3+x_4=3 \\ 4x_1+x_2+9x_3+x_4=9 \\ -8x_1-x_2+27x_3+x_4=27 \end{cases}$.

**解** 系数行列式 $D=\begin{vmatrix} 1 & 1 & 1 & 1 \\ -2 & -1 & 3 & 1 \\ 4 & 1 & 9 & 1 \\ -8 & -1 & 27 & 1 \end{vmatrix}$

这是一个范德蒙行列式

$$D=\begin{vmatrix} 1 & 1 & 1 & 1 \\ -2 & -1 & 3 & 1 \\ 4 & 1 & 9 & 1 \\ -8 & -1 & 27 & 1 \end{vmatrix}=(-1+2)(3+1)(3+2)(1-3)(1+1)(1+2)=-240\neq 0$$

故方程组有唯一解,又

$$D_1=\begin{vmatrix} 1 & 1 & 1 & 1 \\ 3 & -1 & 3 & 1 \\ 9 & 1 & 9 & 1 \\ 27 & -1 & 27 & 1 \end{vmatrix}=0,$$

$$D_2=\begin{vmatrix} 1 & 1 & 1 & 1 \\ -2 & 3 & 3 & 1 \\ 4 & 9 & 9 & 1 \\ -8 & 27 & 27 & 1 \end{vmatrix}=0,$$

$$D_3=\begin{vmatrix}1&1&1&1\\-2&-1&3&1\\4&1&9&1\\-8&-1&27&1\end{vmatrix}=-240,$$

$$D_4=\begin{vmatrix}1&1&1&1\\-2&-1&3&3\\4&1&9&9\\-8&-1&27&27\end{vmatrix}=0,$$

所以方程组的解为

$$x_1=\frac{D_1}{D}=0,\quad x_2=\frac{D_2}{D}=0,\quad x_3=\frac{D_3}{D}=1,\quad x_4=\frac{D_4}{D}=0.$$

## 1.5.2　齐次线性方程组

对于 $n$ 元齐次线性方程组

$$\begin{cases}a_{11}x_1+a_{12}x_2+\cdots+a_{1n}x_n=0\\a_{21}x_1+a_{22}x_2+\cdots+a_{2n}x_n=0\\\vdots\\a_{n1}x_1+a_{n2}x_2+\cdots+a_{nn}x_n=0\end{cases}\tag{1-8}$$

显然，$x_1=x_2=\cdots=x_n=0$ 是方程组(1-8)的解，这个解称为 $n$ 元齐次线性方程组的**零解**.

由克莱姆法则可以得到以下的结论：

**定理 1-4**　若 $n$ 元齐次线性方程组(1-8)的系数行列式 $D\neq0$，则它只有零解.

如果再借助于后面的矩阵和向量的有关理论，还可以进一步证明：

**推论**　齐次线性方程组(1-8)只有零解(有非零解)的充分必要条件是系数行列式不等于零(等于零).

**【例 1-18】**　$\lambda$ 为何值时，齐次线性方程组

$$\begin{cases}(1-\lambda)x_1-2x_2+4x_3=0\\2x_1+(3-\lambda)x_2+x_3=0\\x_1+x_2+x_3=0\end{cases}$$

有非零解？

**解**　因为方程组有非零解，所以

$$D=\begin{vmatrix}1-\lambda&-2&4\\2&3-\lambda&1\\1&1&1\end{vmatrix}=0,$$

即

$$\lambda^2+\lambda=0,$$

解得 $\lambda_1=0$，$\lambda_2=-1$. 即当 $\lambda=0$ 或 $\lambda=-1$ 时，方程组有非零解.

注意到克莱姆法则只适用于 $n$ 个方程\，$n$ 个未知量的方程组，对于方程个数和未知

量个数不相等的方程组,将在后面讨论.

## 1.6 应用实例阅读

本节大部分实例都有着真实的背景,解决这些应用问题所用的工具都是本章涉及的内容.通过这些阅读材料,希望读者加深对本章的内容了解,活跃思想,增强应用意识的培养.

**【实例 1-1】 求解曲线方程**

已知平面上三个点(1,1),(2,−1),(3,1),试确定过这三个点且对称轴与 $y$ 轴平行的抛物线方程.

**解** 设经过已知三点的抛物线方程为 $y=c+bx+ax^2$,其中 $a,b,c$ 是待定常数.

由题意有$\begin{cases}c+b+a=1\\c+2b+4a=-1\\c+3b+9a=1\end{cases}$,这是一个关于 $a,b,c$ 的三元一次方程组,系数行列式

$$D=\begin{vmatrix}1&1&1\\1&2&4\\1&3&9\end{vmatrix}=\begin{vmatrix}1&1&1\\1&2&2^2\\1&3&3^2\end{vmatrix}=(3-2)(3-1)(2-1)=2,$$

由克莱姆法则知,方程组有唯一解.

$$D_1=\begin{vmatrix}1&1&1\\-1&2&4\\1&3&9\end{vmatrix}=14,\quad D_2=\begin{vmatrix}1&1&1\\1&-1&4\\1&1&9\end{vmatrix}=-16,\quad D_3=\begin{vmatrix}1&1&1\\1&2&-1\\1&3&1\end{vmatrix}=4,$$

所以方程组的解为

$$\begin{cases}c=\dfrac{D_1}{D}=7\\b=\dfrac{D_2}{D}=-8,\\a=\dfrac{D_3}{D}=2\end{cases}$$

故所求抛物线方程为 $y=7-8x+2x^2$.

**【实例 1-2】 减肥配方的实现**

设三种食物每 100 克中蛋白质、碳水化合物和脂肪的含量如下表.表中还给出了美国流行的剑桥大学医学院的简洁营养处方.问题:如果用这三种食物作为每天的主要食物,它们的用量应各取多少,才能全面准确地实现这个营养要求?

| 营养 | 每 100 g 食物所含营养/g | | | 减肥所要求的 |
|---|---|---|---|---|
| | 脱脂牛奶 | 大豆面粉 | 乳清 | 每日营养量 |
| 蛋白质 | 36 | 51 | 13 | 33 |
| 碳水化合物 | 52 | 34 | 74 | 45 |
| 脂肪 | 0 | 7 | 1.1 | 3 |

**解** 设脱脂牛奶的用量为 $x_1$ 个单位(100 g),大豆面粉的用量为 $x_2$ 个单位,乳清的

用量为 $x_3$ 个单位,则它们的组合所具有的营养应达到减肥所要求的每日营养量,故

$$\begin{cases}36x_1+51x_2+13x_3=33\\52x_1+34x_2+74x_3=45,\\0x_1+7x_2+1.1x_3=3\end{cases}$$

用克莱姆法则求得该方程组的解

$$\begin{cases}x_1=0.277\ 2\\x_2=0.391\ 9\ ,\\x_3=0.233\ 2\end{cases}$$

即脱脂牛奶的用量为 27.7 g,大豆面粉的用量为 39.2 g,乳清的用量为 23.3 g,就能保证所需的综合营养量.

**【实例 1-3】 求解代数插值多项式**

科技问题中的函数关系有许多是以数表形式提供的.例如,某合金的抗拉强度 $y$ 与合金中含碳量 $x$ 之间的关系有下表中所列出的实验数据:

| $x$ | 0.10 | 0.12 | 0.14 | 0.16 | 0.18 | 0.20 |
|---|---|---|---|---|---|---|
| $y$ | 420 | 450 | 455 | 490 | 500 | 550 |

为了较完整地刻画变量 $x$ 和 $y$ 的关系,并确定未列入表中的某些数值(如 $x$ 为 0.15 时的 $y$ 值),就要寻求 $x$ 和 $y$ 之间函数关系的近似表达.

另外,对于表达式比较复杂的函数,为了便于分析它的性质或者进行计算,也常常要求它的近似表达式.解决这类问题的方法之一就是**插值法**.

所谓插值法,就是构造完全适合给定函数表的简单易算的近似函数的方法.最常用的代数插值法是以代数多项式为近似函数的方法.

这种插值多项式是否存在?如果存在,选择多项式的多少次数为宜,结果是否唯一?下面给出解答.

设 $n$ 次多项式 $p_n(x)=a_0+a_1x+\cdots+a_nx^n$ 满足 $n+1$ 个插值条件 $p_n(x_i)=y_i,i=0,1,\cdots,n$,这等价于它的 $n+1$ 个系数 $a_0,a_1,\cdots,a_n$ 满足线性方程组

$$\begin{cases}a_0+a_1x_0+\cdots+a_nx_0^n=y_0\\a_0+a_1x_1+\cdots+a_nx_1^n=y_1\\\vdots\\a_0+a_1x_n+\cdots+a_nx_n^n=y_n\end{cases},$$

该方程组的系数行列式是范德蒙行列式

$$V(x_0,x_1,\cdots,x_n)=\begin{vmatrix}1&x_0&x_0^2&\cdots&x_0^n\\1&x_1&x_1^2&\cdots&x_1^n\\1&x_2&x_2^2&\cdots&x_2^n\\\vdots&\vdots&\vdots&&\vdots\\1&x_n&x_n^2&\cdots&x_n^n\end{vmatrix}=\prod_{0\leqslant j<i\leqslant n}(x_i-x_j).$$

因为 $x_i\neq x_j$,所以 $D\neq0$,故方程组有唯一解 $(a_0^*,a_1^*,\cdots,a_n^*)$.这证明了满足 $n+1$ 个插值条件的多项式存在,且次数不超过 $n$ 的插值多项式是唯一的.

根据上表中列出的数据，抗拉强度 $y$ 和合金中含碳量 $x$ 满足 6 个插值条件：$p_5(x_i)=y_i, i=0,1,\cdots 5$，即满足下列线性方程组：

$$\begin{cases} a_0+0.10a_1+0.10^2a_2+0.10^3a_3+0.10^4a_4+0.10^5a_5=420 \\ a_0+0.12a_1+0.12^2a_2+0.12^3a_3+0.12^4a_4+0.12^5a_5=450 \\ a_0+0.14a_1+0.14^2a_2+0.14^3a_3+0.14^4a_4+0.14^5a_5=455 \\ a_0+0.16a_1+0.16^2a_2+0.16^3a_3+0.16^4a_4+0.16^5a_5=490 \\ a_0+0.18a_1+0.18^2a_2+0.18^3a_3+0.18^4a_4+0.18^5a_5=500 \\ a_0+0.20a_1+0.20^2a_2+0.20^3a_3+0.20^4a_4+0.20^5a_5=550 \end{cases},$$

用克莱姆法则求解，需计算下列行列式的值：

$$D=\begin{vmatrix} 1 & 0.10 & 0.10^2 & 0.10^3 & 0.10^4 & 0.10^5 \\ 1 & 0.12 & 0.12^2 & 0.12^3 & 0.12^4 & 0.12^5 \\ 1 & 0.14 & 0.14^2 & 0.14^3 & 0.14^4 & 0.14^5 \\ 1 & 0.16 & 0.16^2 & 0.16^3 & 0.16^4 & 0.16^5 \\ 1 & 0.18 & 0.18^2 & 0.18^3 & 0.18^4 & 0.18^5 \\ 1 & 0.20 & 0.20^2 & 0.20^3 & 0.20^4 & 0.20^5 \end{vmatrix}=1.1325\times 10^{-21},$$

$$D_0=\begin{vmatrix} 420 & 0.10 & 0.10^2 & 0.10^3 & 0.10^4 & 0.10^5 \\ 450 & 0.12 & 0.12^2 & 0.12^3 & 0.12^4 & 0.12^5 \\ 455 & 0.14 & 0.14^2 & 0.14^3 & 0.14^4 & 0.14^5 \\ 490 & 0.16 & 0.16^2 & 0.16^3 & 0.16^4 & 0.16^5 \\ 500 & 0.18 & 0.18^2 & 0.18^3 & 0.18^4 & 0.18^5 \\ 550 & 0.20 & 0.20^2 & 0.20^3 & 0.20^4 & 0.20^5 \end{vmatrix}=-4.3838\times 10^{-17},$$

$$D_1=\begin{vmatrix} 1 & 420 & 0.10^2 & 0.10^3 & 0.10^4 & 0.10^5 \\ 1 & 450 & 0.12^2 & 0.12^3 & 0.12^4 & 0.12^5 \\ 1 & 455 & 0.14^2 & 0.14^3 & 0.14^4 & 0.14^5 \\ 1 & 490 & 0.16^2 & 0.16^3 & 0.16^4 & 0.16^5 \\ 1 & 500 & 0.18^2 & 0.18^3 & 0.18^4 & 0.18^5 \\ 1 & 550 & 0.20^2 & 0.20^3 & 0.20^4 & 0.20^5 \end{vmatrix}=1.5652\times 10^{-15},$$

$$D_2=\begin{vmatrix} 1 & 0.10 & 420 & 0.10^3 & 0.10^4 & 0.10^5 \\ 1 & 0.12 & 450 & 0.12^3 & 0.12^4 & 0.12^5 \\ 1 & 0.14 & 455 & 0.14^3 & 0.14^4 & 0.14^5 \\ 1 & 0.16 & 490 & 0.16^3 & 0.16^4 & 0.16^5 \\ 1 & 0.18 & 500 & 0.18^3 & 0.18^4 & 0.18^5 \\ 1 & 0.20 & 550 & 0.20^3 & 0.20^4 & 0.20^5 \end{vmatrix}=-2.1802\times 10^{-14},$$

$$D_3=\begin{vmatrix}1 & 0.10 & 0.10^2 & 420 & 0.10^4 & 0.10^5\\1 & 0.12 & 0.12^2 & 450 & 0.12^4 & 0.12^5\\1 & 0.14 & 0.14^2 & 455 & 0.14^4 & 0.14^5\\1 & 0.16 & 0.16^2 & 490 & 0.16^4 & 0.16^5\\1 & 0.18 & 0.18^2 & 500 & 0.18^4 & 0.18^5\\1 & 0.20 & 0.20^2 & 550 & 0.20^4 & 0.20^5\end{vmatrix}=1.497\ 6\times 10^{-13},$$

$$D_4=\begin{vmatrix}1 & 0.10 & 0.10^2 & 0.10^3 & 420 & 0.10^5\\1 & 0.12 & 0.12^2 & 0.12^3 & 450 & 0.12^5\\1 & 0.14 & 0.14^2 & 0.14^3 & 455 & 0.14^5\\1 & 0.16 & 0.16^2 & 0.16^3 & 490 & 0.16^5\\1 & 0.18 & 0.18^2 & 0.18^3 & 500 & 0.18^5\\1 & 0.20 & 0.20^2 & 0.20^3 & 550 & 0.20^5\end{vmatrix}=-5.072\ 5\times 10^{-13},$$

$$D_5=\begin{vmatrix}1 & 0.10 & 0.10^2 & 0.10^3 & 0.10^4 & 420\\1 & 0.12 & 0.12^2 & 0.12^3 & 0.12^4 & 450\\1 & 0.14 & 0.14^2 & 0.14^3 & 0.14^4 & 455\\1 & 0.16 & 0.16^2 & 0.16^3 & 0.16^4 & 490\\1 & 0.18 & 0.18^2 & 0.18^3 & 0.18^4 & 500\\1 & 0.20 & 0.20^2 & 0.20^3 & 0.20^4 & 550\end{vmatrix}=6.783\ 0\times 10^{-13},$$

从而有

$$\begin{cases}a_0=-38\ 710\\a_1=1\ 382\ 100\\a_2=-19\ 251\ 000\\a_3=132\ 240\ 000\\a_4=-447\ 900\ 000\\a_5=598\ 940\ 000\end{cases}.$$

因而 $x$ 和 $y$ 之间函数关系的近似表达式为

$$p_5(x)=-38\ 710+1\ 382\ 100x-19\ 251\ 000x^2+132\ 240\ 000x^3-447\ 900\ 000x^4+598\ 940\ 000x^5.$$

**【实例 1-4】 用行列式表示几何图形的面积、体积**

行列式可以简洁方便地表示出几何中的一些结论，下面给出三角形面积、平行六面体体积、四面体体积的行列式表达式.

**1. 用行列式表示三角形面积**

如图 1-3，$\square ABCD$，设三个顶点坐标分别是 $A=(x_1,y_1)$，$B=(x_2,y_2)$，$D=(x_3,y_3)$，则

$$S_{\square ABCD}=|\boldsymbol{AB}|\,|\boldsymbol{AD}|\sin\theta=|\boldsymbol{AB}\times\boldsymbol{AD}|,$$

而

$$\boldsymbol{AB}\times\boldsymbol{AD}=\begin{vmatrix} \boldsymbol{i} & \boldsymbol{j} & \boldsymbol{k} \\ x_2-x_1 & y_2-y_1 & 0 \\ x_3-x_1 & y_3-y_1 & 0 \end{vmatrix}$$

$$=\boldsymbol{k}\begin{vmatrix} x_2-x_1 & y_2-y_1 \\ x_3-x_1 & y_3-y_1 \end{vmatrix},$$

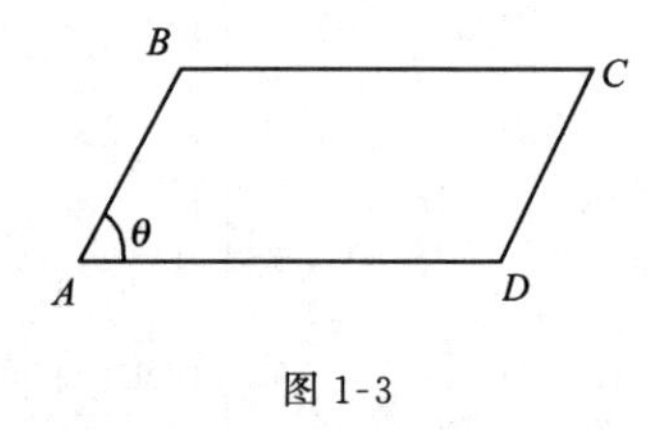

图 1-3

所以

$$S_{\square ABCD}=|\boldsymbol{k}|\left|\begin{vmatrix} x_2-x_1 & y_2-y_1 \\ x_3-x_1 & y_3-y_1 \end{vmatrix}\right|$$

$$=\left|\begin{vmatrix} x_2-x_1 & y_2-y_1 \\ x_3-x_1 & y_3-y_1 \end{vmatrix}\right|$$

$$=\left|\begin{vmatrix} x_1 & y_1 & 1 \\ x_2-x_1 & y_2-y_1 & 0 \\ x_3-x_1 & y_3-y_1 & 0 \end{vmatrix}\right|$$

$$\xlongequal[r_3+r_1]{r_2+r_1}\left|\begin{vmatrix} x_1 & y_1 & 1 \\ x_2 & y_2 & 1 \\ x_3 & y_3 & 1 \end{vmatrix}\right|.$$

则以 $A,B,D$ 为顶点构成的三角形如图 1-4 所示，其面积为

$$S_{\triangle ABD}=\frac{1}{2}\left|\begin{vmatrix} x_1 & y_1 & 1 \\ x_2 & y_2 & 1 \\ x_3 & y_3 & 1 \end{vmatrix}\right|.$$

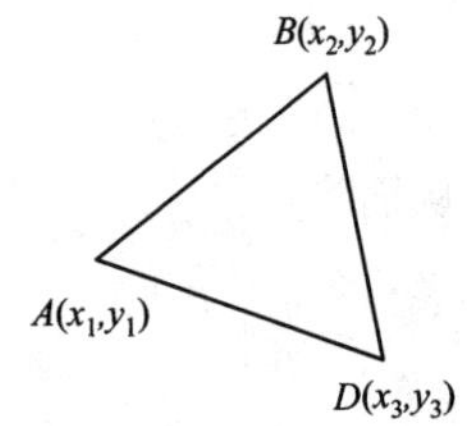

图 1-4

**2. 用行列式表示平行六面体体积**

如图 1-5 所示，设平行六面体的三条棱分别为 $\boldsymbol{OA},\boldsymbol{OB},\boldsymbol{OC}$，$\boldsymbol{OA}=(a_1,b_1,c_1)$，$\boldsymbol{OB}=(a_2,b_2,c_2)$，$\boldsymbol{OC}=(a_3,b_3,c_3)$，则六面体体积为

$$V=\left|\begin{vmatrix} a_1 & b_1 & c_1 \\ a_2 & b_2 & c_2 \\ a_3 & b_3 & c_3 \end{vmatrix}\right|.$$

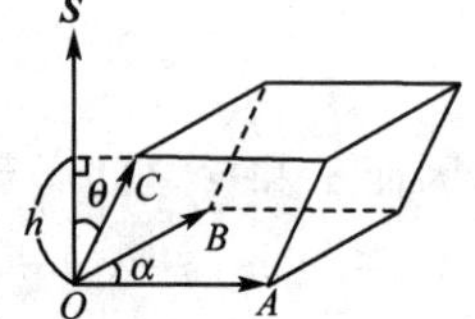

图 1-5

**证明** $V=S\cdot h$，其中 $S$ 为 $\boldsymbol{OA},\boldsymbol{OB}$ 所展成的平行四边形面积.

$S=|\boldsymbol{OA}||\boldsymbol{OB}|\sin\alpha=|\boldsymbol{OA}\times\boldsymbol{OB}|$，$h=||\boldsymbol{OC}|\cos\theta|$，其中 $\alpha$ 为 $\boldsymbol{OA}$ 与 $\boldsymbol{OB}$ 的夹角，$\theta$ 为 $\boldsymbol{OS}$ 与 $\boldsymbol{OC}$ 的夹角，则

$$V=S\cdot h=||\boldsymbol{OA}\times\boldsymbol{OB}|\cdot|\boldsymbol{OC}|\cos\theta|=|(\boldsymbol{OA}\times\boldsymbol{OB})\cdot\boldsymbol{OC}|$$

$$=\left|\left(\begin{vmatrix} b_1 & c_1 \\ b_2 & c_2 \end{vmatrix},\begin{vmatrix} c_1 & a_1 \\ c_2 & a_2 \end{vmatrix},\begin{vmatrix} a_1 & b_1 \\ a_2 & b_2 \end{vmatrix}\right)\cdot(a_3,b_3,c_3)\right|$$

$$=\left|\left(a_3\begin{vmatrix} b_1 & c_1 \\ b_2 & c_2 \end{vmatrix}+b_3\begin{vmatrix} c_1 & a_1 \\ c_2 & a_2 \end{vmatrix}+c_3\begin{vmatrix} a_1 & b_1 \\ a_2 & b_2 \end{vmatrix}\right)\right|$$

$$=\left|\begin{vmatrix} a_1 & b_1 & c_1 \\ a_2 & b_2 & c_2 \\ a_3 & b_3 & c_3 \end{vmatrix}\right|.$$

**3. 用行列式表示四面体体积**

如图 1-6 所示，四面体 $O\text{-}ABC$，设 $\boldsymbol{OA}=(a_1,b_1,c_1)$，$\boldsymbol{OB}=(a_2,b_2,c_2)$，$\boldsymbol{OC}=(a_3,b_3,c_3)$，则以该四面体的三条棱 $\boldsymbol{OA}$，$\boldsymbol{OB}$，$\boldsymbol{OC}$ 为边能生成平行六面体（图 1-5），容易得出四面体体积为

$$V_{O\text{-}ABC}=\frac{1}{6}\left|\begin{vmatrix} a_1 & b_1 & c_1 \\ a_2 & b_2 & c_2 \\ a_3 & b_3 & c_3 \end{vmatrix}\right|.$$

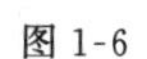
图 1-6

**【实例 1-5】 欧拉四面体**

历史上欧拉提出了这样一个问题：如何用四面体的六条棱长去表示它的体积？下面用向量代数及行列式的知识来解决这个问题，并计算棱长分别为 10 米，15 米，12 米，14 米，13 米，11 米的四面体形状的花岗岩巨石的体积.

**解** 建立如图 1-7 所示的直角坐标系，设 $A$，$B$，$C$ 三点的坐标分别为 $(a_1,b_1,c_1)$，$(a_2,b_2,c_2)$，$(a_3,b_3,c_3)$，并设四面体 $O\text{-}ABC$ 的六条棱长分别为 $l,m,n,p,q,r$.

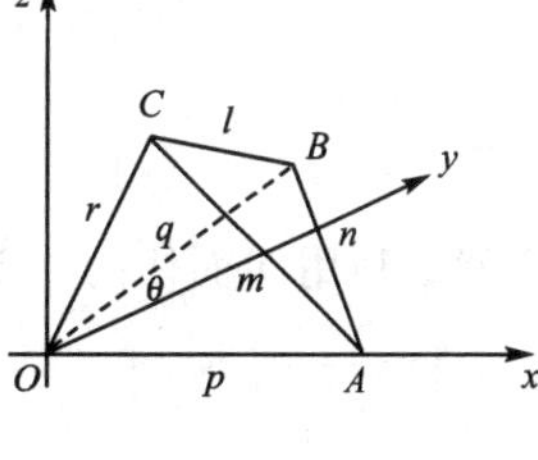

图 1-7

由空间解析几何知，该四面体的体积 $V$ 等于以向量 $\boldsymbol{OA}$，$\boldsymbol{OB}$，$\boldsymbol{OC}$ 为棱的平行六面体体积的 $\frac{1}{6}$，即

$$V=\frac{1}{6}(\boldsymbol{OA}\times\boldsymbol{OB})\cdot\boldsymbol{OC}$$

$$=\frac{1}{6}\left|\begin{vmatrix} a_1 & b_1 & c_1 \\ a_2 & b_2 & c_2 \\ a_3 & b_3 & c_3 \end{vmatrix}\right|,$$

将上式平方后得

$$V^2=\frac{1}{36}\left|\begin{vmatrix} a_1 & b_1 & c_1 \\ a_2 & b_2 & c_2 \\ a_3 & b_3 & c_3 \end{vmatrix}\begin{vmatrix} a_1 & b_1 & c_1 \\ a_2 & b_2 & c_2 \\ a_3 & b_3 & c_3 \end{vmatrix}\right|,$$

由于行列式转置后其值不变，将第二个行列式进行转置后再相乘，得

$$V^2=\frac{1}{36}\left|\begin{vmatrix} a_1 & b_1 & c_1 \\ a_2 & b_2 & c_2 \\ a_3 & b_3 & c_3 \end{vmatrix}\begin{vmatrix} a_1 & a_2 & a_3 \\ b_1 & b_2 & b_3 \\ c_1 & c_2 & c_3 \end{vmatrix}\right|$$

$$=\left|\begin{vmatrix} a_1^2+b_1^2+c_1^2 & a_1a_2+b_1b_2+c_1c_2 & a_1a_3+b_1b_3+c_1c_3 \\ a_1a_2+b_1b_2+c_1c_2 & a_2^2+b_2^2+c_2^2 & a_2a_3+b_2b_3+c_2c_3 \\ a_1a_3+b_1b_3+c_1c_3 & a_2a_3+b_2b_3+c_2c_3 & a_3^2+b_3^2+c_3^2 \end{vmatrix}\right|.$$

由向量数量积的坐标表示及数量积的定义得

$$a_1^2+b_1^2+c_1^2=\boldsymbol{OA}\cdot\boldsymbol{OA}=\boldsymbol{OA}^2=p^2,$$

$$a_2^2+b_2^2+c_2^2=\boldsymbol{OB}\cdot\boldsymbol{OB}=\boldsymbol{OB}^2=q^2,$$

$$a_3^2+b_3^2+c_3^2=\boldsymbol{OC}\cdot\boldsymbol{OC}=\boldsymbol{OC}^2=r^2.$$

又根据向量数量积的运算及余弦定理得

$$a_1a_2+b_1b_2+c_1c_2=\boldsymbol{OA}\cdot\boldsymbol{OB}=pq\cos(\widehat{\boldsymbol{OA},\boldsymbol{OB}})=\frac{p^2+q^2-n^2}{2},$$

同理

$$a_1a_3+b_1b_3+c_1c_3=\boldsymbol{OA}\cdot\boldsymbol{OC}=pr\cos(\widehat{\boldsymbol{OA},\boldsymbol{OC}})=\frac{p^2+r^2-m^2}{2},$$

$$a_2a_3+b_2b_3+c_2c_3=\boldsymbol{OB}\cdot\boldsymbol{OC}=qr\cos(\widehat{\boldsymbol{OB},\boldsymbol{OC}})=\frac{q^2+r^2-l^2}{2},$$

将以上各式代入 $V^2$ 中，有

$$V^2=\frac{1}{36}\left|\begin{vmatrix} p^2 & \frac{p^2+q^2-n^2}{2} & \frac{p^2+r^2-m^2}{2} \\ \frac{p^2+q^2-n^2}{2} & q^2 & \frac{q^2+r^2-l^2}{2} \\ \frac{p^2+r^2-m^2}{2} & \frac{q^2+r^2-l^2}{2} & r^2 \end{vmatrix}\right|,$$

这就是利用四面体的六条棱长去计算四面体体积的欧拉四面体求积公式.

将 $l=10$ 米，$m=15$ 米，$n=12$ 米，$p=14$ 米，$q=13$ 米，$r=11$ 米代入上式得

$$V^2=\frac{1}{36}\left|\begin{vmatrix} 196 & 110.5 & 45 \\ 110.5 & 169 & 95 \\ 46 & 95 & 121 \end{vmatrix}\right|=38\ 050.826\ 39,$$

故花岗岩巨石的体积近似为

$$V^2\approx 38\ 050.826\ 39,\quad V\approx 195\ \text{m}^3.$$

## 习题 1

**1.** 求行列式 $D=\begin{vmatrix} 1 & 0 & 1 \\ -1 & 1 & 0 \\ 1 & 1 & 1 \end{vmatrix}$ 的第一行各元素的余子式和代数余子式.

**2.** 设 $\begin{vmatrix} 1 & 2 & -3 & 0 \\ 0 & 1 & y & 0 \\ 2 & 1 & -2 & 0 \\ 1 & -1 & 1 & 2 \end{vmatrix}$，计算元素 $y$ 的余子式和代数余子式.

**3.** 已知 $D=\begin{vmatrix} 3 & 6 & 9 & 12 \\ 2 & 4 & 6 & 8 \\ 1 & 2 & 0 & 3 \\ 5 & 6 & 4 & 3 \end{vmatrix}$，试求 $A_{41}+A_{42}+3A_{44}$.

**4.** 设有一个四阶行列式 $D$，$D$ 中的第二行元素分别为 1，2，3，4，且第二行元素所对应的余子式分别为 4，3，2，2，求行列式 $D$ 的值.

**5.** 计算行列式.

(1) $\begin{vmatrix} \sqrt{a} & 1 \\ -1 & -\sqrt{a} \end{vmatrix}$;　　(2) $\begin{vmatrix} 1 & 1 & 1 \\ 1 & -1 & 1 \\ 1 & 1 & -1 \end{vmatrix}$;

(3) $\begin{vmatrix} 5 & -1 & 3 \\ -4 & 5 & -1 \\ 196 & 205 & 199 \end{vmatrix}$;　　(4) $\begin{vmatrix} 0 & a & b \\ -a & 0 & c \\ -b & -c & 0 \end{vmatrix}$;

(5) $\begin{vmatrix} a & b & a+b \\ b & a+b & a \\ a+b & a & b \end{vmatrix}$;　　(6) $\begin{vmatrix} x^2 & xy & y^2 \\ 2x & x+y & 2y \\ 1 & 1 & 1 \end{vmatrix}$.

**6.** 计算下列四阶行列式.

(1) $\begin{vmatrix} 2 & 1 & 3 & 5 \\ 1 & 0 & -1 & 2 \\ -6 & 2 & -2 & 4 \\ 1 & 1 & 3 & 1 \end{vmatrix}$;　　(2) $\begin{vmatrix} 4 & 1 & 2 & 4 \\ 1 & 2 & 0 & 2 \\ 10 & 5 & 2 & 0 \\ 0 & 1 & 1 & 7 \end{vmatrix}$;

(3) $\begin{vmatrix} a & 1 & 0 & 0 \\ -1 & b & 1 & 0 \\ 0 & -1 & c & 1 \\ 0 & 0 & -1 & d \end{vmatrix}$;　　(4) $\begin{vmatrix} 4 & 1 & 1 & 1 \\ 1 & 4 & 1 & 1 \\ 1 & 1 & 4 & 1 \\ 1 & 1 & 1 & 4 \end{vmatrix}$;

(5) $\begin{vmatrix} 1 & 2 & 3 & 4 \\ 2 & 3 & 4 & 1 \\ 3 & 4 & 1 & 2 \\ 4 & 1 & 2 & 3 \end{vmatrix}$;　　(6) $\begin{vmatrix} 1 & 1 & 1 & 0 \\ 1 & 1 & 0 & 1 \\ 1 & 0 & 1 & 1 \\ 0 & 1 & 1 & 1 \end{vmatrix}$;

(7) $\begin{vmatrix} 1 & -1 & 0 & 0 \\ 0 & 1 & -1 & 0 \\ 0 & 0 & 1 & -1 \\ a_4 & a_3 & a_2 & a_1+1 \end{vmatrix}$;　　(8) $\begin{vmatrix} a^2 & (a+1)^2 & (a+2)^2 & (a+3)^2 \\ b^2 & (b+1)^2 & (b+2)^2 & (b+3)^2 \\ c^2 & (c+1)^2 & (c+2)^2 & (c+3)^2 \\ d^2 & (d+1)^2 & (d+2)^2 & (d+3)^2 \end{vmatrix}$.

**7.** 计算下列行列式.

(1) $\begin{vmatrix} 1 & 2 & 3 & \cdots & n-1 & n \\ 1 & -1 & 0 & \cdots & 0 & 0 \\ 0 & 2 & -2 & \cdots & 0 & 0 \\ 0 & 0 & 3 & \ddots & \vdots & 0 \\ \vdots & \vdots & \vdots & \ddots & \vdots & \vdots \\ 0 & 0 & 0 & \cdots & n-1 & 1-n \end{vmatrix}$;

(2) $\begin{vmatrix} x & a & \cdots & a \\ a & x & \cdots & a \\ \vdots & \vdots & \ddots & \vdots \\ a & a & \cdots & x \end{vmatrix}$.

**8.** 求下列方程的解.

(1) $\begin{vmatrix} \lambda-3 & -1 \\ -5 & \lambda+1 \end{vmatrix}=0$；

(2) $\begin{vmatrix} \lambda+1 & -1 & 0 \\ 4 & \lambda-3 & 0 \\ 2 & 0 & \lambda-2 \end{vmatrix}=0$；

(3) $\begin{vmatrix} 1 & 1 & 2 \\ 1 & 1 & x^2-2 \\ 1 & x^2 & 1 \end{vmatrix}=0$；

(4) $\begin{vmatrix} 1 & 1 & 2 & 3 \\ 2 & 3-x^2 & 4 & 6 \\ 2 & 2 & 6 & 5 \\ 2 & 2 & 6 & 9-x^2 \end{vmatrix}=0$.

**9.** 已知 $\begin{vmatrix} a_1 & b_1 & c_1 \\ 5a_2-a_1 & 5b_2-b_1 & 5c_2-c_1 \\ a_3 & b_3 & c_3 \end{vmatrix}=1$，求 $\begin{vmatrix} a_1 & b_1 & c_1 \\ a_2 & b_2 & c_2 \\ a_3 & b_3 & c_3 \end{vmatrix}$.

**10.** 证明：

(1) $\begin{vmatrix} a & b & c & 1 \\ b & c & a & 1 \\ c & a & b & 1 \\ \frac{b+c}{2} & \frac{c+a}{2} & \frac{a+b}{2} & 1 \end{vmatrix}=0$；

(2) $\begin{vmatrix} a_1 & a_2 & m(a_1+a_2) \\ b_1 & b_2 & m(b_1+b_2) \\ c_1 & c_2 & m(c_1+c_2) \end{vmatrix}=0$；

(3) $\begin{vmatrix} a-b-c & 2a & 2a \\ 2b & b-c-a & 2b \\ 2c & 2c & c-a-b \end{vmatrix}=(a+b+c)^3 \quad (a+b+c\neq 0)$.

**11.** 试用克莱姆法则求解线性方程组.

(1) $\begin{cases} x_1-2x_2+x_3=1 \\ 2x_1+x_2-x_3=1 \\ x_1-3x_2-4x_3=-10 \end{cases}$；

(2) $\begin{cases} x_1+x_2+2x_3=0 \\ 2x_1-x_2=0 \\ x_1+2x_3=0 \end{cases}$.

**12.** 问 $\lambda$ 取何值时，下列齐次线性方程组有非零解？

(1) $\begin{cases} x_1+\lambda x_2=0 \\ \lambda x_1+x_2=0 \end{cases}$；

(2) $\begin{cases} \lambda x_1+x_2+x_3=0 \\ 2x_1-x_2+x_3=0 \\ x_1+\lambda x_2+x_3=0 \end{cases}$；

(3) $\begin{cases} (-1-\lambda)x_1+x_2=0 \\ -4x_1+(3-\lambda)x_2=0 \\ x_1+(2-\lambda)x_3=0 \end{cases}$.

**13.** 问 $\lambda,\mu$ 取何值时，齐次线性方程组

$$\begin{cases}\lambda x_1+x_2+x_3=0\\x_1+\mu x_2+x_3=0\\x_1+2\mu x_2+x_3=0\end{cases}$$

有非零解？

**14.** 设 $\alpha,\beta,\gamma$ 为互不相等的实数，证明 $\begin{vmatrix}1&1&1\\\alpha&\beta&\gamma\\\alpha^3&\beta^3&\gamma^3\end{vmatrix}=0$ 的充要条件是 $\alpha+\beta+\gamma=0$.

**15.** 求一个二次多项式 $f(x)$，使得 $f(1)=-1$，$f(-1)=9$，$f(2)=-3$.

**16.** 证明：过 $xOy$ 平面上两不同点 $(x_1,y_1)$，$(x_2,y_2)$ 的直线方程可以表示为 $\begin{vmatrix}1&x&y\\1&x_1&y_1\\1&x_2&y_2\end{vmatrix}=0$.

# 第2章

# 矩　阵

矩阵是最基本的数学概念之一,贯穿线性代数的各个方面,矩阵及其运算是线性代数的重要内容,许多领域中的数量关系都可以用矩阵来描述,因而它也是数学研究与应用的一个重要工具,特别是在自然科学、工程技术、经济管理等领域有着广泛的应用.本章介绍矩阵的概念\,矩阵的运算\,矩阵的秩\,逆矩阵及矩阵的初等变换等内容.

## 2.1　矩阵及其运算

### 2.1.1　矩阵的概念

**【例 2-1】** 电路理论中,通常把各条电路称为支路,各支路之间的交点称为结点,如果结点和支路相连则称二者相互关联,反之称为不关联.图 2-1 中的电路图由四个结点和六条支路构成,各个支路上的电流方向如图所示.

现在用一个矩形数表来描述各结点和支路之间的关系.规定:如果支路和结点不关联,用数“0”表示;如果支路和结点关联,并且支路上电流方向背离结点,则用数“1”表示;如果支路和结点关联,并且支路上电流方向指向结点,则用数“$-1$”表示.在下面的数表中,行与结点一一对应,列与支路一一对应.

$$
\begin{array}{c}
 \\ ① \\ ② \\ ③ \\ ④
\end{array}
\begin{array}{c}
\begin{array}{cccccc} 1 & 2 & 3 & 4 & 5 & 6 \end{array} \\
\begin{pmatrix}
1 & 0 & 0 & 1 & 0 & -1 \\
-1 & 1 & 1 & 0 & 0 & 0 \\
0 & -1 & 0 & 0 & -1 & 1 \\
0 & 0 & -1 & -1 & 1 & 0
\end{pmatrix}
\end{array}.
$$

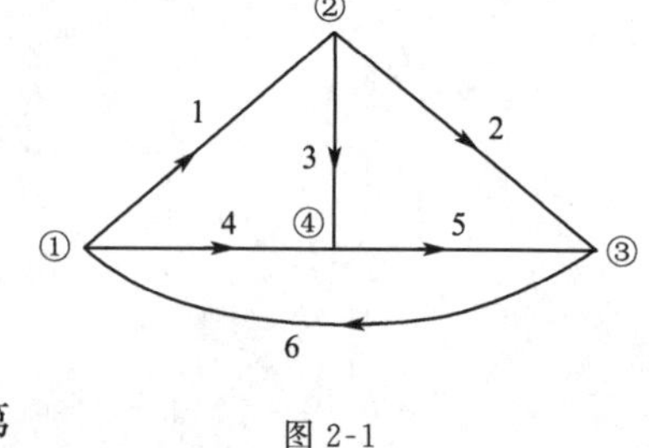

图 2-1

这里第二行第四列的数为 0,意即第二个结点和第四个支路没有关联;第三行第二列的数为$-1$,意即第三个结点和第二个支路关联,并且电路上的电流方向指向结点;第一行第四列的数是 1,意即第一个结点和第四个支路关联,并且支路上的电流方向背离结点.这样,用这个矩形数表就可以简明清晰地来描述电路的构成.

**【例 2-2】** 田忌赛马是一个广为人知的故事.传说战国时期，齐王与其手下大将田忌各有上、中、下三匹马，同等级的马中，齐王的马比田忌的马强，但田忌的上、中等马分别比齐王的中、下等马强.有一天，齐王要与田忌赛马，双方约定：比赛三局，每局各出一匹马，每匹马赛一次，赢得两局者为胜.田忌采用了孙膑的建议：用下等马对付齐王的上等马，用上等马对付齐王的中等马，用中等马对付齐王的下等马.结果三场比赛完后，田忌 1 负 2 胜，最终赢得齐王的千金赌注.

事实上这是一个对策问题，在比赛中，齐王和田忌的马可以随机出阵，每次比赛双方的胜负情况，要根据双方的对阵情况来定.双方出阵的可能策略为：策略 1(上、中、下)\，策略 2(中、上、下)\，策略 3(下、中、上)\，策略 4(上、下、中)\，策略 5(中、下、上)\，策略 6(下、上、中).

说明：策略 1(上、中、下)表示按先后出阵的顺序派上等马、中等马、下等马，其他策略解释类似.每场比赛中，如果齐王的马三战全胜，则用数“3”表示；如果两胜一负，则用数“1”表示；如果一胜两负，则用数“−1”表示.如果齐王和田忌依次使用上面 6 种策略进行比赛，那么齐王的胜、负情况就可以用下面的矩形数表来表示.其中齐王采用的策略用横向行表示，田忌采用的策略用纵向列表示.

$$
\begin{array}{c}
\text{田忌策略} \\
\begin{array}{cc}
 & \begin{array}{cccccc} 1 & 2 & 3 & 4 & 5 & 6 \end{array} \\
\text{齐王策略}\begin{array}{c} 1\\2\\3\\4\\5\\6 \end{array} &
\begin{pmatrix}
3 & 1 & 1 & 1 & 1 & -1 \\
1 & 3 & 1 & -1 & 1 & 1 \\
1 & -1 & 3 & 1 & 1 & 1 \\
1 & 1 & -1 & 3 & 1 & 1 \\
-1 & 1 & 1 & 1 & 3 & 1 \\
1 & 1 & 1 & 1 & -1 & 3
\end{pmatrix}.
\end{array}
\end{array}
$$

表中第四行第三列的数是−1，意即齐王采用策略 4，即以上、下、中顺序出马，而田忌采用策略 3，即以下、中、上顺序出马，则比赛结果齐王一胜两负；第三行第三列的数是 3，意即齐王和田忌均采用策略 3，即以下、中、上顺序出马，则比赛结果齐王三战全胜；第一行第三列的数是 1，意即齐王采用策略 1，即以上、中、下顺序出马，而田忌采用策略 3，即以下、中、上顺序出马，则比赛结果齐王两胜一负.可见，齐王与田忌的胜负关系从上面的矩形数表中一目了然.

**【例 2-3】** 线性方程组

$$
\begin{cases}
2x_1 - x_2 + 2x_3 = 4 \\
x_1 + x_2 + 2x_3 = 1 \\
4x_1 + x_2 + 4x_3 = 2
\end{cases}
$$

的解由未知量的系数和常数项决定，即方程组与矩形数表

$$
\begin{pmatrix}
2 & -1 & 2 & 4 \\
1 & 1 & 2 & 1 \\
4 & 1 & 4 & 2
\end{pmatrix}
$$

一一对应，故对方程组的研究可转化为对此数表的研究.

去掉上面各例数表中数据的具体含义，就得到了矩阵的概念.

**定义 2-1** 由 $m\times n$ 个数 $a_{ij}(i=1,2,\cdots,m;j=1,2,\cdots,n)$ 排成的 $m$ 行 $n$ 列的矩形数表

$$\boldsymbol{A}=\begin{pmatrix} a_{11} & a_{12} & \cdots & a_{1n} \\ a_{21} & a_{22} & \cdots & a_{2n} \\ \vdots & \vdots & & \vdots \\ a_{m1} & a_{m2} & \cdots & a_{mn} \end{pmatrix}$$

称为 $\boldsymbol{m\times n}$ **矩阵**，记为 $\boldsymbol{A}=(a_{ij})_{m\times n}$ 或 $\boldsymbol{A}_{m\times n}$，其中 $a_{ij}$ 称为矩阵 $\boldsymbol{A}$ 第 $i$ 行第 $j$ 列的**元素**.

和行列式元素表示法一样，元素 $a_{ij}$ 的第一个下标表明它所在的行，第二个下标表明它所在的列. $a_{ij}$ 即为第 $i$ 行第 $j$ 列位置上的数($i=1,2,\cdots,m;j=1,2,\cdots,n$).

当 $m=n$ 时，$\boldsymbol{A}=(a_{ij})_{n\times n}$ 或 $\boldsymbol{A}_n$ 称为 $\boldsymbol{n}$ **阶方阵.**

矩阵 $\boldsymbol{A}=(a_{ij})_{m\times n}$ 与行列式比较，除了符号的记法及行数可以不等于列数以外，还有更本质的区别，即行列式可以展开，它的值是一个数或函数，矩阵只是一种数的矩形数表，它不表示一个数或函数，也没有展开式，例如二阶方阵 $\begin{pmatrix} 2 & 1 \\ 0 & 3 \end{pmatrix}$ 是矩形数表，但二阶行列式 $\begin{vmatrix} 2 & 1 \\ 0 & 3 \end{vmatrix}$ 是一个数，其值是 6.

两个矩阵的行数相等、列数也相等时，就称它们是**同型矩阵**. 如果 $\boldsymbol{A}=(a_{ij})$ 与 $\boldsymbol{B}=(b_{ij})$ 都是 $m\times n$ 矩阵，并且它们的对应元素相等，即

$$a_{ij}=b_{ij}\quad(i=1,2,\cdots,m;j=1,2,\cdots,n),$$

那么就称矩阵 $\boldsymbol{A}$ 与矩阵 $\boldsymbol{B}$ **相等**，记作

$$\boldsymbol{A}=\boldsymbol{B}.$$

## 2.1.2 几种特殊类型的矩阵

**1. 行矩阵和列矩阵**

仅有一行的矩阵

$$\boldsymbol{A}=(a_1\ \ a_2\ \ \cdots\ \ a_n)$$

称为**行矩阵**，又称为 $\boldsymbol{n}$ **维行向量**.

仅有一列的矩阵

$$\boldsymbol{B}=\begin{pmatrix} b_1 \\ b_2 \\ \vdots \\ b_m \end{pmatrix}$$

称为**列矩阵**，又称为 $\boldsymbol{m}$ **维列向量**.

**2. 零矩阵**

若矩阵 $\boldsymbol{A}=(a_{ij})_{m\times n}$ 的所有元素全为零，则称该矩阵为**零矩阵**，记为 $\boldsymbol{O}$ 或 $\boldsymbol{O}_{m\times n}$.

如 $\boldsymbol{O}=\begin{pmatrix}0&0\\0&0\\0&0\end{pmatrix}_{3\times2}$，$\boldsymbol{O}=\begin{pmatrix}0&0\\0&0\end{pmatrix}_{2\times2}$ 均为零矩阵.

**注意** 不同型的零矩阵含义不同.

**3. 单位矩阵**

若一个 $n$ 阶方阵的主对角线(从左上角到右下角的直线)上的所有元素均为1,而其余元素均为零,则称该矩阵为**单位矩阵**,记为 $\boldsymbol{E}$ 或 $\boldsymbol{E}_n$,即

$$\boldsymbol{E}=\begin{pmatrix}1&0&\cdots&0\\0&1&\cdots&0\\\vdots&\vdots&&\vdots\\0&0&\cdots&1\end{pmatrix}.$$

如三阶单位矩阵 $\boldsymbol{E}_3=\begin{pmatrix}1&0&0\\0&1&0\\0&0&1\end{pmatrix}$,二阶单位矩阵 $\boldsymbol{E}_2=\begin{pmatrix}1&0\\0&1\end{pmatrix}$.

同样,不同阶的单位矩阵含义不同.

**4. 上三角矩阵**

若一个 $n$ 阶方阵的主对角线以下的元素均为零,则称该矩阵为**上三角矩阵**,即

$$\begin{pmatrix}a_{11}&a_{12}&\cdots&a_{1n}\\0&a_{22}&\cdots&a_{2n}\\\vdots&\vdots&&\vdots\\0&0&\cdots&a_{nn}\end{pmatrix}.$$

**5. 下三角矩阵**

若一个 $n$ 阶方阵的主对角线以上的元素均为零,则称该矩阵为**下三角矩阵**,即

$$\begin{pmatrix}a_{11}&0&\cdots&0\\a_{21}&a_{22}&\cdots&0\\\vdots&\vdots&&\vdots\\a_{n1}&a_{n2}&\cdots&a_{nn}\end{pmatrix}.$$

**6. 对角矩阵**

若一个 $n$ 阶方阵的主对角线以外的元素均为零,则称该矩阵为**对角矩阵**,记为 $\boldsymbol{\Lambda}$,即

$$\boldsymbol{\Lambda}=\begin{pmatrix}\lambda_1&0&\cdots&0\\0&\lambda_2&\cdots&0\\\vdots&\vdots&&\vdots\\0&0&\cdots&\lambda_n\end{pmatrix}.$$

对角阵也可简记作

$$\boldsymbol{\Lambda}=\begin{pmatrix}\lambda_1&&&\\&\lambda_2&&\\&&\ddots&\\&&&\lambda_n\end{pmatrix}$$

或

$$\boldsymbol{\Lambda}=\mathrm{diag}(\lambda_1,\lambda_2,\cdots,\lambda_n).$$

## 2.1.3 矩阵的运算

**1. 矩阵的加法**

矩阵的乘法

**【例 2-4】** 有一地区大范围遭受冻灾，某慈善机构决定向该地区的甲、乙、丙三个城市分三天发放棉被、饼干、饮用水三种救援物资，第一天发放情况如下：

| 城市 | 物资种类 | | |
|---|---|---|---|
| | 棉被/万床 | 饼干/万箱 | 饮用水/万箱 |
| 甲 | 4 | 3 | 5 |
| 乙 | 4 | 4 | 4 |
| 丙 | 3 | 2 | 2 |

上面的信息可以用矩阵表示为

$$\boldsymbol{A}=\begin{pmatrix}4&3&5\\4&4&4\\3&2&2\end{pmatrix},$$

其中 $a_{ij}(i,j=1,2,3)$表示向第 $i$ 个城市发放第 $j$ 种救援物资的数量.

如果把第二天的发放情况

| 城市 | 物资种类 | | |
|---|---|---|---|
| | 棉被/万床 | 饼干/万箱 | 饮用水/万箱 |
| 甲 | 2 | 5 | 7 |
| 乙 | 0 | 6 | 7 |
| 丙 | 1 | 3 | 3 |

也用矩阵表示为

$$\boldsymbol{B}=\begin{pmatrix}2&5&7\\0&6&7\\1&3&3\end{pmatrix},$$

则前两天累计发放量

| 城市 | 物资种类 | | |
|---|---|---|---|
| | 棉被/万床 | 饼干/万箱 | 饮用水/万箱 |
| 甲 | 6 | 8 | 12 |
| 乙 | 4 | 10 | 11 |
| 丙 | 4 | 5 | 5 |

可用矩阵表示为

$$\boldsymbol{C}=\begin{pmatrix}4+2&3+5&5+7\\4+0&4+6&4+7\\3+1&2+3&2+3\end{pmatrix}=\begin{pmatrix}6&8&12\\4&10&11\\4&5&5\end{pmatrix}.$$

从上面的例子不难理解下面给出的矩阵加法的定义.

**定义 2-2** 设 $\boldsymbol{A}=(a_{ij})_{m\times n}$,$\boldsymbol{B}=(b_{ij})_{m\times n}$ 为同型矩阵,则 $\boldsymbol{A}$ 与 $\boldsymbol{B}$ 的和 $\boldsymbol{A}+\boldsymbol{B}$ 定义为

$$\boldsymbol{A}+\boldsymbol{B}=(a_{ij}+b_{ij})_{m\times n}=\begin{pmatrix} a_{11} & a_{12} & \cdots & a_{1n} \\ a_{21} & a_{22} & \cdots & a_{2n} \\ \vdots & \vdots & & \vdots \\ a_{m1} & a_{m2} & \cdots & a_{mn} \end{pmatrix}+\begin{pmatrix} b_{11} & b_{12} & \cdots & b_{1n} \\ b_{21} & b_{22} & \cdots & b_{2n} \\ \vdots & \vdots & & \vdots \\ b_{m1} & b_{m2} & \cdots & b_{mn} \end{pmatrix}$$

$$=\begin{pmatrix} a_{11}+b_{11} & a_{12}+b_{12} & \cdots & a_{1n}+b_{1n} \\ a_{21}+b_{21} & a_{22}+b_{22} & \cdots & a_{2n}+b_{2n} \\ \vdots & \vdots & & \vdots \\ a_{m1}+b_{m1} & a_{m2}+b_{m2} & \cdots & a_{mn}+b_{mn} \end{pmatrix}.$$

容易验证矩阵的加法满足如下的运算律(设 $\boldsymbol{A},\boldsymbol{B},\boldsymbol{C},\boldsymbol{O}$ 为同型矩阵):

(1)$\boldsymbol{A}+\boldsymbol{B}=\boldsymbol{B}+\boldsymbol{A}$(交换律);

(2)$\boldsymbol{A}+(\boldsymbol{B}+\boldsymbol{C})=(\boldsymbol{A}+\boldsymbol{B})+\boldsymbol{C}$(结合律);

(3)$\boldsymbol{A}+\boldsymbol{O}=\boldsymbol{A}$.

**【例 2-5】** 设 $\boldsymbol{A}=\begin{pmatrix} 1 & -2 \\ 2 & 0 \\ -3 & 1 \end{pmatrix}$,$\boldsymbol{B}=\begin{pmatrix} 1 & 0 \\ 2 & -3 \\ 4 & 2 \end{pmatrix}$,计算 $\boldsymbol{A}+\boldsymbol{B}$.

**解** $\boldsymbol{A}+\boldsymbol{B}=\begin{pmatrix} 1 & -2 \\ 2 & 0 \\ -3 & 1 \end{pmatrix}+\begin{pmatrix} 1 & 0 \\ 2 & -3 \\ 4 & 2 \end{pmatrix}=\begin{pmatrix} 1+1 & -2+0 \\ 2+2 & 0+(-3) \\ -3+4 & 1+2 \end{pmatrix}=\begin{pmatrix} 2 & -2 \\ 4 & -3 \\ 1 & 3 \end{pmatrix}$.

**2. 数与矩阵的乘法**

在例 2-4 中,若第三天发放的每种物资量都是第一天发放量的 2 倍,则不难看出第三天发放的物资量可以用矩阵表示为

$$\boldsymbol{D}=\begin{pmatrix} 2\times 4 & 2\times 3 & 2\times 5 \\ 2\times 4 & 2\times 4 & 2\times 4 \\ 2\times 3 & 2\times 2 & 2\times 2 \end{pmatrix}=\begin{pmatrix} 8 & 6 & 10 \\ 8 & 8 & 8 \\ 6 & 4 & 4 \end{pmatrix}.$$

更一般地,有数与矩阵的乘法定义.

**定义 2-3** 设矩阵 $\boldsymbol{A}=(a_{ij})_{m\times n}$,$\lambda$ 是一个实数,矩阵 $(\lambda a_{ij})_{m\times n}$ 称为**数 $\lambda$ 与矩阵 $\boldsymbol{A}$ 的乘积**,记作 $\lambda\boldsymbol{A}$ 或 $\boldsymbol{A}\lambda$,即

$$\lambda\boldsymbol{A}=\boldsymbol{A}\lambda=(\lambda a_{ij})_{m\times n}=\begin{pmatrix} \lambda a_{11} & \lambda a_{12} & \cdots & \lambda a_{1n} \\ \lambda a_{21} & \lambda a_{22} & \cdots & \lambda a_{2n} \\ \vdots & \vdots & & \vdots \\ \lambda a_{m1} & \lambda a_{m2} & \cdots & \lambda a_{mn} \end{pmatrix}.$$

根据定义容易验证,数与矩阵的乘法满足下列运算律(设 $\lambda,\mu$ 为实数,$\boldsymbol{A},\boldsymbol{B}$ 为 $m\times n$ 矩阵):

(1)$(\lambda\mu)\boldsymbol{A}=\lambda(\mu\boldsymbol{A})$;

(2)$(\lambda+\mu)\boldsymbol{A}=\lambda\boldsymbol{A}+\mu\boldsymbol{A}$;

(3)$\lambda(\boldsymbol{A}+\boldsymbol{B})=\lambda\boldsymbol{A}+\lambda\boldsymbol{B}$.

【例 2-6】 已知 $\boldsymbol{A}=\begin{pmatrix}-1 & 3\\ 2 & 2\\ 4 & 5\end{pmatrix}$，$\boldsymbol{B}=\begin{pmatrix}1 & 3\\ 2 & 2\\ 6 & 3\end{pmatrix}$，求矩阵 $\boldsymbol{X}$，使得 $2\boldsymbol{X}+\boldsymbol{B}=3\boldsymbol{A}$.

**解** 将方程 $2\boldsymbol{X}+\boldsymbol{B}=3\boldsymbol{A}$ 两边同时加上 $-\boldsymbol{B}$ 得，$2\boldsymbol{X}=3\boldsymbol{A}-\boldsymbol{B}$，两边再同时乘以 $\frac{1}{2}$，则有

$$\boldsymbol{X}=\frac{1}{2}(3\boldsymbol{A}-\boldsymbol{B})=\frac{1}{2}\left[3\begin{pmatrix}-1 & 3\\ 2 & 2\\ 4 & 5\end{pmatrix}-\begin{pmatrix}1 & 3\\ 2 & 2\\ 6 & 3\end{pmatrix}\right]=\frac{1}{2}\left[\begin{pmatrix}-3 & 9\\ 6 & 6\\ 12 & 15\end{pmatrix}-\begin{pmatrix}1 & 3\\ 2 & 2\\ 6 & 3\end{pmatrix}\right]$$

$$=\frac{1}{2}\begin{pmatrix}-4 & 6\\ 4 & 4\\ 6 & 12\end{pmatrix}=\begin{pmatrix}-2 & 3\\ 2 & 2\\ 3 & 6\end{pmatrix}.$$

**3. 矩阵的乘法**

在例 2-4 中，若已知棉被的价格为 100 元/床，运费为 0.2 元/床；饼干的价格为 200 元/箱，运费为 0.2 元/箱；饮用水的价格为 20 元/箱，运费为 0.1 元/箱. 我们可以把上面的价格和运费用一个矩阵表示为

$$\boldsymbol{P}=\begin{pmatrix}100 & 0.2\\ 200 & 0.2\\ 20 & 0.1\end{pmatrix},$$

第一天发放的各种物资量为

$$\boldsymbol{A}=\begin{pmatrix}4 & 3 & 5\\ 4 & 4 & 4\\ 3 & 2 & 2\end{pmatrix},$$

显然，第一天向甲城市发放的物资价值为

$$4\times100+3\times200+5\times20=1\ 100(\text{万元}),$$

运费为

$$4\times0.2+3\times0.2+5\times0.1=1.9(\text{万元}).$$

用同样的方法可以算出向其余两个城市发放的物资价值和运费，这样，慈善机构第一天向甲、乙、丙三个城市发放物资的价值和运费写成矩阵的形式为

$$\boldsymbol{AP}=\begin{pmatrix}4 & 3 & 5\\ 4 & 4 & 4\\ 3 & 2 & 2\end{pmatrix}\begin{pmatrix}100 & 0.2\\ 200 & 0.2\\ 20 & 0.1\end{pmatrix}$$

$$=\begin{pmatrix}4\times100+3\times200+5\times20 & 4\times0.2+3\times0.2+5\times0.1\\ 4\times100+4\times200+4\times20 & 4\times0.2+4\times0.2+4\times0.1\\ 3\times100+2\times200+2\times20 & 3\times0.2+2\times0.2+2\times0.1\end{pmatrix}$$

$$=\begin{pmatrix}1\ 100 & 1.9\\ 1\ 280 & 2\\ 740 & 1.2\end{pmatrix}.$$

由此引出矩阵乘法的定义.

**定义 2-4** 设矩阵 $\boldsymbol{A}=(a_{ij})_{m\times s}$，$\boldsymbol{B}=(b_{ij})_{s\times n}$，称矩阵 $\boldsymbol{C}=(c_{ij})_{m\times n}$ 为矩阵 $\boldsymbol{A}$ 与 $\boldsymbol{B}$ 的乘积，记作 $\boldsymbol{C}=\boldsymbol{AB}$，其中

$$c_{ij}=a_{i1}b_{1j}+a_{i2}b_{2j}+\cdots+a_{is}b_{sj}=\sum_{k=1}^{s}a_{ik}b_{kj}\quad(i=1,2,\cdots,m;j=1,2,\cdots,n),$$

即

$$\begin{pmatrix} a_{11} & a_{12} & \cdots & a_{1s} \\ a_{21} & a_{22} & \cdots & a_{2s} \\ \vdots & \vdots & & \vdots \\ a_{m1} & a_{m2} & \cdots & a_{ms} \end{pmatrix}\begin{pmatrix} b_{11} & b_{12} & \cdots & b_{1n} \\ b_{21} & b_{22} & \cdots & b_{2n} \\ \vdots & \vdots & & \vdots \\ b_{s1} & b_{s2} & \cdots & b_{sn} \end{pmatrix}$$

$$=\begin{pmatrix} a_{11}b_{11}+a_{12}b_{21}+\cdots+a_{1s}b_{s1} & \cdots & a_{11}b_{1n}+a_{12}b_{2n}+\cdots+a_{1s}b_{sn} \\ a_{21}b_{11}+a_{22}b_{21}+\cdots+a_{2s}b_{s1} & \cdots & a_{21}b_{1n}+a_{22}b_{2n}+\cdots+a_{2s}b_{sn} \\ \vdots & & \vdots \\ a_{m1}b_{11}+a_{m2}b_{21}+\cdots+a_{ms}b_{s1} & \cdots & a_{m1}b_{1n}+a_{m2}b_{2n}+\cdots+a_{ms}b_{sn} \end{pmatrix}.$$

**【例 2-7】** 设 $\boldsymbol{A}=\begin{pmatrix} 1 & 0 & 2 & -1 \\ 0 & 1 & -1 & 3 \\ -1 & 2 & 0 & 1 \end{pmatrix}$，$\boldsymbol{B}=\begin{pmatrix} 1 & 2 \\ 2 & 1 \\ 0 & 3 \\ 1 & 4 \end{pmatrix}$，计算 $\boldsymbol{AB}$.

**解** $\boldsymbol{AB}=\begin{pmatrix} 1 & 0 & 2 & -1 \\ 0 & 1 & -1 & 3 \\ -1 & 2 & 0 & 1 \end{pmatrix}\begin{pmatrix} 1 & 2 \\ 2 & 1 \\ 0 & 3 \\ 1 & 4 \end{pmatrix}$

$$=\begin{pmatrix} 1\times1+0\times2+2\times0+(-1)\times1 & 1\times2+0\times1+2\times3+(-1)\times4 \\ 0\times1+1\times2+(-1)\times0+3\times1 & 0\times2+1\times1+(-1)\times3+3\times4 \\ (-1)\times1+2\times2+0\times0+1\times1 & (-1)\times2+2\times1+0\times3+1\times4 \end{pmatrix}$$

$$=\begin{pmatrix} 0 & 4 \\ 5 & 10 \\ 4 & 4 \end{pmatrix}.$$

**注意** 只有当前一矩阵 $\boldsymbol{A}$ 的列数与后一矩阵 $\boldsymbol{B}$ 的行数相同时，两个矩阵才能相乘，否则不能相乘.

在例 2-7 中矩阵 $\boldsymbol{B}$ 的列数为 2，$\boldsymbol{A}$ 的行数为 3，所以 $\boldsymbol{B}$ 与 $\boldsymbol{A}$ 不能相乘，即 $\boldsymbol{BA}$ 无意义.

**【例 2-8】** 设

$$\boldsymbol{A}=\begin{pmatrix} 1 \\ 2 \\ -1 \\ 3 \end{pmatrix},\boldsymbol{B}=(2,0,3,-1),$$

求 $\boldsymbol{AB}$ 与 $\boldsymbol{BA}$.

**解**

$$AB=\begin{pmatrix}1\\2\\-1\\3\end{pmatrix}(2,0,3,-1)=\begin{pmatrix}2&0&3&-1\\4&0&6&-2\\-2&0&-3&1\\6&0&9&-3\end{pmatrix},$$

$$BA=(2,0,3,-1)\begin{pmatrix}1\\2\\-1\\3\end{pmatrix}=-4.$$

例 2-8 说明，即使 $AB$ 与 $BA$ 都有意义，但 $AB$ 和 $BA$ 未必是同型矩阵.

**【例 2-9】** 设

$$A=\begin{pmatrix}1&1\\-1&-1\end{pmatrix},B=\begin{pmatrix}-2&1\\2&-1\end{pmatrix},C=\begin{pmatrix}2&3\\1&-3\end{pmatrix},D=\begin{pmatrix}1&-1\\2&1\end{pmatrix},$$

试求 $AB,BA,AC,AD$.

**解**

$$AB=\begin{pmatrix}1&1\\-1&-1\end{pmatrix}\begin{pmatrix}-2&1\\2&-1\end{pmatrix}=\begin{pmatrix}0&0\\0&0\end{pmatrix},$$

$$BA=\begin{pmatrix}-2&1\\2&-1\end{pmatrix}\begin{pmatrix}1&1\\-1&-1\end{pmatrix}=\begin{pmatrix}-3&-3\\3&3\end{pmatrix},$$

$$AC=\begin{pmatrix}1&1\\-1&-1\end{pmatrix}\begin{pmatrix}2&3\\1&-3\end{pmatrix}=\begin{pmatrix}3&0\\-3&0\end{pmatrix},$$

$$AD=\begin{pmatrix}1&1\\-1&-1\end{pmatrix}\begin{pmatrix}1&-1\\2&1\end{pmatrix}=\begin{pmatrix}3&0\\-3&0\end{pmatrix}.$$

由例 2-9 可知：

(1) $AB$ 和 $BA$ 都有意义且同型，但 $AB\neq BA$，即矩阵的乘法不满足交换律；

(2) 两个非零矩阵的乘积可能为零矩阵，也就是说，由 $AB=O$ 不能推出 $A=O$ 或 $B=O$；

(3) 当 $AC=AD$ 时，不一定有 $C=D$，即矩阵乘法不满足消去律.

矩阵乘法虽然不满足交换律和消去律，但可以证明，矩阵乘法满足下列运算律（假设运算都是可行的）：

(1) $A(BC)=(AB)C$；

(2) $A(B+C)=AB+AC$；

(3) $(B+C)A=BA+CA$.

容易验证，单位矩阵 $E$ 有以下性质：

$$A_{m\times n}E_n=A_{m\times n},\quad E_mA_{m\times n}=A_{m\times n},$$

特别地，当 $A$ 为 $n$ 阶方阵时，有 $AE=EA=A$.

这说明单位矩阵在矩阵代数中所起的作用类似于数 1 在普通代数中所起的作用.

一般地，对于 $s$ 个矩阵 $A_1,A_2,\cdots,A_s$，只要前一个矩阵的列数等于后一个相邻矩阵的行数，就可以把它们依次相乘，特别地，对于 $n$ 阶方阵 $A$，规定 $A^k=\underbrace{AAAA\cdots A}_{k个}$（其中 $k$ 为正整数），称 $A^k$ 为 $A$ 的 $k$ 次幂. 容易看出

$$A^kA^l=A^{k+l},\ (A^k)^l=A^{kl}.$$

其中 $k,l$ 都是正整数.

一般而言,$(AB)^k\neq A^kB^k$.

**4. 矩阵的转置**

**定义 2-5** 将 $m\times n$ 矩阵 $A$ 的行换成同序数的列得到的 $n\times m$ 矩阵,称为 $A$ 的**转置矩阵**,记为 $A^{\mathrm{T}}$ 或 $A'$.

如 $A=\begin{pmatrix}1 & 0 & 3\\ -1 & -2 & 3\end{pmatrix}_{2\times 3}$,则 $A^{\mathrm{T}}=\begin{pmatrix}1 & -1\\ 0 & -2\\ 3 & 3\end{pmatrix}_{3\times 2}$.

矩阵的转置也是一种运算,且满足下列运算律(假设运算都是可行的):

(1)$(A^{\mathrm{T}})^{\mathrm{T}}=A$;

(2)$(A+B)^{\mathrm{T}}=A^{\mathrm{T}}+B^{\mathrm{T}}$;

(3)$(kA)^{\mathrm{T}}=kA^{\mathrm{T}}$;

(4)$(AB)^{\mathrm{T}}=B^{\mathrm{T}}A^{\mathrm{T}}$.

**定义 2-6** 若 $n$ 阶方阵 $A=(a_{ij})_{n\times n}$ 满足 $A^{\mathrm{T}}=A$,则称 $A$ 为**对称矩阵**.

如 $C=\begin{pmatrix}1 & -2 & 3\\ -2 & 6 & 7\\ 3 & 7 & 8\end{pmatrix}$ 为对称矩阵.

显然,对称矩阵中关于主对角线对称位置的元素对应相等.对角矩阵与单位矩阵都是对称矩阵.

**定义 2-7** 若 $n$ 阶方阵 $A=(a_{ij})_{n\times n}$ 满足 $A^{\mathrm{T}}=-A$,则称 $A$ 为**反对称矩阵**.

由定义可知,反对称矩阵主对角线上的元素一定为 0.

如 $D=\begin{pmatrix}0 & -3 & -5\\ 3 & 0 & 6\\ 5 & -6 & 0\end{pmatrix}$ 为反对称矩阵.

显然,反对称矩阵中关于主对角线对称位置的元素互为相反数.

对称矩阵和反对称矩阵有以下简单性质:

(1)对称(反对称)矩阵的和、差仍然是对称(反对称)矩阵;

(2)数乘对称(反对称)矩阵仍然是对称(反对称)矩阵.

两个对称(反对称)矩阵乘积不一定是对称(反对称)矩阵.

例如,$A=\begin{pmatrix}0 & -1\\ -1 & 1\end{pmatrix}$ 与 $B=\begin{pmatrix}-1 & 2\\ 2 & 0\end{pmatrix}$ 都是对称矩阵,但它们的乘积矩阵

$$AB=\begin{pmatrix}0 & -1\\ -1 & 1\end{pmatrix}\begin{pmatrix}-1 & 2\\ 2 & 0\end{pmatrix}=\begin{pmatrix}-2 & 0\\ 3 & -2\end{pmatrix}$$

却不是对称矩阵.

又如,反对称矩阵 $A=\begin{pmatrix}0 & -1\\ 1 & 0\end{pmatrix}$ 与 $B=\begin{pmatrix}0 & -2\\ 2 & 0\end{pmatrix}$,它们的乘积矩阵

$$AB=\begin{pmatrix}0&-1\\1&0\end{pmatrix}\begin{pmatrix}0&-2\\2&0\end{pmatrix}=\begin{pmatrix}-2&0\\0&-2\end{pmatrix}$$

也不是反对称矩阵.

**5. 方阵的行列式**

**定义 2-8** 由 $n$ 阶方阵 $\boldsymbol{A}$ 的元素所构成的行列式(各元素相对位置不变),称为方阵 $\boldsymbol{A}$ 的行列式,记为 $|\boldsymbol{A}|$.

如 $n$ 阶单位矩阵 $\boldsymbol{E}_n$ 的行列式

$$|\boldsymbol{E}_n|=\begin{vmatrix}1&0&\cdots&0\\0&1&\cdots&0\\\vdots&\vdots&&\vdots\\0&0&\cdots&1\end{vmatrix}=1.$$

**注意** 只有方阵才有对应的行列式. 当 $|\boldsymbol{A}|\neq 0$ 时,又称 $\boldsymbol{A}$ 是**非奇异矩阵**,否则,称 $\boldsymbol{A}$ 是**奇异矩阵**.

方阵的行列式满足下列运算律(设 $\boldsymbol{A},\boldsymbol{B}$ 为 $n$ 阶方阵,$\lambda$ 为常数):

(1) $|\boldsymbol{A}^{\mathrm{T}}|=|\boldsymbol{A}|$;

(2) $|\lambda\boldsymbol{A}|=\lambda^n|\boldsymbol{A}|$;

(3) $|\boldsymbol{AB}|=|\boldsymbol{A}||\boldsymbol{B}|$.

**【例 2-10】** 设 $\boldsymbol{A}$ 为 3 阶方阵,$|\boldsymbol{A}|=4$,$\lambda=2$,求 $|\lambda\boldsymbol{A}|$,$||\boldsymbol{A}|\boldsymbol{A}|$.

**解**

$$|\lambda\boldsymbol{A}|=\lambda^3|\boldsymbol{A}|=2^3|\boldsymbol{A}|=2^3\times 4=32;$$

$$||\boldsymbol{A}|\boldsymbol{A}|=|4\boldsymbol{A}|=4^3|\boldsymbol{A}|=4^3\times 4=256.$$

**【例 2-11】** $\boldsymbol{A}=\begin{pmatrix}1&-1\\0&2\end{pmatrix}$,$\boldsymbol{B}=\begin{pmatrix}2&3\\-1&1\end{pmatrix}$,求 $|\boldsymbol{A}|$,$|\boldsymbol{A}^2|$,$|2\boldsymbol{B}^{\mathrm{T}}|$,$|\boldsymbol{AB}|$,$|\boldsymbol{A}-2\boldsymbol{B}|$.

**解** $|\boldsymbol{A}|=\begin{vmatrix}1&-1\\0&2\end{vmatrix}=2.$

因为

$$\boldsymbol{A}^2=\begin{pmatrix}1&-1\\0&2\end{pmatrix}\begin{pmatrix}1&-1\\0&2\end{pmatrix}=\begin{pmatrix}1&-3\\0&4\end{pmatrix}$$

所以

$$|\boldsymbol{A}^2|=\begin{vmatrix}1&-3\\0&4\end{vmatrix}=4$$

又

$$2\boldsymbol{B}^{\mathrm{T}}=2\begin{pmatrix}2&-1\\3&1\end{pmatrix}=\begin{pmatrix}4&-2\\6&2\end{pmatrix}$$

所以

$$|2\boldsymbol{B}^{\mathrm{T}}|=\begin{vmatrix}4&-2\\6&2\end{vmatrix}=20$$

$$\boldsymbol{AB}=\begin{pmatrix}1&-1\\0&2\end{pmatrix}\begin{pmatrix}2&3\\-1&1\end{pmatrix}=\begin{pmatrix}3&2\\-2&2\end{pmatrix}$$

$$|\boldsymbol{AB}|=\begin{vmatrix}3 & 2\\ -2 & 2\end{vmatrix}=10$$

$$\boldsymbol{A}-2\boldsymbol{B}=\begin{pmatrix}1 & -1\\ 0 & 2\end{pmatrix}-2\begin{pmatrix}2 & 3\\ -1 & 1\end{pmatrix}=\begin{pmatrix}-3 & -7\\ 2 & 0\end{pmatrix}$$

$$|\boldsymbol{A}-2\boldsymbol{B}|=\begin{vmatrix}-3 & -7\\ 2 & 0\end{vmatrix}=14$$

# 2.2　初等变换与初等矩阵

## 2.2.1　引　例

在中学代数里，用加减消元法求解二元、三元线性方程组时，常需对方程组进行下列同解变形：

(1)交换两个方程的位置；

(2)用一非零数乘以某一方程；

(3)把某个方程乘以一个常数后加到另一方程上去.

如线性方程组

$$\begin{cases}2x_1-x_2+2x_3=4\\ x_1+x_2+2x_3=1\\ 4x_1+x_2+4x_3=2\end{cases},\tag{1}$$

把第一、第二个方程的位置互换，得

$$\begin{cases}x_1+x_2+2x_3=1\\ 2x_1-x_2+2x_3=4,\\ 4x_1+x_2+4x_3=2\end{cases}\tag{2}$$

将第一个方程的$-2$倍加到第二个方程上，第一个方程的$-4$倍加到第三个方程上，得

$$\begin{cases}x_1+\ x_2+2x_3=1\\ \quad -3x_2-2x_3=2\\ \quad -3x_2-4x_3=-2\end{cases},\tag{3}$$

将第二个方程的$-1$倍加到第三个方程上，得

$$\begin{cases}x_1+\ x_2+2x_3=1\\ \quad -3x_2-2x_3=2\\ \qquad\quad -2x_3=-4\end{cases},\tag{4}$$

再将第三个方程加到第一个方程上，第三个方程的$-1$倍加到第二个方程上，得

$$\begin{cases}x_1+\ x_2\qquad =-3\\ \quad -3x_2\qquad =6\\ \qquad\quad -2x_3=-4\end{cases},\tag{5}$$

最后，将第二个方程的$\frac{1}{3}$倍加到第一个方程上，将第二、第三个方程分别乘以$-\frac{1}{3}$和$-\frac{1}{2}$，得

$$\begin{cases} x_1=-1 \\ x_2=-2 \\ x_3=2 \end{cases}, \tag{6}$$

由初等代数可知，以上各方程组同解，故方程组的解为

$$x_1=-1, x_2=-2, x_3=2.$$

而方程组的解取决于变量的系数和常数项，每个方程组都对应一个矩阵，因而方程组的每一次变换都相当于对矩阵进行一次同样的变换，我们把矩阵之间的这些变换称为矩阵的初等变换.

## 2.2.2 矩阵的初等变换

**定义 2-9** 对矩阵进行下列变换称为矩阵的**初等行变换**：

(1)互换第 $i,j$ 两行(记为 $r_i \leftrightarrow r_j$)；

(2)将第 $i$ 行各元素乘以非零常数 $k$(记为 $kr_i$)；

(3)将第 $j$ 行各元素乘以数 $k$ 后加到第 $i$ 行的对应元素上(记为 $r_i+kr_j$).

将定义中的"行"换成"列"，即得矩阵的**初等列变换**(所用记号是把"$r$"换成"$c$"). 矩阵的初等行变换和初等列变换统称为矩阵的初等变换.

**定义 2-10** 如果矩阵 $\boldsymbol{A}$ 经过有限次初等变换变成矩阵 $\boldsymbol{B}$，则称 $\boldsymbol{A}$ 与 $\boldsymbol{B}$ **等价**，记作 $\boldsymbol{A} \sim \boldsymbol{B}$.

由于矩阵的初等行变换对应方程组的同解变形，线性方程组(1)的求解过程用矩阵的初等行变换描述如下：

$$\begin{pmatrix} 2 & -1 & 2 & 4 \\ 1 & 1 & 2 & 1 \\ 4 & 1 & 4 & 2 \end{pmatrix} \xrightarrow{r_1 \leftrightarrow r_2} \begin{pmatrix} 1 & 1 & 2 & 1 \\ 2 & -1 & 2 & 4 \\ 4 & 1 & 4 & 2 \end{pmatrix} \xrightarrow[r_3-4r_1]{r_2-2r_1} \begin{pmatrix} 1 & 1 & 2 & 1 \\ 0 & -3 & -2 & 2 \\ 0 & -3 & -4 & -2 \end{pmatrix}$$

$$\xrightarrow{r_3-r_2} \begin{pmatrix} 1 & 1 & 2 & 1 \\ 0 & -3 & -2 & 2 \\ 0 & 0 & -2 & -4 \end{pmatrix} \xrightarrow[r_1+r_3]{r_2-r_3} \begin{pmatrix} 1 & 1 & 0 & -3 \\ 0 & -3 & 0 & 6 \\ 0 & 0 & -2 & -4 \end{pmatrix}$$

$$\xrightarrow[-\frac{1}{2}r_3]{r_1+\frac{1}{3}r_2,\ -\frac{1}{3}r_2} \begin{pmatrix} 1 & 0 & 0 & -1 \\ 0 & 1 & 0 & -2 \\ 0 & 0 & 1 & 2 \end{pmatrix}.$$

以上矩阵依次对应线性方程组(1)～(6).

## 2.2.3 初等矩阵

矩阵的初等变换是矩阵最基本的一种运算，下面对其进行进一步的讨论.

设 $\boldsymbol{A}=\begin{pmatrix}1 & 2\\-2 & 4\\0 & -6\end{pmatrix}$，将 $\boldsymbol{A}$ 的第二行与第三行交换，有 $\boldsymbol{B}=\begin{pmatrix}1 & 2\\0 & -6\\-2 & 4\end{pmatrix}$.

考虑 3 阶单位矩阵 $\boldsymbol{E}_3=\begin{pmatrix}1 & 0 & 0\\0 & 1 & 0\\0 & 0 & 1\end{pmatrix}$，将 $\boldsymbol{E}_3$ 的第二行和第三行交换，有

$$\boldsymbol{E}(2,3)=\begin{pmatrix}1 & 0 & 0\\0 & 0 & 1\\0 & 1 & 0\end{pmatrix},$$

则

$$\boldsymbol{E}(2,3)\boldsymbol{A}=\begin{pmatrix}1 & 0 & 0\\0 & 0 & 1\\0 & 1 & 0\end{pmatrix}\begin{pmatrix}1 & 2\\-2 & 4\\0 & -6\end{pmatrix}=\begin{pmatrix}1 & 2\\0 & -6\\-2 & 4\end{pmatrix}.$$

也就是说，找到了一个特殊的矩阵 $\boldsymbol{E}(2,3)$，使用左边相乘实现了交换两行的目的.

同理，对矩阵

$$\boldsymbol{A}=\begin{pmatrix}1 & 2\\-2 & 4\\0 & -6\end{pmatrix},$$

交换第一列、第二列，有

$$\boldsymbol{D}=\begin{pmatrix}2 & 1\\4 & -2\\-6 & 0\end{pmatrix}.$$

考虑二阶单位矩阵

$$\boldsymbol{E}_2=\begin{pmatrix}1 & 0\\0 & 1\end{pmatrix},$$

将 $\boldsymbol{E}_2$ 的两列交换，有

$$\boldsymbol{E}(1,2)=\begin{pmatrix}0 & 1\\1 & 0\end{pmatrix},$$

则

$$\boldsymbol{A}\boldsymbol{E}(1,2)=\begin{pmatrix}1 & 2\\-2 & 4\\0 & -6\end{pmatrix}\begin{pmatrix}0 & 1\\1 & 0\end{pmatrix}=\begin{pmatrix}2 & 1\\4 & -2\\-6 & 0\end{pmatrix}.$$

可见，对于列的变换，也可以找到一个特殊的矩阵 $\boldsymbol{E}(1,2)$，从右边相乘实现交换两列的目的.

不仅如此，对任意初等变换都可以采用特殊的矩阵左乘或右乘来实现矩阵的初等变换，这些特殊的矩阵我们称之为初等矩阵.

**定义 2-11**　单位矩阵经过一次初等变换得到的矩阵称为**初等矩阵**.

由于矩阵的初等变换有三种，则相应的初等矩阵有三类：

(1)互换单位矩阵 $\boldsymbol{E}$ 的第 $i$ 行与第 $j$ 行(或第 $i$ 列与第 $j$ 列),得到的初等矩阵

$$
\boldsymbol{E}(i,j)=\begin{pmatrix}
1 &&&&&&&& \\
& \ddots &&&&&&& \\
&& 1 &&&&&& \\
&&& 0 & \cdots & 1 &&& \\
&&& & \ddots & &&& \\
&&& \vdots & 1 & \vdots &&& \\
&&& & \ddots & &&& \\
&&& 1 & \cdots & 0 &&& \\
&&&&&& 1 && \\
&&&&&&& \ddots & \\
&&&&&&&& 1
\end{pmatrix};
$$

(2)将单位矩阵 $\boldsymbol{E}$ 的第 $i$ 行(或第 $i$ 列)乘以非零数 $k$,得到的初等矩阵

$$
\boldsymbol{E}(i(k))=\begin{pmatrix}
1 &&&&&& \\
& \ddots &&&&& \\
&& 1 &&&& \\
&&& k &&& \\
&&&& 1 && \\
&&&&& \ddots & \\
&&&&&& 1
\end{pmatrix};
$$

(3) 将单位矩阵 $\boldsymbol{E}$ 的第 $j$ 行(或第 $i$ 列)乘以常数 $k$ 加到第 $i$ 行(或第 $j$ 列)的对应元素上,得到的初等矩阵

$$
\boldsymbol{E}(i,j(k))=\begin{pmatrix}
1 &&&&&& \\
& \ddots &&&&& \\
&& 1 & \cdots & k && \\
&&& \ddots & \vdots && \\
&&&& 1 && \\
&&&&& \ddots & \\
&&&&&& 1
\end{pmatrix}.
$$

初等变换与初等矩阵建立起对应关系后,可验证下面结论:

**定理 2-1** 设 $\boldsymbol{A}$ 是一个 $m\times n$ 矩阵,对 $\boldsymbol{A}$ 实施一次初等行变换,相当于在 $\boldsymbol{A}$ 的左边乘以相应的 $m$ 阶初等矩阵;对 $\boldsymbol{A}$ 实施一次初等列变换,相当于在 $\boldsymbol{A}$ 的右边乘以相应的 $n$ 阶初等矩阵.

根据定理 2-1,可以把矩阵 $\boldsymbol{A}$ 的等价关系用矩阵的乘法表示出来.

**推论** $m\times n$ 矩阵 $\boldsymbol{A}$ 与 $\boldsymbol{B}$ 等价的充分必要条件是存在 $m$ 阶初等矩阵 $\boldsymbol{P}_1,\boldsymbol{P}_2,\cdots,\boldsymbol{P}_l$ 及 $n$ 阶初等矩阵 $\boldsymbol{Q}_1,\boldsymbol{Q}_2,\cdots,\boldsymbol{Q}_t$,使得

$$
\boldsymbol{P}_l\cdots\boldsymbol{P}_2\boldsymbol{P}_1\boldsymbol{A}\boldsymbol{Q}_1\boldsymbol{Q}_2\cdots\boldsymbol{Q}_t=\boldsymbol{B}.
$$

# 2.3　矩阵的秩

矩阵的秩是矩阵的一个数值特征，是反映矩阵本质的一个不变量. 读者将会看到，矩阵的秩在求解线性方程组及讨论向量组的线性关系中起着重要的作用. 这里先介绍 $k$ 阶子式的概念.

矩阵的秩

## 2.3.1　*k* 阶子式

**定义 2-12**　设 $\boldsymbol{A}$ 是一个 $m\times n$ 矩阵，在 $\boldsymbol{A}$ 中任取 $k$ 行\,$k$ 列（$1\leqslant k\leqslant \min\{m,n\}$），位于这些行、列相交处的元素，不改变它们在 $\boldsymbol{A}$ 中所处的位置，构成的 $k$ 阶行列式，称为矩阵 $\boldsymbol{A}$ 的一个 $k$ 阶子式.

如矩阵

$$\boldsymbol{A}=\begin{pmatrix} 1 & -1 & 1 & 3 \\ 2 & -2 & 2 & 6 \\ 1 & -2 & -1 & 1 \\ -1 & 2 & 1 & -1 \\ 2 & -3 & 0 & 4 \end{pmatrix},$$

令 $k=2$，在 $\boldsymbol{A}$ 中任取两行（如第一行，第三行），两列（如第二列，第三列），这些行列交叉处共 $2^2$ 个元素，按原来的位置顺序不变，构成的行列式

$$D=\begin{vmatrix} -1 & 1 \\ -2 & -1 \end{vmatrix}$$

称为 $\boldsymbol{A}$ 的一个二阶子式.

令 $k=3$，在 $\boldsymbol{A}$ 中任取三行（如第一行\,第三行\,第五行）. 两列（如第二列，第三列，第四列），这些行列交叉处共 $3^2$ 个元素，按原来的位置顺序不变，构成的行列式

$$D=\begin{vmatrix} -1 & 1 & 3 \\ -2 & -1 & 1 \\ -3 & 0 & 4 \end{vmatrix}$$

称为 $\boldsymbol{A}$ 的一个三阶子式.

## 2.3.2　引　例

观察三元一次线性方程组

$$\begin{cases} x_1-x_2+x_3=3 & (1) \\ 2x_1-2x_2+2x_3=6 & (2) \\ x_1-2x_2-x_3=1 & (3) \\ -x_1+2x_2+x_3=-1 & (4) \\ 2x_1-3x_2=4 & (5) \end{cases}$$

方程(2)是由方程(1)左右两端同时乘以2得到的，方程(4)是由方程(3)左右两端同时乘以−1得到的，方程(5)是由方程(1)和方程(3)相加得到的，也就是方程组中有三个方程是多余的，因而，无论选取(1)和(3)；(2)和(3)；(1)和(4)；(2)和(4)；(2)和(5)还是(4)和(5)，构成新的方程组都与原方程组的解相同. 因而，就可以用上面的其中一组解来表示原方程组的解. 而无论用哪一组来表示，每组中方程的个数是不变的，如果用初等行变换求解方程组，就可以将多余的方程去掉，最后保留两个有效的方程，即

$$\boldsymbol{A}=\begin{pmatrix}1&-1&1&3\\2&-2&2&6\\1&-2&-1&1\\-1&2&1&-1\\2&-3&0&4\end{pmatrix}\xrightarrow[r_5-2r_1]{\substack{r_2-2r_1\\r_3-r_1\\r_4+r_1}}\begin{pmatrix}1&-1&1&3\\0&0&0&0\\0&-1&-2&-2\\0&1&2&2\\0&-1&-2&-2\end{pmatrix}\xrightarrow[r_5-r_3]{r_4+r_3}\begin{pmatrix}1&-1&1&3\\0&0&0&0\\0&-1&-2&-2\\0&0&0&0\\0&0&0&0\end{pmatrix}$$

$$\xrightarrow[-r_2]{r_2\leftrightarrow r_3}\begin{pmatrix}1&-1&1&3\\0&1&2&2\\0&0&0&0\\0&0&0&0\\0&0&0&0\end{pmatrix}\xrightarrow{r_1+r_2}\begin{pmatrix}1&0&3&5\\0&1&2&2\\0&0&0&0\\0&0&0&0\\0&0&0&0\end{pmatrix}=\boldsymbol{B}.$$

观察经初等变换后得到的矩阵 $\boldsymbol{B}$，可知在 $\boldsymbol{B}$ 中存在着两个不全为零的行(称为**非零行**，全为零的行称为**零行**)，这两个非零行对应着保留的两个方程，即方程组保留的有效方程的个数与 $\boldsymbol{B}$ 中非零行的个数相等. 这不是一个偶然现象，它反映了方程组和矩阵 $\boldsymbol{A}$ 之间存在着某种确定关系. 进一步观察可知，在矩阵 $\boldsymbol{A}$ 中，存在一个不为零的二阶子式(如 $\begin{vmatrix}1&-1\\0&4\end{vmatrix}=4\neq0$)，而所有的三阶子式均为零，所有的四阶子式也均为零，如

$$\begin{vmatrix}-1&1&3\\-2&-1&1\\2&1&-1\end{vmatrix}=0,\quad\begin{vmatrix}2&-2&2&6\\1&-2&-1&1\\-1&2&1&-1\\2&-3&0&4\end{vmatrix}=0.$$

换言之，在矩阵 $\boldsymbol{A}$ 中，最高阶不为零的子式是二阶子式，即非零子式的最高阶数和保留方程的个数一致，均为2，称2为矩阵 $\boldsymbol{A}$ 的秩. 一般地，有下面的定义.

## 2.3.3 矩阵的秩

**定义2-13** 矩阵 $\boldsymbol{A}$ 中不为零的子式的最高阶数称为矩阵 $\boldsymbol{A}$ 的**秩**，记作 $R(\boldsymbol{A})$ 或秩($\boldsymbol{A}$).

对于零矩阵，由于没有非零的子式，故规定 $R(\boldsymbol{O})=0$. 根据定义和前面的讨论过程，不难看出

$$R(\boldsymbol{A}^{\mathrm{T}})=R(\boldsymbol{A}).$$

对于上面的矩阵 $\boldsymbol{A}$，具有2阶非零子式，所有3阶及3阶以上的子式均为零，所

以 $R(\boldsymbol{A})=2$.

【例 2-12】 设矩阵 $\boldsymbol{A}=\begin{pmatrix}2 & 0 & 1\\0 & -1 & 1\\3 & 1 & 0\end{pmatrix}$,求矩阵 $\boldsymbol{A}$ 的秩.

**解**
$$D_2=\begin{vmatrix}2 & 0\\0 & -1\end{vmatrix}=-2\neq 0,$$

$$D_3=|\boldsymbol{A}|=\begin{vmatrix}2 & 0 & 1\\0 & -1 & 1\\3 & 1 & 0\end{vmatrix}=2\times\begin{vmatrix}-1 & 1\\1 & 0\end{vmatrix}+1\times\begin{vmatrix}0 & -1\\3 & 1\end{vmatrix}=1\neq 0,$$

故 $R(\boldsymbol{A})=3$.

【例 2-13】 设矩阵 $\boldsymbol{B}=\begin{pmatrix}1 & -2 & 0 & 1 & -1\\0 & 3 & 2 & -1 & 5\\0 & 0 & 0 & -3 & -2\\0 & 0 & 0 & 0 & 0\end{pmatrix}$,求矩阵 $\boldsymbol{B}$ 的秩.

**解** 容易看出,$\boldsymbol{B}$ 的所有四阶子式均为零,有一个三阶子式

$$D_3=\begin{vmatrix}1 & -2 & 1\\0 & 3 & -1\\0 & 0 & -3\end{vmatrix}=-9\neq 0,$$

故 $R(\boldsymbol{B})=3$.

由上面两个例子可以看出,当矩阵阶数较高时,用定义求矩阵的秩比较困难,但形如 $\boldsymbol{B}$ 的矩阵求秩较容易,这样的矩阵称为阶梯形矩阵.

## 2.3.4 阶梯形矩阵与行最简形矩阵

形如 $\boldsymbol{A}_1=\begin{pmatrix}1 & 3 & -1 & 2 & 4\\0 & 2 & -1 & 0 & 3\\0 & 0 & 0 & 4 & -3\\0 & 0 & 0 & 0 & 1\end{pmatrix}$,$\boldsymbol{A}_2=\begin{pmatrix}1 & -1 & 0 & 1 & 4\\0 & -2 & 1 & 2 & 1\\0 & 0 & 6 & 3 & 2\\0 & 0 & 0 & 0 & 0\end{pmatrix}$的矩阵称为**阶梯形矩阵**. 其特点是:可画出一条阶梯线,线下方的元素全为 0;每个阶梯只有一行,且阶梯线的竖线后的第一个元素为非零元.

在阶梯形矩阵中,非零行的第一个非零元素为 1,且非零行的第一个非零元素 1 所在的列的其余元素均为零的矩阵称为**行最简形矩阵**. 如 $\boldsymbol{B}_1=\begin{pmatrix}1 & 0 & -1 & 0 & 0\\0 & 1 & -1 & 0 & 0\\0 & 0 & 0 & 1 & 0\\0 & 0 & 0 & 0 & 1\end{pmatrix}$,

$$B_2=\begin{pmatrix}1&0&0&1&4\\0&1&0&2&1\\0&0&1&3&2\\0&0&0&0&0\end{pmatrix}$$均为行最简形矩阵.

## 2.3.5 用矩阵的初等行变换求矩阵的秩

由矩阵的秩的定义和阶梯形矩阵的特点可知,阶梯形矩阵的秩就是阶梯上非零行的个数.设想如果对于任意的 $m\times n$ 矩阵 $\boldsymbol{A}$,经过初等变换后它的秩不改变,那么我们就可以对 $\boldsymbol{A}$ 进行初等行变换,使其化为阶梯形矩阵,由阶梯形矩阵的秩来确定 $\boldsymbol{A}$ 的秩.事实上,有下面的重要结果.

**定理 2-2** 若 $\boldsymbol{A}\sim\boldsymbol{B}$,则 $R(\boldsymbol{A})=R(\boldsymbol{B})$.

**证明** 略.

如,引例中矩阵 $\boldsymbol{A}=\begin{pmatrix}1&-1&1&3\\2&-2&2&6\\1&-2&-1&1\\-1&2&1&-1\\2&-3&0&4\end{pmatrix}$ 经过初等变换后变成行阶梯形矩阵 $\begin{pmatrix}1&0&3&5\\0&1&2&2\\0&0&0&0\\0&0&0&0\\0&0&0&0\end{pmatrix}=\boldsymbol{B}$,显然 $R(\boldsymbol{B})=2$,因而,原来矩阵 $\boldsymbol{A}$ 的秩 $R(\boldsymbol{A})=2$.

**【例 2-14】** 设矩阵 $\boldsymbol{A}=\begin{pmatrix}1&-2&-1&0&2\\-1&2&1&1&-3\\2&-3&0&2&3\\2&-1&4&6&1\end{pmatrix}$,求矩阵 $\boldsymbol{A}$ 的秩,并求它的一个最高阶非零子式.

**解**
$$\boldsymbol{A}=\begin{pmatrix}1&-2&-1&0&2\\-1&2&1&1&-3\\2&-3&0&2&3\\2&-1&4&6&1\end{pmatrix}\xrightarrow[r_4-2r_1]{r_2+r_1,\ r_3-2r_1}\begin{pmatrix}1&-2&-1&0&2\\0&0&0&1&-1\\0&1&2&2&-1\\0&3&6&6&-3\end{pmatrix}$$

$$\xrightarrow[r_2\leftrightarrow r_3]{r_4-3r_3}\begin{pmatrix}1&-2&-1&0&2\\0&1&2&2&-1\\0&0&0&1&-1\\0&0&0&0&0\end{pmatrix}=\boldsymbol{B},$$

故 $R(\boldsymbol{A})=3$.

再求 $\boldsymbol{A}$ 的一个最高阶非零子式. 显然,$\boldsymbol{B}$ 的三阶子式 $\begin{vmatrix} 1 & -2 & 0 \\ 0 & 1 & 2 \\ 0 & 0 & 1 \end{vmatrix}=1\neq 0$,在 $\boldsymbol{A}$ 中取对应的三阶子式

$$D_3=\begin{vmatrix} 1 & -2 & 0 \\ -1 & 2 & 1 \\ 2 & -3 & 2 \end{vmatrix}=1\times\begin{vmatrix} 2 & 1 \\ -3 & 2 \end{vmatrix}-(-2)\times\begin{vmatrix} -1 & 1 \\ 2 & 2 \end{vmatrix}=-1\neq 0.$$

故 $D_3$ 为所求.

如果对 $\boldsymbol{A}$ 继续进行初等行变换,可化为行最简形矩阵.

$$\boldsymbol{A}\sim\begin{pmatrix} 1 & -2 & -1 & 0 & 2 \\ 0 & 1 & 2 & 2 & -1 \\ 0 & 0 & 0 & 1 & -1 \\ 0 & 0 & 0 & 0 & 0 \end{pmatrix}\xrightarrow{r_1+2r_2}\begin{pmatrix} 1 & 0 & 3 & 4 & 0 \\ 0 & 1 & 2 & 2 & -1 \\ 0 & 0 & 0 & 1 & -1 \\ 0 & 0 & 0 & 0 & 0 \end{pmatrix}\xrightarrow[r_2-2r_3]{r_1-4r_3}\begin{pmatrix} 1 & 0 & 3 & 0 & 4 \\ 0 & 1 & 2 & 0 & 1 \\ 0 & 0 & 0 & 1 & -1 \\ 0 & 0 & 0 & 0 & 0 \end{pmatrix}.$$

一般地,若 $\boldsymbol{A}$ 为 $n$ 阶方阵,且 $R(\boldsymbol{A})=n$,则称 $\boldsymbol{A}$ 为**满秩矩阵**,否则,称为**降秩矩阵**. 对于满秩矩阵,经初等行变换化成的行最简形为 $n$ 阶单位矩阵.

**【例 2-15】** 将矩阵 $\boldsymbol{A}=\begin{pmatrix} 1 & 0 & 1 & 1 & 1 \\ -1 & 1 & 1 & 0 & 1 \\ 2 & -1 & 1 & -1 & 0 \end{pmatrix}$化为行最简形.

**解** $$\boldsymbol{A}=\begin{pmatrix} 1 & 0 & 1 & 1 & 1 \\ -1 & 1 & 1 & 0 & 1 \\ 2 & -1 & 1 & -1 & 0 \end{pmatrix}\xrightarrow[r_3-2r_1]{r_2+r_1}\begin{pmatrix} 1 & 0 & 1 & 1 & 1 \\ 0 & 1 & 2 & 1 & 2 \\ 0 & -1 & -1 & -3 & -2 \end{pmatrix}$$

$$\xrightarrow{r_3+r_2}\begin{pmatrix} 1 & 0 & 1 & 1 & 1 \\ 0 & 1 & 2 & 1 & 2 \\ 0 & 0 & 1 & -2 & 0 \end{pmatrix}\xrightarrow[r_2-2r_3]{r_1-r_3}\begin{pmatrix} 1 & 0 & 0 & 3 & 1 \\ 0 & 1 & 0 & 5 & 2 \\ 0 & 0 & 1 & -2 & 0 \end{pmatrix}.$$

## 2.4 逆矩阵

在实数域中,解方程 $ax=b(a\neq 0)$,可以在方程的两边同时乘以 $a^{-1}$,以消去变量前的系数,即 $a^{-1}\cdot ax=a^{-1}\cdot b$,从而 $x=a^{-1}\cdot b$. 同样,求解矩阵方程也可用类似的方法. 如解矩阵方程 $\begin{pmatrix} 2 & 5 \\ 1 & 3 \end{pmatrix}\boldsymbol{X}=\begin{pmatrix} 1 & -3 \\ 2 & 0 \end{pmatrix}$,如果能找到一个矩阵左乘上面方程,使得该矩阵与 $\boldsymbol{A}=\begin{pmatrix} 2 & 5 \\ 1 & 3 \end{pmatrix}$相乘后变成单位矩阵,那么就可以得出 $\boldsymbol{X}$ 的表达式,进而求解. 本题中用矩阵 $\begin{pmatrix} 3 & -5 \\ -1 & 2 \end{pmatrix}$左乘方程,有

$$\begin{pmatrix} 3 & -5 \\ -1 & 2 \end{pmatrix}\begin{pmatrix} 2 & 5 \\ 1 & 3 \end{pmatrix}\boldsymbol{X}=\begin{pmatrix} 3 & -5 \\ -1 & 2 \end{pmatrix}\begin{pmatrix} 1 & -3 \\ 2 & 0 \end{pmatrix},$$

而

$$\begin{pmatrix} 3 & -5 \\ -1 & 2 \end{pmatrix}\begin{pmatrix} 2 & 5 \\ 1 & 3 \end{pmatrix}=\boldsymbol{E},$$

从而

$$\boldsymbol{EX}=\boldsymbol{X}=\begin{pmatrix} 3 & -5 \\ -1 & 2 \end{pmatrix}\begin{pmatrix} 1 & -3 \\ 2 & 0 \end{pmatrix}=\begin{pmatrix} -7 & -9 \\ 3 & 3 \end{pmatrix}.$$

这里矩阵$\begin{pmatrix} 3 & -5 \\ -1 & 2 \end{pmatrix}$称为$\boldsymbol{A}=\begin{pmatrix} 2 & 5 \\ 1 & 3 \end{pmatrix}$的逆矩阵.

逆矩阵在矩阵代数中所起的作用类似于倒数在实数运算中所起的作用.

本节要讨论的问题:矩阵$\boldsymbol{A}$满足什么条件时存在逆矩阵,以及如何来求$\boldsymbol{A}$的逆矩阵?

## 2.4.1 逆矩阵的概念及性质

**定义 2-14** 设$\boldsymbol{A}$是$n$阶方阵,如果存在$n$阶方阵$\boldsymbol{B}$,使$\boldsymbol{AB}=\boldsymbol{BA}=\boldsymbol{E}$成立,则称$\boldsymbol{A}$是**可逆矩阵**,或简称$\boldsymbol{A}$**可逆**,称$\boldsymbol{B}$为$\boldsymbol{A}$的**逆矩阵**,记为$\boldsymbol{A}^{-1}=\boldsymbol{B}$.

逆矩阵

如$\boldsymbol{A}=\begin{pmatrix} 2 & 5 \\ 1 & 3 \end{pmatrix}$,$\boldsymbol{B}=\begin{pmatrix} 3 & -5 \\ -1 & 2 \end{pmatrix}$,则$\boldsymbol{AB}=\begin{pmatrix} 1 & 0 \\ 0 & 1 \end{pmatrix}$,$\boldsymbol{BA}=\begin{pmatrix} 1 & 0 \\ 0 & 1 \end{pmatrix}$,即$\boldsymbol{AB}=\boldsymbol{BA}=\boldsymbol{E}$,故

$$\boldsymbol{A}^{-1}=\boldsymbol{B}=\begin{pmatrix} 3 & -5 \\ -1 & 2 \end{pmatrix}.$$

从定义中可以看出,若$\boldsymbol{B}$是$\boldsymbol{A}$的逆矩阵,则$\boldsymbol{A}$也是$\boldsymbol{B}$的逆矩阵,即

$$\boldsymbol{B}^{-1}=\boldsymbol{A}=\begin{pmatrix} 2 & 5 \\ 1 & 3 \end{pmatrix},$$

进而还有下面的结果.

**定理 2-3** 如果$n$阶方阵$\boldsymbol{A}$可逆,那么$\boldsymbol{A}$的逆矩阵唯一.

**证明** 因为$\boldsymbol{A}$可逆,所以存在$\boldsymbol{A}$的逆矩阵,不妨假设$\boldsymbol{B}_1$,$\boldsymbol{B}_2$都是$\boldsymbol{A}$的逆矩阵,则

$$\boldsymbol{B}_1=\boldsymbol{B}_1\boldsymbol{E}=\boldsymbol{B}_1(\boldsymbol{AB}_2)=(\boldsymbol{B}_1\boldsymbol{A})\boldsymbol{B}_2=\boldsymbol{EB}_2=\boldsymbol{B}_2.$$

所以$\boldsymbol{A}$的逆矩阵是唯一的.

利用逆矩阵的定义容易验证,逆矩阵满足下列性质:

(1)若$\boldsymbol{A}$可逆,则$\boldsymbol{A}^{-1}$,$\boldsymbol{A}^{\mathrm{T}}$也可逆,且$(\boldsymbol{A}^{-1})^{-1}=\boldsymbol{A}$,$(\boldsymbol{A}^{\mathrm{T}})^{-1}=(\boldsymbol{A}^{-1})^{\mathrm{T}}$;

(2)若$\boldsymbol{A}$可逆,常数$k\neq0$,则$k\boldsymbol{A}$可逆,且$(k\boldsymbol{A})^{-1}=\frac{1}{k}\boldsymbol{A}^{-1}$;

(3)若$\boldsymbol{A}$,$\boldsymbol{B}$为同阶方阵且均可逆,则$\boldsymbol{AB}$也可逆,且$(\boldsymbol{AB})^{-1}=\boldsymbol{B}^{-1}\boldsymbol{A}^{-1}$.

性质(3)可以推广到多个矩阵乘积的情形,即如果$n$阶矩阵$\boldsymbol{A}_1,\boldsymbol{A}_2,\cdots,\boldsymbol{A}_k$均可逆,则$\boldsymbol{A}_1\boldsymbol{A}_2\cdots\boldsymbol{A}_k$(其中$k$为正整数)也可逆,并且

$$(\boldsymbol{A}_1\boldsymbol{A}_2\cdots\boldsymbol{A}_k)^{-1}=\boldsymbol{A}_k^{-1}\cdots\boldsymbol{A}_2^{-1}\boldsymbol{A}_1^{-1}.$$

特别地,

$$(\boldsymbol{A}^k)^{-1}=(\boldsymbol{A}^{-1})^k.$$

由于当 $\boldsymbol{A}$ 可逆时，$\boldsymbol{A}\boldsymbol{A}^{-1}=\boldsymbol{E}$，故规定 $\boldsymbol{A}^0=\boldsymbol{E}$.

## 2.4.2 矩阵可逆的条件

设 $n$ 阶矩阵

$$\boldsymbol{A}=\begin{pmatrix} a_{11} & a_{12} & \cdots & a_{1n} \\ a_{21} & a_{22} & \cdots & a_{2n} \\ \vdots & \vdots & & \vdots \\ a_{n1} & a_{n2} & \cdots & a_{nn} \end{pmatrix},$$

由 $\boldsymbol{A}$ 的行列式 $|\boldsymbol{A}|$ 中的元素 $a_{ij}$ 的代数余子式 $A_{ij}(i,j=1,2,\cdots,n)$ 构成的 $n$ 阶矩阵

$$\boldsymbol{A}^*=\begin{pmatrix} A_{11} & A_{21} & \cdots & A_{n1} \\ A_{12} & A_{22} & \cdots & A_{n2} \\ \vdots & \vdots & & \vdots \\ A_{1n} & A_{2n} & \cdots & A_{nn} \end{pmatrix},$$

称 $\boldsymbol{A}^*$ 为 $\boldsymbol{A}$ 的**伴随矩阵**.

对于 $|\boldsymbol{A}|$ 中元素 $a_{ij}$ 的代数余子式 $A_{ij}$，由于

$$a_{i1}A_{j1}+a_{i2}A_{j2}+\cdots+a_{in}A_{jn}=\begin{cases} |\boldsymbol{A}|, & i=j \\ 0, & i\neq j \end{cases},$$

$$a_{1i}A_{1j}+a_{2i}A_{2j}+\cdots+a_{ni}A_{nj}=\begin{cases} |\boldsymbol{A}|, & i=j \\ 0, & i\neq j \end{cases}.$$

所以

$$\boldsymbol{A}\boldsymbol{A}^*=\boldsymbol{A}^*\boldsymbol{A}=\begin{pmatrix} |\boldsymbol{A}| & 0 & \cdots & 0 \\ 0 & |\boldsymbol{A}| & \cdots & 0 \\ \vdots & \vdots & & \vdots \\ 0 & 0 & \cdots & |\boldsymbol{A}| \end{pmatrix}=|\boldsymbol{A}|\boldsymbol{E}.$$

因此，只要 $|\boldsymbol{A}|\neq 0$，就有

$$\boldsymbol{A}\cdot\frac{\boldsymbol{A}^*}{|\boldsymbol{A}|}=\frac{\boldsymbol{A}^*}{|\boldsymbol{A}|}\cdot\boldsymbol{A}=\boldsymbol{E},$$

于是有下面定理.

**定理 2-4** $n$ 阶方阵 $\boldsymbol{A}$ 可逆的充分必要条件是 $|\boldsymbol{A}|\neq 0$，并且 $\boldsymbol{A}^{-1}=\frac{1}{|\boldsymbol{A}|}\boldsymbol{A}^*$.

**证明** **充分性** 由于 $\boldsymbol{A}\boldsymbol{A}^*=\boldsymbol{A}^*\boldsymbol{A}=|\boldsymbol{A}|\boldsymbol{E}$，又 $|\boldsymbol{A}|\neq 0$，故

$$\boldsymbol{A}\frac{\boldsymbol{A}^*}{|\boldsymbol{A}|}=\frac{\boldsymbol{A}^*}{|\boldsymbol{A}|}\boldsymbol{A}=\boldsymbol{E}.$$

按逆矩阵的定义知，$\boldsymbol{A}$ 可逆，且 $\boldsymbol{A}^{-1}=\frac{1}{|\boldsymbol{A}|}\boldsymbol{A}^*$.

**必要性** 因为 $\boldsymbol{A}$ 可逆，故存在 $\boldsymbol{A}^{-1}$，使 $\boldsymbol{A}\boldsymbol{A}^{-1}=\boldsymbol{E}$，两边取行列式，得

$$|\boldsymbol{A}||\boldsymbol{A}^{-1}|=|\boldsymbol{E}|=1,$$

故$|\boldsymbol{A}|\neq 0$.

定理 2-4 不仅给出了矩阵可逆的充要条件,而且提供了一种利用伴随矩阵求逆矩阵的方法.

**【例 2-16】** 判别矩阵

$$\boldsymbol{A}=\begin{pmatrix}1 & -4\\ 2 & 3\end{pmatrix}$$

是否可逆?若可逆,求出其逆矩阵.

**解** 由于$|\boldsymbol{A}|=11\neq 0$,所以$\boldsymbol{A}$可逆. $|\boldsymbol{A}|$中各元素对应的代数余子式分别为

$$A_{11}=3,\quad A_{12}=-2,\quad A_{21}=4,\quad A_{22}=1,$$

于是

$$\boldsymbol{A}^*=\begin{pmatrix}3 & 4\\ -2 & 1\end{pmatrix},$$

从而

$$\boldsymbol{A}^{-1}=\frac{1}{|\boldsymbol{A}|}\boldsymbol{A}^*=\frac{1}{11}\begin{pmatrix}3 & 4\\ -2 & 1\end{pmatrix}=\begin{pmatrix}\frac{3}{11} & \frac{4}{11}\\ -\frac{2}{11} & \frac{1}{11}\end{pmatrix}.$$

**【例 2-17】** 判别矩阵

$$\boldsymbol{A}=\begin{pmatrix}1 & 0 & 1\\ 2 & 1 & 0\\ 0 & 0 & 2\end{pmatrix}$$

是否可逆?若可逆,求出其逆矩阵.

**解** 由于$|\boldsymbol{A}|=2\neq 0$,所以$\boldsymbol{A}^{-1}$存在. 又$|\boldsymbol{A}|$中各元素的代数余子式分别为

$$A_{11}=2,\quad A_{12}=-4,\quad A_{13}=0,$$
$$A_{21}=0,\quad A_{22}=2,\quad A_{23}=0,$$
$$A_{31}=-1,\quad A_{32}=2,\quad A_{33}=1,$$

于是

$$\boldsymbol{A}^*=\begin{pmatrix}2 & 0 & -1\\ -4 & 2 & 2\\ 0 & 0 & 1\end{pmatrix},$$

从而

$$\boldsymbol{A}^{-1}=\frac{1}{|\boldsymbol{A}|}\boldsymbol{A}^*=\frac{1}{2}\boldsymbol{A}^*=\frac{1}{2}\begin{pmatrix}2 & 0 & -1\\ -4 & 2 & 2\\ 0 & 0 & 1\end{pmatrix}=\begin{pmatrix}1 & 0 & -\frac{1}{2}\\ -2 & 1 & 1\\ 0 & 0 & \frac{1}{2}\end{pmatrix}.$$

**推论** 设$\boldsymbol{A},\boldsymbol{B}$都是$n$阶方阵,若$\boldsymbol{AB}=\boldsymbol{E}$,则$\boldsymbol{A},\boldsymbol{B}$都可逆,且$\boldsymbol{A}^{-1}=\boldsymbol{B},\boldsymbol{B}^{-1}=\boldsymbol{A}$.

**证明** 因为$\boldsymbol{AB}=\boldsymbol{E}$,所以$|\boldsymbol{A}|\,|\boldsymbol{B}|=1$,从而$|\boldsymbol{A}|\neq 0$,$|\boldsymbol{B}|\neq 0$,由定理 2-5 知,$\boldsymbol{A},\boldsymbol{B}$都可逆,且$\boldsymbol{A}^{-1}=\boldsymbol{B},\boldsymbol{B}^{-1}=\boldsymbol{A}$.

【例 2-18】 设矩阵 $\boldsymbol{X}$ 满足方程 $\boldsymbol{AX}=\boldsymbol{B}$，其中 $\boldsymbol{A}=\begin{pmatrix}1 & 2\\ 2 & 6\end{pmatrix}$，$\boldsymbol{B}=\begin{pmatrix}0 & 2 & 0\\ 1 & 0 & -2\end{pmatrix}$，求 $\boldsymbol{X}$.

**解** 由 $|\boldsymbol{A}|=\begin{vmatrix}1 & 2\\ 2 & 6\end{vmatrix}=2\neq 0$ 知，$\boldsymbol{A}$ 可逆. 又

$$\boldsymbol{A}^*=\begin{pmatrix}6 & -2\\ -2 & 1\end{pmatrix},$$

所以

$$\boldsymbol{X}=\boldsymbol{A}^{-1}\boldsymbol{B}=\frac{\boldsymbol{A}^*}{|\boldsymbol{A}|}\boldsymbol{B}=\frac{1}{2}\begin{pmatrix}6 & -2\\ -2 & 1\end{pmatrix}\begin{pmatrix}0 & 2 & 0\\ 1 & 0 & -2\end{pmatrix}$$

$$=\frac{1}{2}\begin{pmatrix}-2 & 12 & 4\\ 1 & -4 & -2\end{pmatrix}=\begin{pmatrix}-1 & 6 & 2\\ \frac{1}{2} & -2 & -1\end{pmatrix}.$$

【例 2-19】 设矩阵 $\boldsymbol{X}$ 满足方程 $2\boldsymbol{XA}+\boldsymbol{C}=\boldsymbol{B}$，其中

$$\boldsymbol{A}=\begin{pmatrix}3 & 0 & 0\\ 0 & -1 & -2\\ 0 & 1 & 3\end{pmatrix},\boldsymbol{B}=(-1,2,1),\boldsymbol{C}=(2,0,3),$$

求 $\boldsymbol{X}$.

**解** 由 $|\boldsymbol{A}|=\begin{vmatrix}3 & 0 & 0\\ 0 & -1 & -2\\ 0 & 1 & 3\end{vmatrix}=-3\neq 0$ 知，$\boldsymbol{A}$ 可逆. 又

$$\boldsymbol{A}^*=\begin{pmatrix}-1 & 0 & 0\\ 0 & 9 & 6\\ 0 & -3 & -3\end{pmatrix},$$

从而

$$\boldsymbol{A}^{-1}=\left(\frac{1}{-3}\right)\begin{pmatrix}-1 & 0 & 0\\ 0 & 9 & 6\\ 0 & -3 & -3\end{pmatrix}=\begin{pmatrix}\frac{1}{3} & 0 & 0\\ 0 & -3 & -2\\ 0 & 1 & 1\end{pmatrix}.$$

将方程 $2\boldsymbol{XA}+\boldsymbol{C}=\boldsymbol{B}$ 的两边同时加上 $-\boldsymbol{C}$，得 $2\boldsymbol{XA}=\boldsymbol{B}-\boldsymbol{C}$，左、右两边再同时右乘 $\boldsymbol{A}^{-1}$，再乘以 $\frac{1}{2}$，得

$$\boldsymbol{X}=\frac{1}{2}(\boldsymbol{B}-\boldsymbol{C})\boldsymbol{A}^{-1},$$

所以

$$\boldsymbol{X}=\frac{1}{2}(\boldsymbol{B}-\boldsymbol{C})\boldsymbol{A}^{-1}=\frac{1}{2}(-3,2,-2)\begin{pmatrix}\frac{1}{3} & 0 & 0\\ 0 & -3 & -2\\ 0 & 1 & 1\end{pmatrix}$$

$$=\left(-\frac{1}{2},-4,-3\right).$$

【例 2-20】 设矩阵 $X$ 满足方程 $AXB=C$，其中 $A=\begin{pmatrix}-1&0&0\\0&3&0\\0&0&\frac{1}{3}\end{pmatrix}$，$B=\begin{pmatrix}2&1\\5&3\end{pmatrix}$，$C=\begin{pmatrix}-1&1\\0&2\\1&0\end{pmatrix}$，求 $X$.

**解** 由 $|A|=\begin{vmatrix}-1&0&0\\0&3&0\\0&0&\frac{1}{3}\end{vmatrix}=-1\neq0$ 知，$A$ 可逆.

$$A^{-1}=\frac{1}{|A|}A^*=\frac{1}{-1}A^*=-\begin{pmatrix}1&0&0\\0&-\frac{1}{3}&0\\0&0&-3\end{pmatrix}=\begin{pmatrix}-1&0&0\\0&\frac{1}{3}&0\\0&0&3\end{pmatrix}.$$

又 $|B|=\begin{vmatrix}2&1\\5&3\end{vmatrix}=1\neq0$，$B$ 可逆.

$$B^{-1}=\frac{1}{|B|}B^*=\begin{pmatrix}3&-1\\-5&2\end{pmatrix}.$$

用 $A^{-1}$，$B^{-1}$ 分别左乘、右乘方程 $AXB=C$ 的两边，得

$$X=A^{-1}CB^{-1}=\begin{pmatrix}-1&0&0\\0&\frac{1}{3}&0\\0&0&3\end{pmatrix}\begin{pmatrix}-1&1\\0&2\\1&0\end{pmatrix}\begin{pmatrix}3&-1\\-5&2\end{pmatrix}$$

$$=\begin{pmatrix}1&-1\\0&\frac{2}{3}\\3&0\end{pmatrix}\begin{pmatrix}3&-1\\-5&2\end{pmatrix}=\begin{pmatrix}8&-3\\-\frac{10}{3}&\frac{4}{3}\\9&-3\end{pmatrix}.$$

【例 2-21】 设矩阵 $A$ 满足方程 $A^2-4A+2E=O$. 证明 $A-E$ 与 $A-3E$ 均可逆，并求 $(A-E)^{-1}$.

**解** 由 $A^2-4A+2E=O$ 可得，$A^2-4A+3E=E$，由矩阵的乘法知，左边可写作

$$(A-E)(A-3E)=E.$$

由推论知，$A-E$ 与 $A-3E$ 均可逆，且 $(A-E)^{-1}=A-3E$.

【例 2-22】 设 $P^{-1}AP=\Lambda$，其中 $P=\begin{pmatrix}1&2\\0&1\end{pmatrix}$，$\Lambda=\begin{pmatrix}-1&0\\0&3\end{pmatrix}$，求 $A^6$.

**解** 由 $P^{-1}AP=\Lambda$ 得，

$$A=P\Lambda P^{-1},$$

$$A^2=(P\Lambda P^{-1})(P\Lambda P^{-1})=P\Lambda^2P^{-1},$$

$$A^3=(P\Lambda P^{-1})(P\Lambda^2P^{-1})=P\Lambda^3P^{-1},$$

类似推出

$$A^6=P\Lambda^6P^{-1}.$$

又

$$P^{-1}=\begin{pmatrix}1&-2\\0&1\end{pmatrix},$$

则

$$\begin{aligned}A^6&=\begin{pmatrix}1&2\\0&1\end{pmatrix}\begin{pmatrix}(-1)^6&0\\0&3^6\end{pmatrix}\begin{pmatrix}1&-2\\0&1\end{pmatrix}\\&=\begin{pmatrix}1&2\times3^6\\0&3^6\end{pmatrix}\begin{pmatrix}1&-2\\0&1\end{pmatrix}=\begin{pmatrix}1&-2+2\times3^6\\0&3^6\end{pmatrix}.\end{aligned}$$

## 2.4.3　用初等行变换求逆矩阵

定理2-5提供了通过伴随矩阵求逆矩阵的方法,但当矩阵的阶数较高时,用这种方法计算量较大,下面介绍一种利用初等变换求逆矩阵的方法.

由2.2节的内容可知,初等变换对应着初等矩阵.由初等变换可逆可知,初等矩阵可逆,且初等变换的逆变换对应同类型的初等矩阵的逆矩阵:由变换 $r_i\leftrightarrow r_j$ 的逆变换就是其本身知,$E(i,j)^{-1}=E(i,j)$;由变换 $r_i\times k$ 的逆变换为 $r_i\times\dfrac{1}{k}$ 知,$E(i(k))^{-1}=E\left(i\left(\dfrac{1}{k}\right)\right)$;由变换 $r_i+kr_j$ 的逆变换为 $r_i+(-k)r_j$ 知,$E(i,j(k))^{-1}=E(i,j(-k))$.

**定理2-5**　$n$ 阶矩阵 $A$ 可逆的充分必要条件是它能表示成有限个初等矩阵的乘积,即

$$A=P_1P_2\cdots P_l,$$

其中 $P_1,P_2,\cdots,P_l$ 均为初等矩阵.

**证明**　**充分性**　若 $A=P_1P_2\cdots P_l$,由于 $P_1,P_2,\cdots,P_l$ 均可逆,故 $A$ 可逆.

**必要性**　若 $A$ 可逆,则它的秩 $R(A)=n$,从而 $A$ 的行最简形为单位矩阵 $E$.由定理2-1推论知,存在初等矩阵 $Q_1,Q_2,\cdots,Q_l$,使得 $Q_1Q_2\cdots Q_lA=E$,即

$$A=Q_l^{-1}Q_{l-1}^{-1}\cdots Q_2^{-1}Q_1^{-1},$$

设 $P_1=Q_l^{-1},P_2=Q_{l-1}^{-1},\cdots,P_l=Q_1^{-1}$,则 $P_1,P_2,\cdots,P_l$ 仍是初等矩阵,故

$$A=P_1P_2\cdots P_l.$$

由 $A=P_1P_2\cdots P_l$ 得

$$P_l^{-1}\cdots P_2^{-1}P_1^{-1}A=E,$$

两边同时右乘 $A^{-1}$,有

$$P_l^{-1}\cdots P_2^{-1}P_1^{-1}E=A^{-1}.$$

比较上面两式可知,若矩阵 $A$ 经过一系列初等行变换变为单位矩阵 $E$,则单位矩阵 $E$ 也可经过同样的初等行变换变为 $A^{-1}$,合起来

$$P_l^{-1}\cdots P_2^{-1}P_1^{-1}(A\mid E)=(E\mid A^{-1}),$$

即

$$(\boldsymbol{A} \vdots \boldsymbol{E}) \xrightarrow{\text{初等行变换}} (\boldsymbol{E} \vdots \boldsymbol{A}^{-1}),$$

其中$(\boldsymbol{A} \vdots \boldsymbol{E})$为$n\times 2n$矩阵.

也就是说,要求可逆矩阵$\boldsymbol{A}$的逆矩阵,只要对矩阵$(\boldsymbol{A} \vdots \boldsymbol{E})$作若干次初等行变换,使得前$n$列化为单位矩阵$\boldsymbol{E}$,则后$n$列即为$\boldsymbol{A}$的逆矩阵$\boldsymbol{A}^{-1}$.

**【例 2-23】** 用初等行变换求可逆矩阵$\boldsymbol{A}=\begin{pmatrix} 2 & 1 & -1 \\ 1 & 1 & -1 \\ -1 & -2 & 3 \end{pmatrix}$的逆.

**解**

$$(\boldsymbol{A} \vdots \boldsymbol{E})=\left(\begin{array}{ccc:ccc} 2 & 1 & -1 & 1 & 0 & 0 \\ 1 & 1 & -1 & 0 & 1 & 0 \\ -1 & -2 & 3 & 0 & 0 & 1 \end{array}\right) \xrightarrow{r_1 \leftrightarrow r_2} \left(\begin{array}{ccc:ccc} 1 & 1 & -1 & 0 & 1 & 0 \\ 2 & 1 & -1 & 1 & 0 & 0 \\ -1 & -2 & 3 & 0 & 0 & 1 \end{array}\right)$$

$$\xrightarrow[r_3+r_1]{r_2-2r_1} \left(\begin{array}{ccc:ccc} 1 & 1 & -1 & 0 & 1 & 0 \\ 0 & -1 & 1 & 1 & -2 & 0 \\ 0 & -1 & 2 & 0 & 1 & 1 \end{array}\right) \xrightarrow[r_3-r_2]{r_1+r_2} \left(\begin{array}{ccc:ccc} 1 & 0 & 0 & 1 & -1 & 0 \\ 0 & -1 & 1 & 1 & -2 & 0 \\ 0 & 0 & 1 & -1 & 3 & 1 \end{array}\right)$$

$$\xrightarrow{r_2-r_3} \left(\begin{array}{ccc:ccc} 1 & 0 & 0 & 1 & -1 & 0 \\ 0 & -1 & 0 & 2 & -5 & -1 \\ 0 & 0 & 1 & -1 & 3 & 1 \end{array}\right)$$

$$\xrightarrow{-r_2} \left(\begin{array}{ccc:ccc} 1 & 0 & 0 & 1 & -1 & 0 \\ 0 & 1 & 0 & -2 & 5 & 1 \\ 0 & 0 & 1 & -1 & 3 & 1 \end{array}\right)$$

$$=(\boldsymbol{E} \vdots \boldsymbol{A}^{-1}),$$

则

$$\boldsymbol{A}^{-1}=\begin{pmatrix} 1 & -1 & 0 \\ -2 & 5 & 1 \\ -1 & 3 & 1 \end{pmatrix}.$$

一般情况下,求阶数较高的逆矩阵,常采用初等行变换的方法.

## 2.5 分块矩阵

对于行数和列数较高的矩阵,常采用分块的方法,使大矩阵的运算化为若干小矩阵的运算,使运算更为简明.这是矩阵运算中的一个重要技巧.

把矩阵$\boldsymbol{A}$用若干条纵线和横线分成许多小矩阵,每个小矩阵称为$\boldsymbol{A}$的**子块**.在进行矩阵运算时,可以把$\boldsymbol{A}$的每一个子块为一个元素,这种以子块为元素的形式上的矩阵称为**分块矩阵**.

例如,把$5\times 4$矩阵

$$
\boldsymbol{A}=\left(\begin{array}{cc:cc}1 & -2 & 0 & 7\\ 3 & 0 & -1 & 4\\ \hdashline 0 & 3 & 1 & 5\\ 1 & 2 & -3 & 6\\ 4 & 6 & 0 & 1\end{array}\right)
$$

按上述方式分为四块，记

$$
\boldsymbol{A}_{11}=\begin{pmatrix}1 & -2\\ 3 & 0\end{pmatrix},\boldsymbol{A}_{12}=\begin{pmatrix}0 & 7\\ -1 & 4\end{pmatrix},\boldsymbol{A}_{21}=\begin{pmatrix}0 & 3\\ 1 & 2\\ 4 & 6\end{pmatrix},\boldsymbol{A}_{22}=\begin{pmatrix}1 & 5\\ -3 & 6\\ 0 & 1\end{pmatrix}
$$

为分块矩阵的子块，就可以把 $\boldsymbol{A}$ 看作是由上面 4 个小矩阵组成的，写作 $\boldsymbol{A}=\begin{pmatrix}\boldsymbol{A}_{11} & \boldsymbol{A}_{12}\\ \boldsymbol{A}_{21} & \boldsymbol{A}_{22}\end{pmatrix}$.

同一矩阵，根据其特点及不同的需求，可将其进行不同的分块. 如上面矩阵 $\boldsymbol{A}$ 可按如下方式分块

$$
\boldsymbol{A}=\left(\begin{array}{cc:cc}1 & -2 & 0 & 7\\ 3 & 0 & -1 & 4\\ 0 & 3 & 1 & 5\\ 1 & 2 & -3 & 6\\ 4 & 6 & 0 & 1\end{array}\right)=(\boldsymbol{A}_{11} \quad \boldsymbol{A}_{12}),
$$

或

$$
\boldsymbol{A}=\left(\begin{array}{c:c:cc}1 & -2 & 0 & 7\\ 3 & 0 & -1 & 4\\ \hdashline 0 & 3 & 1 & 5\\ 1 & 2 & -3 & 6\\ 4 & 6 & 0 & 1\end{array}\right)=\begin{pmatrix}\boldsymbol{A}_{11} & \boldsymbol{A}_{12} & \boldsymbol{A}_{13}\\ \boldsymbol{A}_{21} & \boldsymbol{A}_{22} & \boldsymbol{A}_{23}\end{pmatrix}.
$$

可以证明，在对分块矩阵进行运算时，可将子块当成矩阵的元素，按矩阵的运算法则进行运算，但分块时应注意以下两点：

(1)计算 $\boldsymbol{A}\pm\boldsymbol{B}$ 时，要以同样的分块方式对 $\boldsymbol{A}$ 和 $\boldsymbol{B}$ 进行分块，以保证它们的对应子块同型；

(2)计算 $\boldsymbol{AB}$ 时，对 $\boldsymbol{A}$ 的列的分块方法要与 $\boldsymbol{B}$ 的行的分块方法一致，以保证它们对应的子块能够相乘.

**【例 2-24】** 设 $\boldsymbol{A}=\begin{pmatrix}1 & 0 & 0 & 0\\ 0 & 1 & 0 & 0\\ -1 & 2 & 1 & 0\\ 1 & 1 & 0 & 1\end{pmatrix}$，$\boldsymbol{B}=\begin{pmatrix}1 & 0 & 1 & 0\\ -1 & 2 & 0 & 1\\ -1 & 0 & 4 & 1\\ -1 & -1 & 2 & 0\end{pmatrix}$，求 $\boldsymbol{AB}$.

**解** 把 $\boldsymbol{A},\boldsymbol{B}$ 进行分块

$$\boldsymbol{A}=\left(\begin{array}{cc:cc}1&0&0&0\\0&1&0&0\\ \hdashline -1&2&1&0\\1&1&0&1\end{array}\right)=\begin{pmatrix}\boldsymbol{E}&\boldsymbol{O}\\\boldsymbol{A}_1&\boldsymbol{E}\end{pmatrix},$$

$$\boldsymbol{B}=\left(\begin{array}{cc:cc}1&0&1&0\\-1&2&0&1\\ \hdashline -1&0&4&1\\-1&-1&2&0\end{array}\right)=\begin{pmatrix}\boldsymbol{B}_{11}&\boldsymbol{E}\\\boldsymbol{B}_{21}&\boldsymbol{B}_{22}\end{pmatrix}.$$

则

$$\boldsymbol{AB}=\begin{pmatrix}\boldsymbol{E}&\boldsymbol{O}\\\boldsymbol{A}_1&\boldsymbol{E}\end{pmatrix}\begin{pmatrix}\boldsymbol{B}_{11}&\boldsymbol{E}\\\boldsymbol{B}_{21}&\boldsymbol{B}_{22}\end{pmatrix}=\begin{pmatrix}\boldsymbol{B}_{11}&\boldsymbol{E}\\\boldsymbol{A}_1\boldsymbol{B}_{11}+\boldsymbol{B}_{21}&\boldsymbol{A}_1+\boldsymbol{B}_{22}\end{pmatrix},$$

其中

$$\boldsymbol{A}_1\boldsymbol{B}_{11}+\boldsymbol{B}_{21}=\begin{pmatrix}-1&2\\1&1\end{pmatrix}\begin{pmatrix}1&0\\-1&2\end{pmatrix}+\begin{pmatrix}-1&0\\-1&-1\end{pmatrix}=\begin{pmatrix}-4&4\\-1&1\end{pmatrix},$$

$$\boldsymbol{A}_1+\boldsymbol{B}_{22}=\begin{pmatrix}-1&2\\1&1\end{pmatrix}+\begin{pmatrix}4&1\\2&0\end{pmatrix}=\begin{pmatrix}3&3\\3&1\end{pmatrix}.$$

于是

$$\boldsymbol{AB}=\begin{pmatrix}1&0&1&0\\-1&2&0&1\\-4&4&3&3\\-1&1&1&1\end{pmatrix}.$$

若 $n$ 阶方阵 $\boldsymbol{A}$ 经过分块后能分成如下形式

$$\boldsymbol{A}=\begin{pmatrix}\boldsymbol{A}_1&\boldsymbol{O}&\cdots&\boldsymbol{O}\\\boldsymbol{O}&\boldsymbol{A}_2&\cdots&\boldsymbol{O}\\\vdots&\vdots&&\vdots\\\boldsymbol{O}&\boldsymbol{O}&\cdots&\boldsymbol{A}_s\end{pmatrix}$$

其中 $\boldsymbol{A}_1,\boldsymbol{A}_2,\cdots,\boldsymbol{A}_s$ 均为方阵(阶数可以不同),则称 $\boldsymbol{A}$ 为**分块对角矩阵**. 如

$$\boldsymbol{A}=\left(\begin{array}{c:ccc}3&0&0&0\\ \hdashline 0&1&2&4\\0&-1&1&6\\0&3&7&8\end{array}\right)=\begin{pmatrix}\boldsymbol{A}_1&\boldsymbol{O}\\\boldsymbol{O}&\boldsymbol{A}_2\end{pmatrix},\boldsymbol{A}=\left(\begin{array}{cc:cc}1&4&0&0\\2&6&0&0\\ \hdashline 0&0&2&3\\0&0&1&5\end{array}\right)=\begin{pmatrix}\boldsymbol{A}_1&\boldsymbol{O}\\\boldsymbol{O}&\boldsymbol{A}_2\end{pmatrix}$$

均为分块对角矩阵.

分块对角矩阵具有以下性质:

(1) $|\boldsymbol{A}|=|\boldsymbol{A}_1||\boldsymbol{A}_2|\cdots|\boldsymbol{A}_s|$;

(2) 当每个子块 $\boldsymbol{A}_i,\boldsymbol{B}_i(i=1,2,\cdots,s)$ 的阶数都相同时

$$\begin{pmatrix}\boldsymbol{A}_1&&\boldsymbol{O}\\&\ddots&\\\boldsymbol{O}&&\boldsymbol{A}_s\end{pmatrix}\begin{pmatrix}\boldsymbol{B}_1&&\boldsymbol{O}\\&\ddots&\\\boldsymbol{O}&&\boldsymbol{B}_s\end{pmatrix}=\begin{pmatrix}\boldsymbol{A}_1\boldsymbol{B}_1&&\boldsymbol{O}\\&\ddots&\\\boldsymbol{O}&&\boldsymbol{A}_s\boldsymbol{B}_s\end{pmatrix};$$

(3)当 $\boldsymbol{A}_1,\boldsymbol{A}_2,\cdots,\boldsymbol{A}_s$ 都可逆时,$\boldsymbol{A}$ 可逆,且

$$\boldsymbol{A}^{-1}=\begin{pmatrix}\boldsymbol{A}_1 & \boldsymbol{O} & \cdots & \boldsymbol{O}\\ \boldsymbol{O} & \boldsymbol{A}_2 & \cdots & \boldsymbol{O}\\ \vdots & \vdots & & \vdots\\ \boldsymbol{O} & \boldsymbol{O} & \cdots & \boldsymbol{A}_s\end{pmatrix}^{-1}=\begin{pmatrix}\boldsymbol{A}_1^{-1} & \boldsymbol{O} & \cdots & \boldsymbol{O}\\ \boldsymbol{O} & \boldsymbol{A}_2^{-1} & \cdots & \boldsymbol{O}\\ \vdots & \vdots & & \vdots\\ \boldsymbol{O} & \boldsymbol{O} & \cdots & \boldsymbol{A}_s^{-1}\end{pmatrix}.$$

**【例 2-25】** 设 $\boldsymbol{A}=\begin{pmatrix}2&0&0&0&0\\0&1&2&0&0\\0&3&7&0&0\\0&0&0&-2&1\\0&0&0&-3&2\end{pmatrix}$,求 $|\boldsymbol{A}^2|$ 与 $\boldsymbol{A}^{-1}$.

**解**　对 $\boldsymbol{A}$ 进行分块

$$\boldsymbol{A}=\left(\begin{array}{c:cc:cc}2&0&0&0&0\\ \hdashline 0&1&2&0&0\\0&3&7&0&0\\ \hdashline 0&0&0&-2&1\\0&0&0&-3&2\end{array}\right)=\begin{pmatrix}\boldsymbol{A}_1&\boldsymbol{O}&\boldsymbol{O}\\ \boldsymbol{O}&\boldsymbol{A}_2&\boldsymbol{O}\\ \boldsymbol{O}&\boldsymbol{O}&\boldsymbol{A}_3\end{pmatrix},$$

其中

$$\boldsymbol{A}_1=(2),\quad \boldsymbol{A}_2=\begin{pmatrix}1&2\\3&7\end{pmatrix},\quad \boldsymbol{A}_3=\begin{pmatrix}-2&1\\-3&2\end{pmatrix}.$$

则

$$|\boldsymbol{A}_1|=2,\quad |\boldsymbol{A}_2|=1,\quad |\boldsymbol{A}_3|=-1;$$

$$\boldsymbol{A}_1^{-1}=\frac{1}{2},\quad \boldsymbol{A}_2^{-1}=\begin{pmatrix}7&-2\\-3&1\end{pmatrix},\quad \boldsymbol{A}_3^{-1}=\begin{pmatrix}-2&1\\-3&2\end{pmatrix}.$$

故

$$|\boldsymbol{A}^2|=|\boldsymbol{A}|^2=(|\boldsymbol{A}_1||\boldsymbol{A}_2||\boldsymbol{A}_3|)^2=(2\times1\times(-1))^2=4;$$

$$\boldsymbol{A}^{-1}=\begin{pmatrix}\boldsymbol{A}_1^{-1}&\boldsymbol{O}&\boldsymbol{O}\\ \boldsymbol{O}&\boldsymbol{A}_2^{-1}&\boldsymbol{O}\\ \boldsymbol{O}&\boldsymbol{O}&\boldsymbol{A}_3^{-1}\end{pmatrix}=\begin{pmatrix}\frac{1}{2}&0&0&0&0\\0&7&-2&0&0\\0&-3&1&0&0\\0&0&0&-2&1\\0&0&0&-3&2\end{pmatrix}.$$

**【例 2-26】** 设 $n$ 阶方阵 $\boldsymbol{A}$ 及 $s$ 阶方阵 $\boldsymbol{B}$ 都可逆,求 $\begin{pmatrix}\boldsymbol{O}&\boldsymbol{A}\\ \boldsymbol{B}&\boldsymbol{O}\end{pmatrix}^{-1}$.

**解**　设 $\boldsymbol{C}=\begin{pmatrix}\boldsymbol{O}&\boldsymbol{A}\\ \boldsymbol{B}&\boldsymbol{O}\end{pmatrix}$,则 $|\boldsymbol{C}|=(-1)^{ns}|\boldsymbol{A}||\boldsymbol{B}|$,由于 $\boldsymbol{A}$ 及 $\boldsymbol{B}$ 都可逆,故 $|\boldsymbol{A}|\neq0$,$|\boldsymbol{B}|\neq0$,从而 $|\boldsymbol{C}|\neq0$,故 $\boldsymbol{C}$ 可逆.

设 $\boldsymbol{C}^{-1}=\begin{pmatrix}\boldsymbol{O}&\boldsymbol{A}\\ \boldsymbol{B}&\boldsymbol{O}\end{pmatrix}^{-1}=\begin{pmatrix}\boldsymbol{C}_{11}&\boldsymbol{C}_{12}\\ \boldsymbol{C}_{21}&\boldsymbol{C}_{22}\end{pmatrix}$,其中 $\boldsymbol{C}_{11},\boldsymbol{C}_{12},\boldsymbol{C}_{21},\boldsymbol{C}_{22}$ 为待定矩阵,且能做矩阵乘法

运算,则

$$\begin{pmatrix} \boldsymbol{O} & \boldsymbol{A} \\ \boldsymbol{B} & \boldsymbol{O} \end{pmatrix}\begin{pmatrix} \boldsymbol{C}_{11} & \boldsymbol{C}_{12} \\ \boldsymbol{C}_{21} & \boldsymbol{C}_{22} \end{pmatrix}=\begin{pmatrix} \boldsymbol{E}_n & \boldsymbol{O} \\ \boldsymbol{O} & \boldsymbol{E}_s \end{pmatrix},$$

即

$$\begin{pmatrix} \boldsymbol{AC}_{21} & \boldsymbol{AC}_{22} \\ \boldsymbol{BC}_{11} & \boldsymbol{BC}_{12} \end{pmatrix}=\begin{pmatrix} \boldsymbol{E}_n & \boldsymbol{O} \\ \boldsymbol{O} & \boldsymbol{E}_s \end{pmatrix},$$

从而

$$\boldsymbol{AC}_{21}=\boldsymbol{E}_n,\quad \boldsymbol{AC}_{22}=\boldsymbol{O},$$
$$\boldsymbol{BC}_{11}=\boldsymbol{O},\quad \boldsymbol{BC}_{12}=\boldsymbol{E}_s.$$

由于 $\boldsymbol{A},\boldsymbol{B}$ 可逆,则

$$\boldsymbol{C}_{21}=\boldsymbol{A}^{-1},\quad \boldsymbol{C}_{22}=\boldsymbol{O},$$
$$\boldsymbol{C}_{11}=\boldsymbol{O},\quad \boldsymbol{C}_{12}=\boldsymbol{B}^{-1},$$

所以

$$\begin{pmatrix} \boldsymbol{O} & \boldsymbol{A} \\ \boldsymbol{B} & \boldsymbol{O} \end{pmatrix}^{-1}=\begin{pmatrix} \boldsymbol{O} & \boldsymbol{B}^{-1} \\ \boldsymbol{A}^{-1} & \boldsymbol{O} \end{pmatrix}.$$

## 2.6 应用实例阅读

**【实例 2-1】 密码问题**

在密码学中,称原来的消息为明文,经过伪装了的明文则成了密文,由明文变成密文的过程称为加密.由密文变成明文的过程称为译密.明文和密文之间的转换是通过密码实现的.

在英文中,有一种对消息进行保密的措施,就是把消息中的英文字母用一个整数来表示,然后传送这组整数.如字母和数字之间的关系可对应成如下形式:

| A | B | C | D | E | F | G | H | I | J | K | L | M |
|---|---|---|---|---|---|---|---|---|---|---|---|---|
| ↓ | ↓ | ↓ | ↓ | ↓ | ↓ | ↓ | ↓ | ↓ | ↓ | ↓ | ↓ | ↓ |
| 1 | 2 | 3 | 4 | 5 | 6 | 7 | 8 | 9 | 10 | 11 | 12 | 13 |

| N | O | P | Q | R | S | T | U | V | W | X | Y | Z |
|---|---|---|---|---|---|---|---|---|---|---|---|---|
| ↓ | ↓ | ↓ | ↓ | ↓ | ↓ | ↓ | ↓ | ↓ | ↓ | ↓ | ↓ | ↓ |
| 14 | 15 | 16 | 17 | 18 | 19 | 20 | 21 | 22 | 23 | 24 | 25 | 26 |

例如,发送"SEND MONEY"这九个字母就可用【19,5,14,4,13,15,14,5,25】这九个数来表示.显然 5 代表 E,13 代表 M,…这种方法很容易被破译.在一个很长的消息中,根据数字出现的频率,往往可以大体估计出它所代表的字母.例如,出现频率特别高的数字很可能对应出现频率特别高的字母.

我们可以用矩阵乘法对这个消息进一步加密.假如 $\boldsymbol{A}$ 是一个对应行列式等于 $\pm 1$ 的整数矩阵,则 $\boldsymbol{A}^{-1}$ 的元素也必定是整数.可以用这样一个矩阵对消息进行变换,而经过这

样变换的消息是较难破译的. 为了说明问题,设

$$A=\begin{pmatrix} 1 & 0 & 0 \\ 3 & 1 & 5 \\ -2 & 0 & 1 \end{pmatrix},$$

则

$$A^{-1}=\begin{pmatrix} 1 & 0 & 0 \\ -13 & 1 & -5 \\ 2 & 0 & 1 \end{pmatrix}.$$

把编了码的消息组成一个矩阵

$$B=\begin{pmatrix} 19 & 4 & 14 \\ 5 & 13 & 5 \\ 14 & 15 & 25 \end{pmatrix},$$

乘积

$$AB=\begin{pmatrix} 1 & 0 & 0 \\ 3 & 1 & 5 \\ -2 & 0 & 1 \end{pmatrix}\begin{pmatrix} 19 & 4 & 14 \\ 5 & 13 & 5 \\ 14 & 15 & 25 \end{pmatrix}=\begin{pmatrix} 19 & 4 & 14 \\ 132 & 100 & 172 \\ -24 & 7 & -3 \end{pmatrix}.$$

所以,发出去的消息为【19,132,−24,4,100,7,14,172,−3】. 这与原来的那组数字不大相同,例如,原来两个相同的数字 5 和 14 在变换后成为不同的数字,所以就难于按照其出现的频率来破译了. 而接收方只要将这个消息乘以 $A^{-1}$,就可以恢复原来的消息.

$$\begin{pmatrix} 1 & 0 & 0 \\ -13 & 1 & -5 \\ 2 & 0 & 1 \end{pmatrix}\begin{pmatrix} 19 & 4 & 14 \\ 132 & 100 & 172 \\ -24 & 7 & -3 \end{pmatrix}=\begin{pmatrix} 19 & 4 & 14 \\ 5 & 13 & 5 \\ 14 & 15 & 25 \end{pmatrix}.$$

要发送的信息可以按照两个或三个一组排序,如果是两个字母为一组,那么选二阶可逆矩阵,如果是三个字母为一组,则选三阶可逆矩阵. 在字母分组的过程中,如果最后一组字母缺码,则要用 Z 或 YZ 顶位.

**【实例 2-2】 网络问题**

图论是数学的一个重要分支,广泛应用于很多应用科学中,在通信网络中尤为有用. 下面以航空路线为例,介绍矩阵运算在网络问题中的一个应用.

图 2-2 是四个城市之间的航空航线图. 这里用 1,2,3,4 四个数字分别表示四个城市,也就是网路图中的四个节点. 用有向线段来表示两个城市之间航班往来情况. 有向线段的起点为出发城市,箭头指向为到达城市.

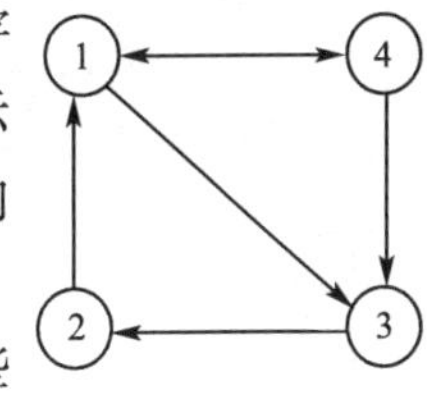

图 2-2

上面的航线图也可以用矩阵来表示. 矩阵的行和列分别表示这些节点的编号,行号表示出发节点,列号表示到达节点,两个城市之间有航班飞行就用 1 表示,没有航班飞行就用 0 表示. 则该航线图的矩阵可表示为

$$A_1=\begin{pmatrix}0&0&1&1\\1&0&0&0\\0&1&0&0\\1&0&1&0\end{pmatrix}.$$

其中第一行为由第一个城市出发的航班，分别可以到达第三、第四两个城市，因此在第三、第四两列处的元素为 1，其余为 0. 依次类推就得到了矩阵 $A_1$，称为**邻接矩阵**.

如果我们要分析经过一次转机（也就是坐两次航班）能到达的城市，也可以由邻接矩阵的平方来求得. 其实际意义就是把第一次航班的终点再作为起点，求下一次航班的终点.

$$A_2=A_1A_1=\begin{pmatrix}0&0&1&1\\1&0&0&0\\0&1&0&0\\1&0&1&0\end{pmatrix}\begin{pmatrix}0&0&1&1\\1&0&0&0\\0&1&0&0\\1&0&1&0\end{pmatrix}=\begin{pmatrix}1&1&1&0\\0&0&1&1\\1&0&0&0\\0&1&1&1\end{pmatrix}.$$

经过两次以内转机能够到达的航线矩阵应为：

$$A=A_1+A_2=\begin{pmatrix}0&0&1&1\\1&0&0&0\\0&1&0&0\\1&0&1&0\end{pmatrix}+\begin{pmatrix}1&1&1&0\\0&0&1&1\\1&0&0&0\\0&1&1&1\end{pmatrix}=\begin{pmatrix}1&1&2&1\\1&0&1&1\\1&1&0&0\\1&1&2&1\end{pmatrix}.$$

在航线矩阵中第一行第三列的元素为 2，意味着从第一个城市到达第三个城市有两条路径可走，即可直接飞抵第三个城市，也可以经过第四个城市转机后再到达第三个城市. 第三行第四列的元素是 0，意味着从第三个城市到达第四个城市没有直达的飞机，也没有经过一次转机就能到达的路线. 第一行第一列的元素是 1，意味着从第一城市到达第一个城市有一条路线，即先飞抵第四个城市转机后再返回.

根据上面的分析，如果某人从第四个城市出差到第三个城市，有两条航线可供选择，可以在第四个城市乘机直接到达第三个城市，也可以先飞往第一个城市，再由第一个城市转机后到达第三个城市.

同样可求两次转机（三次航班）可抵达的城市的航线矩阵：

$$A_3=A_1A_1A_1=\begin{pmatrix}0&0&1&1\\1&0&0&0\\0&1&0&0\\1&0&1&0\end{pmatrix}\begin{pmatrix}0&0&1&1\\1&0&0&0\\0&1&0&0\\1&0&1&0\end{pmatrix}\begin{pmatrix}0&0&1&1\\1&0&0&0\\0&1&0&0\\1&0&1&0\end{pmatrix}$$

$$=\begin{pmatrix}1&1&1&1\\1&1&1&0\\0&0&1&1\\2&1&1&0\end{pmatrix},$$

$$A=A_1+A_2+A_3=\begin{pmatrix}0&0&1&1\\1&0&0&0\\0&1&0&0\\1&0&1&0\end{pmatrix}+\begin{pmatrix}1&1&1&0\\0&0&1&1\\1&0&0&0\\0&1&1&1\end{pmatrix}+\begin{pmatrix}1&1&1&1\\1&1&1&0\\0&0&1&1\\2&1&1&0\end{pmatrix}$$

$$=\begin{pmatrix}2&2&3&2\\2&1&2&1\\1&1&1&1\\3&2&3&1\end{pmatrix}.$$

矩阵元素中数字的意义不言自明.依次类推,可以求出多次转机时的航线矩阵.

**【实例 2-3】 信息检索**

因特网上数据库的发展,带动了信息存储和信息检索的巨大进步.现代检索技术的应用领域越来越广泛,它的理论支撑正是基于线性代数的矩阵理论.

在一般情况下,一个数据库包含一个文档,我们希望通过检索这些文档找到最符合特定搜索内容的文档.根据数据库的类型,我们可以像在期刊上搜索论文、在因特网上搜索网页、在图书馆中搜索图书,或在电影集中搜索某部电影一样,搜索这些条目.

为说明搜索是如何进行的,假设数据库包含 $m$ 个文档,以及 $n$ 个用于搜索的关键字的字典字.假设字典字是按照字母顺序进行排序的,那么可以将数据库表示为一个 $m\times n$ 矩阵 $\boldsymbol{A}$.矩阵的每一行表示一个字典字,每一列表示一个文档.如第 1 列表示第 1 个文档,第 $j$ 列表示第 $j$ 个文档.第 $j$ 列的第一个元素 $a_{1j}$ 为第 $j$ 个文档中第一个字典字出现的相对频率;元素 $a_{2j}$ 表示第 $j$ 个文档中第二个字典字出现的相对频率;元素 $a_{ij}$ 表示第 $j$ 个文档中第 $i$ 个字典字出现的相对频率等等.用于搜索的关键字被表示为 $\boldsymbol{R}^m$ 中的一个向量 $\boldsymbol{x}$.如果第 $i$ 个关键字出现在搜索列表中,则向量 $\boldsymbol{x}$ 中的第 $i$ 个元素为 1,即 $x_i=1$,否则令 $x_i=0$.为完成搜索,我们只需用 $\boldsymbol{A}^{\mathrm{T}}$ 左乘 $\boldsymbol{x}$ 即可.

这里以简单匹配搜索为例加以说明:

一个最简单的搜索是确定每一个文档中有多少个搜索的关键字,这种方法不考虑关键字出现的相对频率问题.例如,假设数据库中含有下列书名:

B1. Applied Linear Algebra

B2. Elementary Linear Algebra

B3. Elementary Linear Algebra with Applications

B4. Linear Algebra and Its Applications

B5. Linear Algebra with Applications

B6. Matrix Algebra with Applications

B7. Matrix Theory

按照字母顺序给出关键字集合为

algebra, applications, elementary, linear, matrix, theory

对简单的匹配搜索,只需在数据库矩阵中使用 0 和 1,而不必考虑关键字的相对频率.因此矩阵 $\boldsymbol{A}$ 中的元素可表示如下:如果第 $i$ 个单词出现在第 $j$ 个书名中,元素 $a_{ij}=1$,如果第 $i$ 个单词不出现在第 $j$ 个书名中,元素 $a_{ij}=0$.假设搜索引擎十分先进,可以将单词的不同形式均认为是一个单词. 例如,在上面给出的书名列表中,单词 Applied 和 Applications 均被认为是单词 Application. 上列书名和对应数据见下表.

表 1　　线性代数书籍数据库的数据

| 关键字 | 书籍 | | | | | | |
|---|---|---|---|---|---|---|---|
| | B1 | B2 | B3 | B4 | B5 | B6 | B7 |
| algebra | 1 | 1 | 1 | 1 | 1 | 1 | 0 |
| applications | 1 | 0 | 1 | 1 | 1 | 1 | 0 |
| elementary | 0 | 1 | 1 | 0 | 0 | 0 | 0 |
| linear | 1 | 1 | 1 | 1 | 1 | 0 | 0 |
| matrix | 0 | 0 | 0 | 0 | 0 | 1 | 1 |
| theory | 0 | 0 | 0 | 0 | 0 | 0 | 1 |

如果搜索的关键字是 applied,linear 和 algebra,则数据库矩阵和搜索向量为

$$\boldsymbol{A}=\begin{pmatrix}1&1&1&1&1&1&0\\1&0&1&1&1&1&0\\0&1&1&0&0&0&0\\1&1&1&1&1&0&0\\0&0&0&0&0&1&1\\0&0&0&0&0&0&1\end{pmatrix},\boldsymbol{x}=\begin{pmatrix}1\\1\\0\\1\\0\\0\end{pmatrix}.$$

令 $\boldsymbol{y}=\boldsymbol{A}^{\mathrm{T}}\boldsymbol{x}$,则

$$\boldsymbol{y}=\begin{pmatrix}1&1&0&1&0&0\\1&0&1&1&0&0\\1&1&1&1&0&0\\1&1&0&1&0&0\\1&1&0&1&0&0\\1&1&0&0&1&0\\0&0&0&0&1&1\end{pmatrix}\begin{pmatrix}1\\1\\0\\1\\0\\0\end{pmatrix}=\begin{pmatrix}3\\2\\3\\3\\3\\2\\0\end{pmatrix}.$$

其中 $\boldsymbol{y}$ 的第一个分量为 3,说明搜索关键字在第一个书名 B1 中出现的数量为 3,$\boldsymbol{y}$ 的第二个分量为 2,说明搜索关键字在第二个书名 B2 中出现的数量为 2,$\boldsymbol{y}$ 的第七个分量为 0,说明第七个书名 B7 中没有出现搜索关键字. 搜索的结果显示 B1,B2,B3,B4,B5,B6 和 B7,从中也可以看出书名 B1,B3,B4 和 B5 必然包含所有三个搜索的单词. 如果搜索设置为匹配所有搜索单词,那么搜索引擎将返回 B1,B3,B4 和 B5.

前面所介绍的方法是最简单的一种搜索方法,还有相对频率搜索和高级搜索等相对复杂的搜索方法,也都要用到矩阵的有关知识,有兴趣的读者可参考有关书籍或文献.

## 习题 2

**1.** 设 $\boldsymbol{A}=\begin{pmatrix}2&1&5\\1&-1&1\end{pmatrix}$,$\boldsymbol{B}=\begin{pmatrix}1&-3&2\\2&3&2\end{pmatrix}$,求 $\boldsymbol{A}+\boldsymbol{B}$,$\boldsymbol{A}-2\boldsymbol{B}$,$2\boldsymbol{A}-3\boldsymbol{B}$.

**2.** 求下列矩阵的乘积

(1) $\begin{pmatrix} 1 & 2 & -1 \\ -1 & 1 & -2 \\ 2 & 1 & 3 \end{pmatrix}\begin{pmatrix} 3 & 1 \\ 2 & 2 \\ 1 & -1 \end{pmatrix}$；　　(2) $\begin{pmatrix} 1 & -1 & 3 \\ 2 & 4 & 5 \end{pmatrix}\begin{pmatrix} 1 & 1 & 3 \\ 0 & 1 & -1 \\ 1 & 0 & 0 \end{pmatrix}$；

(3) $(-1,0,2)\begin{pmatrix} 3 \\ 0 \\ 1 \end{pmatrix}$；　　(4) $\begin{pmatrix} -3 \\ 0 \\ 2 \end{pmatrix}(1,0,-2)$；

(5) $\begin{pmatrix} 1 & 1 & 1 & 4 \\ -1 & 1 & 0 & -1 \\ 1 & 2 & 3 & 7 \end{pmatrix}\begin{pmatrix} 1 & 1 & -1 & 0 \\ 0 & 2 & 4 & 2 \\ -1 & 1 & 5 & 2 \\ 2 & 2 & -2 & 0 \end{pmatrix}$；　　(6) $\begin{pmatrix} 1 & 1 & 3 \\ 0 & 2 & -1 \\ 1 & 0 & 0 \end{pmatrix}\begin{pmatrix} 0 & 1 & 3 \\ 1 & 1 & -2 \\ -1 & 0 & 0 \end{pmatrix}$.

**3.** 设 $\boldsymbol{A}=\begin{pmatrix} 3 & 1 & 4 \\ -2 & 0 & 1 \\ 1 & 2 & 2 \end{pmatrix}$，$\boldsymbol{B}=\begin{pmatrix} 1 & 0 & 2 \\ -3 & 1 & 1 \\ 2 & -4 & 1 \end{pmatrix}$，求

(1) $2\boldsymbol{A}$；　　(2) $\boldsymbol{A}+\boldsymbol{B}$；　　(3) $2\boldsymbol{A}-3\boldsymbol{B}$；　　(4) $(2\boldsymbol{A})^{\mathrm{T}}-(3\boldsymbol{B})^{\mathrm{T}}$；

(4) $\boldsymbol{AB}$；　　(5) $\boldsymbol{BA}$；　　(6) $\boldsymbol{A}^{\mathrm{T}}\boldsymbol{B}^{\mathrm{T}}$；　　(7) $(\boldsymbol{BA})^{\mathrm{T}}$.

**4.** 已知 $\boldsymbol{A}=\begin{pmatrix} 1 & -1 & 1 \\ 0 & 1 & -2 \\ 1 & 2 & 1 \end{pmatrix}$，$\boldsymbol{B}=\begin{pmatrix} 3 & 1 \\ 0 & -2 \\ 1 & -1 \end{pmatrix}$，$\boldsymbol{C}=\begin{pmatrix} 1 & 1 & 1 \\ 0 & 2 & 2 \end{pmatrix}$，求 $2\boldsymbol{B}^{\mathrm{T}}\boldsymbol{A}-\boldsymbol{C}$；$|\boldsymbol{A}|$.

**5.** 举反例说明下列命题是错误的.

(1)若 $\boldsymbol{A}^2=\boldsymbol{O}$，则 $\boldsymbol{A}=\boldsymbol{O}$；

(2)若 $\boldsymbol{A}^2=\boldsymbol{A}$，则 $\boldsymbol{A}=\boldsymbol{O}$ 或 $\boldsymbol{A}=\boldsymbol{E}$；

(3)若 $\boldsymbol{AX}=\boldsymbol{AY}$，且 $\boldsymbol{A}\neq\boldsymbol{O}$，则 $\boldsymbol{X}=\boldsymbol{Y}$.

**6.** 设 $\boldsymbol{A}$，$\boldsymbol{B}$ 为 $n$ 阶方阵，且 $\boldsymbol{A}$ 为对称矩阵，证明 $\boldsymbol{B}^{\mathrm{T}}\boldsymbol{AB}$ 也是对称矩阵.

**7.** 设 $\boldsymbol{A}$ 为 $n$ 阶方阵，且令 $\boldsymbol{B}=\boldsymbol{A}+\boldsymbol{A}^{\mathrm{T}}$，$\boldsymbol{C}=\boldsymbol{A}-\boldsymbol{A}^{\mathrm{T}}$.

(1)证明 $\boldsymbol{B}$ 为对称矩阵，$\boldsymbol{C}$ 为反对称矩阵；

(2)证明每个 $n$ 阶方阵均可表示为一个对称矩阵和一个反对称矩阵的和.

**8.** 已知 $\boldsymbol{X}$ 满足方程 $3\boldsymbol{X}-\boldsymbol{B}=2\boldsymbol{A}+\boldsymbol{X}$，其中 $\boldsymbol{A}=\begin{pmatrix} 1 & 2 \\ 0 & -2 \\ -3 & 1 \end{pmatrix}$，$\boldsymbol{B}=\begin{pmatrix} -1 & 0 \\ 2 & -1 \\ 1 & 1 \end{pmatrix}$，求 $\boldsymbol{X}$.

**9.** 已知 $\boldsymbol{X}$ 满足方程 $2\boldsymbol{X}-\boldsymbol{B}=2\boldsymbol{A}$，其中 $\boldsymbol{A}=\begin{pmatrix} 1 & -1 & 3 \\ 2 & 2 & -5 \end{pmatrix}$，$\boldsymbol{B}=\begin{pmatrix} 1 & -1 & 2 \\ 2 & 0 & 3 \end{pmatrix}$，求 $\boldsymbol{X}$.

**10.** 设 $m$ 次多项式 $f(x)=a_0+a_1x+a_2x^2+\cdots+a_mx^m$，记 $f(A)=a_0E+a_1A+a_2A^2+\cdots+a_mA^m$，称 $f(A)$ 为方程 $A$ 的 $m$ 次多项式. 现设 $f(x)=x^2-3x+2$，$\boldsymbol{A}=\begin{pmatrix} -2 & 1 \\ 0 & 2 \end{pmatrix}$，求 $f(\boldsymbol{A})$.

**11.** 已知 $f(x)=x^2-2x+3$，$\boldsymbol{A}=\begin{pmatrix} 1 & 1 & 1 \\ 0 & 1 & 1 \\ 0 & 0 & 1 \end{pmatrix}$，求 $|f(\boldsymbol{A})|$.

**12.** 设 $\boldsymbol{A}=\begin{pmatrix}1&1\\1&1\end{pmatrix}$,求 $\boldsymbol{A}^2,\boldsymbol{A}^3,\boldsymbol{A}^n$.

**13.** 判断下列矩阵哪些是初等矩阵?

(1) $\begin{pmatrix}0&1\\1&0\end{pmatrix}$;　(2) $\begin{pmatrix}2&0\\0&3\end{pmatrix}$;　(3) $\begin{pmatrix}1&0&0\\0&1&0\\5&0&1\end{pmatrix}$;

(4) $\begin{pmatrix}1&0&0\\0&5&0\\0&0&1\end{pmatrix}$;　(5) $\begin{pmatrix}1&0&0\\0&0&1\\0&1&0\end{pmatrix}$;　(6) $\begin{pmatrix}-1&0&0\\0&3&0\\0&0&1\end{pmatrix}$.

**14.** 对下列每一对矩阵,求一个初等矩阵 $\boldsymbol{P}$,使得 $\boldsymbol{PA}=\boldsymbol{B}$.

(1) $\boldsymbol{A}=\begin{pmatrix}2&-1\\5&3\end{pmatrix},\boldsymbol{B}=\begin{pmatrix}-4&2\\5&3\end{pmatrix}$;

(2) $\boldsymbol{A}=\begin{pmatrix}2&1&3\\-2&4&5\\3&1&4\end{pmatrix},\boldsymbol{B}=\begin{pmatrix}2&1&3\\3&1&4\\-2&4&5\end{pmatrix}$;

(3) $\boldsymbol{A}=\begin{pmatrix}4&-2&3\\1&0&2\\-2&3&1\end{pmatrix},\boldsymbol{B}=\begin{pmatrix}4&-2&3\\1&0&2\\0&3&5\end{pmatrix}$.

**15.** 对下列每一对矩阵,求一个初等矩阵 $\boldsymbol{P}$,使得 $\boldsymbol{AP}=\boldsymbol{B}$.

(1) $\boldsymbol{A}=\begin{pmatrix}4&1&3\\2&1&4\\1&3&2\end{pmatrix},\boldsymbol{B}=\begin{pmatrix}3&1&4\\4&1&2\\2&3&1\end{pmatrix}$;

(2) $\boldsymbol{A}=\begin{pmatrix}2&4\\1&6\end{pmatrix},\boldsymbol{B}=\begin{pmatrix}2&-2\\1&3\end{pmatrix}$;

(3) $\boldsymbol{A}=\begin{pmatrix}4&-2&3\\-2&4&2\\6&1&2\end{pmatrix},\boldsymbol{B}=\begin{pmatrix}2&-2&3\\-1&4&2\\3&1&2\end{pmatrix}$.

**16.** 设 $\boldsymbol{A}=\begin{pmatrix}1&2&4\\2&1&3\\1&0&2\end{pmatrix},\boldsymbol{B}=\begin{pmatrix}1&2&4\\2&1&3\\2&2&6\end{pmatrix},\boldsymbol{C}=\begin{pmatrix}1&2&4\\0&-1&-3\\2&2&6\end{pmatrix}$,

(1)求一个初等矩阵 $\boldsymbol{P}$,使得 $\boldsymbol{PA}=\boldsymbol{B}$;

(2)求一个初等矩阵 $\boldsymbol{Q}$,使得 $\boldsymbol{QB}=\boldsymbol{C}$;

(3) $\boldsymbol{C}$ 与 $\boldsymbol{A}$ 等价吗? 试说明.

**17.** 求下列矩阵的秩,并求出它的一个最高阶非零子式.

(1) $\boldsymbol{A}=\begin{pmatrix}1&0&1\\0&-1&1\\-1&1&1\end{pmatrix}$;　(2) $\boldsymbol{A}=\begin{pmatrix}1&2&3&4\\0&1&-1&2\\1&2&3&-1\end{pmatrix}$;

(3) $\boldsymbol{A}=\begin{bmatrix}1 & -1 & 0 & 2 & -1\\ 1 & 2 & 1 & -1 & 4\\ 0 & 0 & 0 & 0 & -2\\ -1 & 0 & 1 & 0 & 0\end{bmatrix}$； (4) $\boldsymbol{A}=\begin{bmatrix}1 & 1 & 0 & 0\\ 2 & 1 & 1 & 0\\ 1 & 0 & 1 & 0\\ 0 & -1 & 1 & 0\end{bmatrix}$；

(5) $\boldsymbol{A}=\begin{bmatrix}-2 & 4 & 2 & 3 & -5\\ 1 & -2 & -1 & 0 & 2\\ -1 & 2 & 1 & 3 & -3\\ 1 & -2 & -1 & 3 & 1\end{bmatrix}$.

**18.** 求下列矩阵的伴随矩阵.

(1) $\boldsymbol{A}=\begin{pmatrix}1 & 0\\ 3 & -2\end{pmatrix}$； (2) $\boldsymbol{A}=\begin{pmatrix}-1 & 1 & -3\\ 2 & 3 & -1\\ 1 & 0 & 0\end{pmatrix}$；

(3) $\boldsymbol{A}=\begin{pmatrix}0 & 1 & 3\\ -2 & 0 & -1\\ 1 & 1 & -1\end{pmatrix}$； (4) $\boldsymbol{A}=\begin{pmatrix}1 & 0 & 0\\ 2 & -3 & -1\\ 1 & 0 & 2\end{pmatrix}$；

(5) $\boldsymbol{A}=\begin{pmatrix}1 & -1 & -3\\ 0 & 3 & -1\\ 1 & 2 & 0\end{pmatrix}$； (6) $\boldsymbol{A}=\begin{pmatrix}-1 & 1 & -3\\ 0 & 4 & -1\\ 1 & 0 & 0\end{pmatrix}$.

**19.** 把下列矩阵化为行最简形矩阵.

(1) $\boldsymbol{A}=\begin{pmatrix}1 & 1 & 1 & 2\\ -1 & 1 & 0 & -1\\ 1 & 3 & 2 & 3\end{pmatrix}$； (2) $\boldsymbol{A}=\begin{pmatrix}-1 & 2 & 1 & 0\\ 1 & 3 & -2 & 1\\ -1 & 7 & 0 & 1\end{pmatrix}$；

(3) $\boldsymbol{A}=\begin{bmatrix}1 & 2 & -1 & 0\\ 2 & -1 & 3 & 1\\ 4 & 3 & 1 & -1\\ 1 & -3 & 5 & 1\end{bmatrix}$； (4) $\boldsymbol{A}=\begin{pmatrix}1 & 0 & -1\\ 1 & 2 & -3\\ 0 & 1 & 2\end{pmatrix}$.

**20.** 求下列矩阵的逆矩阵.

(1) $\boldsymbol{A}=\begin{pmatrix}1 & 2\\ 0 & -4\end{pmatrix}$； (2) $\boldsymbol{A}=\begin{pmatrix}2 & 1 & 1\\ 3 & 2 & 1\\ 2 & 1 & 2\end{pmatrix}$；

(3) $\boldsymbol{A}=\begin{pmatrix}1 & 0 & 3\\ 2 & 1 & 2\\ 3 & 3 & 5\end{pmatrix}$； (4) $\boldsymbol{A}=\begin{pmatrix}1 & 1 & 1\\ -1 & 0 & -1\\ -1 & -1 & 0\end{pmatrix}$；

(5) $\boldsymbol{A}=\begin{pmatrix}1 & -1 & -1\\ 2 & -1 & 0\\ 1 & 0 & 2\end{pmatrix}$； (6) $\boldsymbol{A}=\begin{pmatrix}1 & 1 & -1\\ 2 & 3 & -2\\ 2 & 1 & -3\end{pmatrix}$；

(7)$\boldsymbol{A}=\begin{pmatrix}1&0&1\\2&1&0\\0&0&3\end{pmatrix}$； (8)$\boldsymbol{A}=\begin{pmatrix}-1&-2&0&0\\2&5&0&0\\0&0&4&-2\\0&0&3&1\end{pmatrix}$；

(9)$\boldsymbol{A}=\begin{pmatrix}-1&-3&0&0\\3&5&0&0\\0&0&-2&3\\0&0&1&-1\end{pmatrix}$； (10)$\boldsymbol{A}=\begin{pmatrix}1&1&1&1\\1&1&-1&-1\\1&-1&1&-1\\1&-1&-1&1\end{pmatrix}$.

**21.** 设 $\boldsymbol{A}$ 为三阶方阵，$|\boldsymbol{A}|=3$，求分块矩阵 $\boldsymbol{D}=\begin{pmatrix}\boldsymbol{A}^{-1}\boldsymbol{A}^{\mathrm{T}}&0\\0&\boldsymbol{A}^*\end{pmatrix}$的行列式$|\boldsymbol{D}|$.

**22.** 设 $\boldsymbol{A},\boldsymbol{B}$ 是 $n$ 阶可逆矩阵，且$|\boldsymbol{A}|=3$，求 $\boldsymbol{B}^{-1}\boldsymbol{A}^k\boldsymbol{B}$ 的行列式($k$ 为正整数).

**23.** 设 $\boldsymbol{A}$ 为 2 阶矩阵，且$|\boldsymbol{A}|=3$，求$|3\boldsymbol{A}^2|$，$|\boldsymbol{A}^{-1}|$，$|\boldsymbol{A}^*|$，$||\boldsymbol{A}|\boldsymbol{A}|$.

**24.** 设 $\boldsymbol{R}=\begin{pmatrix}\cos\theta&-\sin\theta\\\sin\theta&\cos\theta\end{pmatrix}$，证明 $\boldsymbol{R}$ 可逆，且 $\boldsymbol{R}^{-1}=\boldsymbol{R}^{\mathrm{T}}$.

**25.** 解矩阵方程.

(1)$\boldsymbol{AX}=\boldsymbol{B}$，其中 $\boldsymbol{A}=\begin{pmatrix}1&1\\3&4\end{pmatrix}$，$\boldsymbol{B}=\begin{pmatrix}0&2&0\\1&0&-3\end{pmatrix}$；

(2)$\boldsymbol{XA}=\boldsymbol{B}$，其中 $\boldsymbol{A}=\begin{pmatrix}2&0&0\\0&-1&0\\2&0&-1\end{pmatrix}$，$\boldsymbol{B}=\begin{pmatrix}1&-1&2\\2&1&2\end{pmatrix}$；

(3)$\boldsymbol{AX}=\boldsymbol{B}+\boldsymbol{E}$，其中 $\boldsymbol{A}=\begin{pmatrix}1&1\\0&-3\end{pmatrix}$，$\boldsymbol{B}=\begin{pmatrix}-1&1\\1&-2\end{pmatrix}$；

(4)$\boldsymbol{AX}=\boldsymbol{B}+\boldsymbol{X}$，其中 $\boldsymbol{A}=\begin{pmatrix}1&2\\-1&1\end{pmatrix}$，$\boldsymbol{B}=\begin{pmatrix}0&-1\\3&1\end{pmatrix}$；

(5)$\boldsymbol{AXB}=\boldsymbol{C}$，其中 $\boldsymbol{A}=\begin{pmatrix}-1&0&0\\0&1&0\\1&0&1\end{pmatrix}$，$\boldsymbol{B}=\begin{pmatrix}2&1\\1&-1\end{pmatrix}$，$\boldsymbol{C}=\begin{pmatrix}1&3\\-2&0\\1&1\end{pmatrix}$.

**26.** 设 3 阶方阵 $\boldsymbol{A},\boldsymbol{B}$ 满足关系式：$\boldsymbol{A}^{-1}\boldsymbol{BA}=6\boldsymbol{A}+\boldsymbol{BA}$，其中

$$\boldsymbol{A}=\begin{pmatrix}\frac{1}{3}&0&0\\0&\frac{1}{4}&0\\0&0&\frac{1}{7}\end{pmatrix},$$

求 $\boldsymbol{B}$.

**27.** 设 $\boldsymbol{AP}=\boldsymbol{PB}$，其中 $\boldsymbol{B}=\begin{pmatrix}1&0&0\\0&0&0\\0&0&-1\end{pmatrix}$，$\boldsymbol{P}=\begin{pmatrix}1&0&0\\2&-1&0\\2&1&1\end{pmatrix}$，求 $\boldsymbol{A}$ 及 $\boldsymbol{A}^5$.

**28.** 设方阵 $\boldsymbol{A}$ 满足 $\boldsymbol{A}^2+\boldsymbol{A}-3\boldsymbol{E}=\boldsymbol{O}$，证明 $\boldsymbol{A}-\boldsymbol{E}$ 与 $\boldsymbol{A}+2\boldsymbol{E}$ 均可逆，并求 $(\boldsymbol{A}-\boldsymbol{E})^{-1}$.

**29.** 设 $n$ 维行矩阵 $\boldsymbol{\alpha}=\left(\frac{1}{2},0,0,\cdots,0,\frac{1}{2}\right)$，$\boldsymbol{A}=\boldsymbol{E}-\boldsymbol{\alpha}^{\mathrm{T}}\boldsymbol{\alpha}$，$\boldsymbol{B}=\boldsymbol{E}+2\boldsymbol{\alpha}^{\mathrm{T}}\boldsymbol{\alpha}$. 求 $\boldsymbol{AB}$.

**30.** 设 $\boldsymbol{A}^k=\boldsymbol{O}$，($k$ 为正整数)，证明：$(\boldsymbol{E}-\boldsymbol{A})^{-1}=\boldsymbol{E}+\boldsymbol{A}+\boldsymbol{A}^2+\cdots+\boldsymbol{A}^{k-1}$.

# 第3章

# $n$ 维向量和线性方程组

本章的中心问题是讨论线性方程组解的基本理论，即非齐次线性方程组是否有解，齐次线性方程组是否有非零解，在有解的情况下，它们的解是如何构成的等问题. 为了探讨这些问题，并给出明确的结论，需要引入 $n$ 维向量的概念，规定它的线性运算，给出向量组的线性相关性及秩的概念，并利用向量来刻画线性方程组解的结构.

## 3.1 $n$ 维向量

### 3.1.1 $n$ 维向量的概念

在实际问题中，经常会遇到一些无法用一个数描述的量. 如某件商品同一天在 5 个不同的分销店销售，需要用 5 个有序数 $(x_1,x_2,x_3,x_4,x_5)$ 表示该天的销售量；空间中的一个球体，要描述其球心的位置和半径需要用 4 个有序数 $(x,y,z,R)$ 构成的数组. 这种例子举不胜举，作为它们的共同特征，有下面的概念.

**定义 3-1** $n$ 个有序的数 $a_1,a_2,\cdots,a_n$ 所组成的数组，称为 **$n$ 维向量**. 记作

$$\boldsymbol{\alpha}=\begin{pmatrix}a_1\\a_2\\\vdots\\a_n\end{pmatrix}\text{（列向量）或 }\boldsymbol{\alpha}^{\mathrm{T}}=(a_1,a_2,\cdots,a_n)\text{（行向量）},$$

其中 $a_i$ 为 $\boldsymbol{\alpha}$ 的第 $i$ 个分量，$i=1,2,\cdots,n$.

分量全为零的向量称为**零向量**，记为 $\mathbf{0}$；否则称为**非零向量**.

对于 2 维和 3 维向量，在解析几何中有它们的几何解释，如 $\boldsymbol{\alpha}=\begin{pmatrix}1\\2\end{pmatrix}$，$\boldsymbol{\beta}=\begin{pmatrix}2\\3\\-1\end{pmatrix}$ 分别表示平面上和空间中的向量.

按照矩阵的定义和运算法则，也可以将列向量 $\boldsymbol{\alpha}$ 视为列矩阵，行向量 $\boldsymbol{\alpha}^{\mathrm{T}}$ 视为行矩阵. 并且得到向量的运算.

## 3.1.2　n 维向量的运算

**1. n 维向量的相等**

设 $\boldsymbol{\alpha}=\begin{pmatrix}a_1\\a_2\\\vdots\\a_n\end{pmatrix}$，$\boldsymbol{\beta}=\begin{pmatrix}b_1\\b_2\\\vdots\\b_n\end{pmatrix}$，当且仅当 $a_i=b_i(i=1,2,\cdots,n)$ 时，称向量 $\boldsymbol{\alpha}$ 与向量 $\boldsymbol{\beta}$ **相等**，记作 $\boldsymbol{\alpha}=\boldsymbol{\beta}$.

**2. 向量的加法**

向量 $\boldsymbol{\alpha}$ 与 $\boldsymbol{\beta}$ 对应分量相加，得到的向量叫做 $\boldsymbol{\alpha}$ 与 $\boldsymbol{\beta}$ 的**和**，记作

$$\boldsymbol{\alpha}+\boldsymbol{\beta}=\begin{pmatrix}a_1+b_1\\a_2+b_2\\\vdots\\a_n+b_n\end{pmatrix}.$$

设 $\boldsymbol{\alpha}=\begin{pmatrix}a_1\\a_2\\\vdots\\a_n\end{pmatrix}$，则称向量 $\begin{pmatrix}-a_1\\-a_2\\\vdots\\-a_n\end{pmatrix}$ 为向量 $\boldsymbol{\alpha}$ 的**负向量**，记作 $-\boldsymbol{\alpha}$.

利用负向量，可以定义向量的减法为

$$\boldsymbol{\alpha}-\boldsymbol{\beta}=\boldsymbol{\alpha}+(-\boldsymbol{\beta})=\begin{pmatrix}a_1+(-b_1)\\a_2+(-b_2)\\\vdots\\a_n+(-b_n)\end{pmatrix}=\begin{pmatrix}a_1-b_1\\a_2-b_2\\\vdots\\a_n-b_n\end{pmatrix}.$$

**3. 数乘 n 维向量**

设 $\lambda$ 是数，记 $\lambda\boldsymbol{\alpha}=\begin{pmatrix}\lambda a_1\\\lambda a_2\\\vdots\\\lambda a_n\end{pmatrix}$，称为**数 $\lambda$ 与向量 $\boldsymbol{\alpha}$ 的乘积**.

加法和数乘统称为 $n$ 维向量的**线性运算**.

**【例 3-1】**　设 $\boldsymbol{\alpha}=\begin{pmatrix}1\\0\\2\\3\end{pmatrix}$，$\boldsymbol{\beta}=\begin{pmatrix}-1\\3\\2\\0\end{pmatrix}$，求 $\boldsymbol{\alpha}+2\boldsymbol{\beta}$，$2\boldsymbol{\alpha}-3\boldsymbol{\beta}$.

**解**

$$\boldsymbol{\alpha}+2\boldsymbol{\beta}=\begin{pmatrix}1\\0\\2\\3\end{pmatrix}+2\begin{pmatrix}-1\\3\\2\\0\end{pmatrix}=\begin{pmatrix}1\\0\\2\\3\end{pmatrix}+\begin{pmatrix}-2\\6\\4\\0\end{pmatrix}=\begin{pmatrix}-1\\6\\6\\3\end{pmatrix};$$

$$2\boldsymbol{\alpha}-3\boldsymbol{\beta}=2\begin{pmatrix}1\\0\\2\\3\end{pmatrix}-3\begin{pmatrix}-1\\3\\2\\0\end{pmatrix}=\begin{pmatrix}2\\0\\4\\6\end{pmatrix}+\begin{pmatrix}3\\-9\\-6\\0\end{pmatrix}=\begin{pmatrix}5\\-9\\-2\\6\end{pmatrix}.$$

# 3.2 向量组的线性相关性

## 3.2.1 矩阵和向量组之间的关系

若干个同维数的向量所组成的集合称为**向量组**.

如 $\boldsymbol{\alpha}_1=\begin{pmatrix}1\\0\\1\end{pmatrix}$，$\boldsymbol{\alpha}_2=\begin{pmatrix}2\\0\\3\end{pmatrix}$构成一个向量组；而 $\boldsymbol{\alpha}_1=\begin{pmatrix}1\\0\\1\end{pmatrix}$，$\boldsymbol{\alpha}_2=\begin{pmatrix}2\\3\end{pmatrix}$就不能构成向量组.

下面用矩阵的有关知识来研究向量组.

如 $\boldsymbol{A}=\begin{pmatrix}1&2&3&1\\2&1&1&3\\1&0&1&-1\end{pmatrix}$，将矩阵 $\boldsymbol{A}$ 按列分块为 $\boldsymbol{A}=(\boldsymbol{\alpha}_1,\boldsymbol{\alpha}_2,\boldsymbol{\alpha}_3,\boldsymbol{\alpha}_4)$，则 $\boldsymbol{\alpha}_1=\begin{pmatrix}1\\2\\1\end{pmatrix}$，$\boldsymbol{\alpha}_2=\begin{pmatrix}2\\1\\0\end{pmatrix}$，$\boldsymbol{\alpha}_3=\begin{pmatrix}3\\1\\1\end{pmatrix}$，$\boldsymbol{\alpha}_4=\begin{pmatrix}1\\3\\-1\end{pmatrix}$构成了一个含有 4 个向量的向量组，该向量组称为列向量组. 类似地，矩阵 $\boldsymbol{A}$ 按行分块还可以得到行向量组 $\boldsymbol{\beta}_1=(1,2,3,1)$，$\boldsymbol{\beta}_2=(2,1,1,3)$，$\boldsymbol{\beta}_3=(1,0,1,-1)$. 反之，一个向量组也可以构成一个矩阵.

## 3.2.2 线性方程组的向量表示

根据矩阵的乘法，非齐次线性方程组

$$\begin{cases}a_{11}x_1+a_{12}x_2+\cdots+a_{1n}x_n=b_1\\a_{21}x_1+a_{22}x_2+\cdots+a_{2n}x_n=b_2\\\quad\cdots\\a_{m1}x_1+a_{m2}x_2+\cdots+a_{mn}x_n=b_m\end{cases}$$

可以写成矩阵形式

$$\begin{pmatrix}a_{11}&a_{12}&\cdots&a_{1n}\\a_{21}&a_{22}&\cdots&a_{2n}\\\vdots&\vdots&&\vdots\\a_{m1}&a_{m2}&\cdots&a_{mn}\end{pmatrix}\begin{pmatrix}x_1\\x_2\\\vdots\\x_n\end{pmatrix}=\begin{pmatrix}b_1\\b_2\\\vdots\\b_m\end{pmatrix}.$$

若记 $\boldsymbol{A}=\begin{pmatrix} a_{11} & a_{12} & \cdots & a_{1n} \\ a_{21} & a_{22} & \cdots & a_{2n} \\ \vdots & \vdots & & \vdots \\ a_{m1} & a_{m2} & \cdots & a_{mn} \end{pmatrix}$，$\boldsymbol{x}=\begin{pmatrix} x_1 \\ x_2 \\ \vdots \\ x_n \end{pmatrix}$，$\boldsymbol{b}=\begin{pmatrix} b_1 \\ b_2 \\ \vdots \\ b_m \end{pmatrix}$，则方程组又可以简记为 $\boldsymbol{Ax}=\boldsymbol{b}$.

如果将每一个 $x_i(i=1,2,\cdots,n)$ 的系数构成一个列向量 $\boldsymbol{\alpha}_i=\begin{pmatrix} a_{1i} \\ a_{2i} \\ \vdots \\ a_{mi} \end{pmatrix}(i=1,2,\cdots,n)$，则方程组还可以进一步写成向量组的形式：

$$(\boldsymbol{\alpha}_1,\boldsymbol{\alpha}_2,\cdots,\boldsymbol{\alpha}_n)\begin{pmatrix} x_1 \\ x_2 \\ \vdots \\ x_n \end{pmatrix}=\boldsymbol{b},$$

即 $x_1\boldsymbol{\alpha}_1+x_2\boldsymbol{\alpha}_2+\cdots+x_n\boldsymbol{\alpha}_n=\boldsymbol{b}$.

类似地，齐次线性方程组

$$\begin{cases} a_{11}x_1+a_{12}x_2+\cdots+a_{1n}x_n=0 \\ a_{21}x_1+a_{22}x_2+\cdots+a_{2n}x_n=0 \\ \vdots \\ a_{m1}x_1+a_{m2}x_2+\cdots+a_{mn}x_n=0 \end{cases}$$

则可以表示为 $x_1\boldsymbol{\alpha}_1+x_2\boldsymbol{\alpha}_2+\cdots+x_n\boldsymbol{\alpha}_n=\boldsymbol{0}$，其中 $\boldsymbol{\alpha}_i(i=1,2,\cdots,n)$ 是对应的 $x_i(i=1,2,\cdots,n)$ 的系数.

### 3.2.3　向量组的线性组合

在绘画时，经常会利用已有的颜色配出另外一些颜色，比如，一定比例的黄色与蓝色调和在一起是绿色；一定比例的黄色和红色调和在一起是橙色等. 也就是说绿色是黄色和蓝色的组合，它可以由黄色和蓝色表示；橙色是黄色和红色的组合，它可以由黄色和红色表示.

对于向量，也有着类似的情况. 一些已知向量通过不同的系数搭配，可以组合成不同的新向量. 新向量是已有向量的组合，可以由已有向量表示. 这种关系可以由下面的概念加以描述.

**定义 3-2**　给定向量组 $\boldsymbol{A}$：$\boldsymbol{\alpha}_1,\boldsymbol{\alpha}_2,\cdots,\boldsymbol{\alpha}_m$ 及任何一组实数 $k_1,k_2,\cdots,k_m$，表达式 $k_1\boldsymbol{\alpha}_1+k_2\boldsymbol{\alpha}_2+\cdots+k_m\boldsymbol{\alpha}_m$ 称为向量组 $\boldsymbol{A}$ 的一个**线性组合**（对 $\boldsymbol{\alpha}_1,\boldsymbol{\alpha}_2,\cdots,\boldsymbol{\alpha}_m$ 作线性运算），其中 $k_1,k_2,\cdots,k_m$ 称为这个线性组合的**系数**.

如果向量 $\boldsymbol{\beta}$ 是向量组 $\boldsymbol{A}$：$\boldsymbol{\alpha}_1,\boldsymbol{\alpha}_2,\cdots,\boldsymbol{\alpha}_m$ 的一个线性组合，这时也称 $\boldsymbol{\beta}$ 能由向量组 $\boldsymbol{A}$ **线性表示**.

例如,给定向量 $\boldsymbol{\alpha}_1=\begin{pmatrix}1\\2\\-1\\0\end{pmatrix}$,$\boldsymbol{\alpha}_2=\begin{pmatrix}2\\1\\-1\\1\end{pmatrix}$,$\boldsymbol{\beta}=\begin{pmatrix}-1\\4\\-1\\-2\end{pmatrix}$,由于 $\boldsymbol{\beta}=3\boldsymbol{\alpha}_1-2\boldsymbol{\alpha}_2$,所以向量 $\boldsymbol{\beta}$ 是 $\boldsymbol{\alpha}_1,\boldsymbol{\alpha}_2$ 的线性组合,也可以说 $\boldsymbol{\beta}$ 能由 $\boldsymbol{\alpha}_1,\boldsymbol{\alpha}_2$ 线性表示.

特别地,称 $n$ 维向量组 $\boldsymbol{e}_1=\begin{pmatrix}1\\0\\\vdots\\0\end{pmatrix}$,$\boldsymbol{e}_2=\begin{pmatrix}0\\1\\\vdots\\0\end{pmatrix}$,$\cdots$,$\boldsymbol{e}_n=\begin{pmatrix}0\\0\\\vdots\\1\end{pmatrix}$ 为 **$n$ 维单位坐标向量组.**

不难发现,对于任意的 $n$ 维向量 $\boldsymbol{\alpha}=\begin{pmatrix}a_1\\a_2\\\vdots\\a_n\end{pmatrix}$,都有 $\boldsymbol{\alpha}=\begin{pmatrix}a_1\\a_2\\\vdots\\a_n\end{pmatrix}=a_1\boldsymbol{e}_1+a_2\boldsymbol{e}_2+\cdots+a_n\boldsymbol{e}_n$,即 $\boldsymbol{\alpha}$ 可由 $\boldsymbol{e}_1,\boldsymbol{e}_2,\cdots,\boldsymbol{e}_n$ 线性表示.

若非齐次线性方程组 $\boldsymbol{Ax}=\boldsymbol{b}$ 有解,设 $x_1=k_1,x_2=k_2,\cdots,x_n=k_n$ 是一组解,则 $k_1\boldsymbol{\alpha}_1+k_2\boldsymbol{\alpha}_2+\cdots+k_n\boldsymbol{\alpha}_n=\boldsymbol{b}$,也就是说,$\boldsymbol{b}$ 可由 $\boldsymbol{\alpha}_1,\boldsymbol{\alpha}_2,\cdots,\boldsymbol{\alpha}_n$ 线性表示;反之,若 $\boldsymbol{b}$ 可由 $\boldsymbol{\alpha}_1,\boldsymbol{\alpha}_2,\cdots,\boldsymbol{\alpha}_n$ 线性表示,则线性表示的系数就是该线性方程组的解. 从而有下面的结论.

**定理 3-1** $n$ 维向量 $\boldsymbol{\beta}$ 可由 $n$ 维向量组 $\boldsymbol{\alpha}_1,\boldsymbol{\alpha}_2,\cdots,\boldsymbol{\alpha}_n$ 线性表示的充分必要条件是线性方程组 $k_1\boldsymbol{\alpha}_1+k_2\boldsymbol{\alpha}_2+\cdots+k_n\boldsymbol{\alpha}_n=\boldsymbol{\beta}$ 有解.

**【例 3-2】** 已知 $\boldsymbol{\alpha}_1=\begin{pmatrix}1\\1\\2\end{pmatrix}$,$\boldsymbol{\alpha}_2=\begin{pmatrix}2\\1\\3\end{pmatrix}$,$\boldsymbol{\alpha}_3=\begin{pmatrix}-1\\1\\0\end{pmatrix}$,$\boldsymbol{\beta}_1=\begin{pmatrix}3\\2\\5\end{pmatrix}$,$\boldsymbol{\beta}_2=\begin{pmatrix}5\\2\\8\end{pmatrix}$,判断 $\boldsymbol{\beta}_1,\boldsymbol{\beta}_2$ 能否由 $\boldsymbol{\alpha}_1,\boldsymbol{\alpha}_2,\boldsymbol{\alpha}_3$ 线性表示,若能,写出表示式.

**解** 设有方程组 $x_1\boldsymbol{\alpha}_1+x_2\boldsymbol{\alpha}_2+x_3\boldsymbol{\alpha}_3=\boldsymbol{\beta}_1$,即

$$\begin{cases}x_1+2x_2-x_3=3\\x_1+x_2+x_3=2\\2x_1+3x_2=5\end{cases},$$

利用消元法,得方程组的解为 $\begin{cases}x_1=1-3x_3\\x_2=1+2x_3\end{cases}$,其中 $x_3$ 可任意取值,称为**自由未知量.**

令 $x_3=0$,可得线性方程组的一组解 $\begin{cases}x_1=1\\x_2=1\\x_3=0\end{cases}$,则

$$\boldsymbol{\beta}_1=\boldsymbol{\alpha}_1+\boldsymbol{\alpha}_2+0\boldsymbol{\alpha}_3=\boldsymbol{\alpha}_1+\boldsymbol{\alpha}_2.$$

对于方程组 $x_1\boldsymbol{\alpha}_1+x_2\boldsymbol{\alpha}_2+x_3\boldsymbol{\alpha}_3=\boldsymbol{\beta}_2$,即 $\begin{cases}x_1+2x_2-x_3=5\\x_1+x_2+x_3=2\\2x_1+3x_2=8\end{cases}$,由消元法得 $\begin{cases}-x_2+2x_3=-3\\-x_2+2x_3=-2\end{cases}$,为矛盾方程,故可以看出方程组无解,即 $\boldsymbol{\beta}_2$ 不能由 $\boldsymbol{\alpha}_1,\boldsymbol{\alpha}_2,\boldsymbol{\alpha}_3$ 线性表示.

### 3.2.4　向量组的线性相关性

再以调颜色为例. 现有两组不同的颜色：黄、蓝、绿和红、黄、蓝. 这两组颜色每组都有三个不同的颜色，不同的是第一组中绿色可以由黄色和蓝色调出；第二组中的三种颜色都不能由其他颜色调出.

在向量组中也会出现类似的情况，如向量组 $\boldsymbol{A}$：$\boldsymbol{\alpha}_1=\begin{pmatrix}1\\0\\2\end{pmatrix}$，$\boldsymbol{\alpha}_2=\begin{pmatrix}2\\1\\3\end{pmatrix}$，$\boldsymbol{\alpha}_3=\begin{pmatrix}3\\1\\5\end{pmatrix}$和向量组 $\boldsymbol{B}$：$\boldsymbol{\beta}_1=\begin{pmatrix}1\\2\\0\end{pmatrix}$，$\boldsymbol{\beta}_2=\begin{pmatrix}2\\1\\0\end{pmatrix}$，$\boldsymbol{\beta}_3=\begin{pmatrix}0\\0\\3\end{pmatrix}$，在向量组 $\boldsymbol{A}$ 中，$\boldsymbol{\alpha}_3$ 可以由 $\boldsymbol{\alpha}_1$，$\boldsymbol{\alpha}_2$ 线性表示，有 $\boldsymbol{\alpha}_3=\boldsymbol{\alpha}_1+\boldsymbol{\alpha}_2$，即 $\boldsymbol{\alpha}_1+\boldsymbol{\alpha}_2-\boldsymbol{\alpha}_3=\mathbf{0}$，存在不为零的系数 $k_1=1$，$k_2=1$，$k_3=-1$ 使 $k_1\boldsymbol{\alpha}_1+k_2\boldsymbol{\alpha}_2+k_3\boldsymbol{\alpha}_3=0$；而在向量组 $\boldsymbol{B}$ 中，$\boldsymbol{\beta}_1$，$\boldsymbol{\beta}_2$，$\boldsymbol{\beta}_3$ 任何一个向量都不能由其他向量线性表示，即只有当 $k_1=k_2=k_3=0$ 时，$k_1\boldsymbol{\alpha}_1+k_2\boldsymbol{\alpha}_2+k_3\boldsymbol{\alpha}_3=\mathbf{0}$ 才能成立.

上面两组向量描述了向量组中向量之间的线性关系，即在一组向量中，是否存在一个向量可以由其余向量线性表示，或是否有不全为零的系数，使向量组的线性组合为零向量. 这类问题称之为向量组的**线性相关性**.

**定义 3-3**　设 $\boldsymbol{\alpha}_1,\boldsymbol{\alpha}_2,\cdots,\boldsymbol{\alpha}_m$ 是一个向量组，如果存在一组不全为零的数 $k_1,k_2,\cdots,k_m$，使得等式 $k_1\boldsymbol{\alpha}_1+k_2\boldsymbol{\alpha}_2+\cdots+k_m\boldsymbol{\alpha}_m=\mathbf{0}$ 成立，则称 $\boldsymbol{\alpha}_1,\boldsymbol{\alpha}_2,\cdots,\boldsymbol{\alpha}_m$ **线性相关**，否则称为**线性无关**.

“否则”即否定前面的条件，即不存在一组不全为零的数 $k_1,k_2,\cdots,k_m$，使得等式 $k_1\boldsymbol{\alpha}_1+k_2\boldsymbol{\alpha}_2+\cdots+k_m\boldsymbol{\alpha}_m=\mathbf{0}$ 成立，也就是说当且仅当 $k_1=k_2=\cdots=k_m=0$ 时，等式才成立.

如果向量组只由一个向量 $\boldsymbol{\alpha}$ 构成，则 $\boldsymbol{\alpha}$ 线性相关（无关）当且仅当 $\boldsymbol{\alpha}$ 为零向量（非零向量）.

**【例 3-3】**　含有零向量的向量组线性相关.

**证明**　设含有零向量的向量组为 $\mathbf{0},\boldsymbol{\alpha}_1,\boldsymbol{\alpha}_2,\cdots,\boldsymbol{\alpha}_m$，任取 $k\neq0$，则有

$$k\mathbf{0}+0\boldsymbol{\alpha}_1+0\boldsymbol{\alpha}_2+\cdots+0\boldsymbol{\alpha}_m=\mathbf{0},$$

因此，向量组 $\mathbf{0},\boldsymbol{\alpha}_1,\boldsymbol{\alpha}_2,\cdots,\boldsymbol{\alpha}_m$ 线性相关.

如果一个向量组由两个向量 $\boldsymbol{\alpha}_1$，$\boldsymbol{\alpha}_2$ 构成，例如，2 维向量 $\boldsymbol{\alpha}_1=\begin{pmatrix}1\\2\end{pmatrix}$，$\boldsymbol{\alpha}_2=\begin{pmatrix}2\\4\end{pmatrix}$构成的向量组. 显然 $\boldsymbol{\alpha}_2=2\boldsymbol{\alpha}_1$，进而有 $2\boldsymbol{\alpha}_1-\boldsymbol{\alpha}_2=\mathbf{0}$，所以向量组 $\boldsymbol{\alpha}_1$，$\boldsymbol{\alpha}_2$ 线性相关. 从几何上看，它们是平面上共线的向量（图 3-1）.

又如，$\boldsymbol{\alpha}_1=\begin{pmatrix}1\\2\end{pmatrix}$，$\boldsymbol{\alpha}_2=\begin{pmatrix}1\\3\end{pmatrix}$构成的向量组. 不存在一组不全为零的数 $k_1$，$k_2$ 使得 $k_1\boldsymbol{\alpha}_1+k_2\boldsymbol{\alpha}_2=\mathbf{0}$ 成立，即要使 $k_1\boldsymbol{\alpha}_1+k_2\boldsymbol{\alpha}_2=\mathbf{0}$ 成立，只有 $k_1=k_2=0$，所以向量组 $\boldsymbol{\alpha}_1$，$\boldsymbol{\alpha}_2$ 线性无关. 从几何上看，它们是平面上不共线的两个向量（图 3-2）.

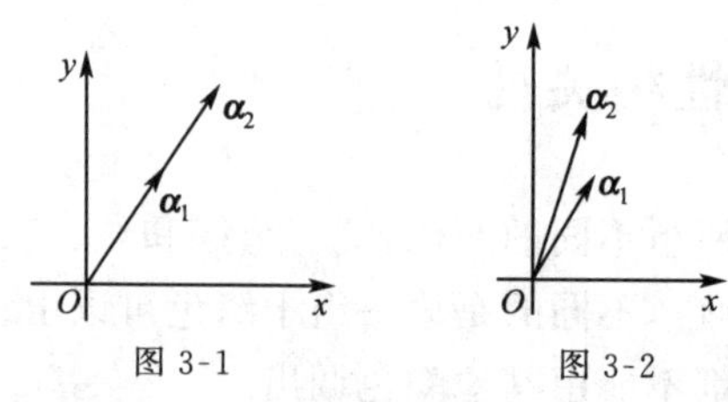


图 3-1　　图 3-2

一般地,两个向量 $\boldsymbol{\alpha}_1,\boldsymbol{\alpha}_2$ 线性相关(无关)的充分必要条件是这两个向量对应分量成比例(不成比例).

进而,有以下结论:

**定理 3-2**　对于向量组 $\boldsymbol{\alpha}_1,\boldsymbol{\alpha}_2,\cdots,\boldsymbol{\alpha}_m$,

(1)向量组 $\boldsymbol{\alpha}_1,\boldsymbol{\alpha}_2,\cdots,\boldsymbol{\alpha}_m$ 线性相关的充分必要条件是齐次线性方程组 $x_1\boldsymbol{\alpha}_1+x_2\boldsymbol{\alpha}_2+\cdots+x_m\boldsymbol{\alpha}_m=\mathbf{0}$ 有非零解;

(2)向量组 $\boldsymbol{\alpha}_1,\boldsymbol{\alpha}_2,\cdots,\boldsymbol{\alpha}_m$ 线性无关的充分必要条件是齐次线性方程组 $x_1\boldsymbol{\alpha}_1+x_2\boldsymbol{\alpha}_2+\cdots+x_m\boldsymbol{\alpha}_m=\mathbf{0}$ 只有零解.

**【例 3-4】**　设向量组 $\boldsymbol{\alpha}_1=\begin{pmatrix}1\\1\\2\end{pmatrix},\boldsymbol{\alpha}_2=\begin{pmatrix}0\\4\\4\end{pmatrix},\boldsymbol{\alpha}_3=\begin{pmatrix}2\\3\\5\end{pmatrix}$,试讨论向量组 $\boldsymbol{\alpha}_1,\boldsymbol{\alpha}_2,\boldsymbol{\alpha}_3$ 的线性相关性.

**解**　设有 $k_1,k_2,k_3$,使 $k_1\boldsymbol{\alpha}_1+k_2\boldsymbol{\alpha}_2+k_3\boldsymbol{\alpha}_3=\mathbf{0}$ 成立,则齐次线性方程组的系数行列式为

$$|\boldsymbol{A}|=\begin{vmatrix}1&0&2\\1&4&3\\2&4&5\end{vmatrix}\xlongequal{c_3-2c_1}\begin{vmatrix}1&0&0\\1&4&1\\2&4&1\end{vmatrix}=\begin{vmatrix}4&1\\4&1\end{vmatrix}=0,$$

则齐次线性方程组有非零解,故 $\boldsymbol{\alpha}_1,\boldsymbol{\alpha}_2,\boldsymbol{\alpha}_3$ 线性相关.

**【例 3-5】**　已知向量组 $\boldsymbol{\alpha}_1,\boldsymbol{\alpha}_2,\boldsymbol{\alpha}_3$ 线性无关,$\boldsymbol{\beta}_1=\boldsymbol{\alpha}_1+\boldsymbol{\alpha}_2,\boldsymbol{\beta}_2=\boldsymbol{\alpha}_2+\boldsymbol{\alpha}_3,\boldsymbol{\beta}_3=\boldsymbol{\alpha}_3+\boldsymbol{\alpha}_1$,试证向量组 $\boldsymbol{\beta}_1,\boldsymbol{\beta}_2,\boldsymbol{\beta}_3$ 线性无关.

**证明**　设有 $x_1,x_2,x_3$,使得 $x_1\boldsymbol{\beta}_1+x_2\boldsymbol{\beta}_2+x_3\boldsymbol{\beta}_3=\mathbf{0}$ 成立,即

$$x_1(\boldsymbol{\alpha}_1+\boldsymbol{\alpha}_2)+x_2(\boldsymbol{\alpha}_2+\boldsymbol{\alpha}_3)+x_3(\boldsymbol{\alpha}_3+\boldsymbol{\alpha}_1)=\mathbf{0},$$

亦即

$$(x_1+x_3)\boldsymbol{\alpha}_1+(x_1+x_2)\boldsymbol{\alpha}_2+(x_2+x_3)\boldsymbol{\alpha}_3=\mathbf{0},$$

因为 $\boldsymbol{\alpha}_1,\boldsymbol{\alpha}_2,\boldsymbol{\alpha}_3$ 线性无关,故有

$$\begin{cases}x_1+x_3=0\\x_1+x_2=0\\x_2+x_3=0\end{cases},$$

系数行列式

$$|\boldsymbol{A}|=\begin{vmatrix}1&0&1\\1&1&0\\0&1&1\end{vmatrix}\xlongequal{r_2-r_1}\begin{vmatrix}1&0&1\\0&1&-1\\0&1&1\end{vmatrix}=2\neq0,$$

则方程组只有零解 $x_1=x_2=x_3=0$,故向量组 $\boldsymbol{\beta}_1,\boldsymbol{\beta}_2,\boldsymbol{\beta}_3$ 线性无关.

对应于 $n$ 个方程、$n+1$ 个未知量的齐次线性方程组,其系数矩阵中元素添加一零行后构成的 $n+1$ 阶行列式值必定为0,必有非零解.

**推论** $n+1$ 个 $n$ 维向量必线性相关.

**【例3-6】** 设向量组 $\boldsymbol{\alpha}_1=\begin{pmatrix}4\\2\\3\end{pmatrix},\boldsymbol{\alpha}_2=\begin{pmatrix}0\\1\\2\end{pmatrix},\boldsymbol{\alpha}_3=\begin{pmatrix}-2\\-1\\-4\end{pmatrix},\boldsymbol{\alpha}_4=\begin{pmatrix}1\\-1\\0\end{pmatrix}$,试讨论向量组 $\boldsymbol{\alpha}_1,\boldsymbol{\alpha}_2,\boldsymbol{\alpha}_3,\boldsymbol{\alpha}_4$ 的线性相关性.

**解** 由于向量组由4个3维向量组成,所以 $\boldsymbol{\alpha}_1,\boldsymbol{\alpha}_2,\boldsymbol{\alpha}_3,\boldsymbol{\alpha}_4$ 线性相关.

**定理3-3** (1)若向量组 $\boldsymbol{\alpha}_1,\boldsymbol{\alpha}_2,\cdots,\boldsymbol{\alpha}_t$ 线性相关,则向量组 $\boldsymbol{\alpha}_1,\boldsymbol{\alpha}_2,\cdots,\boldsymbol{\alpha}_t,\boldsymbol{\alpha}_{t+1},\cdots,\boldsymbol{\alpha}_m$ 也线性相关;

(2)若向量组 $\boldsymbol{\alpha}_1,\boldsymbol{\alpha}_2,\cdots,\boldsymbol{\alpha}_t,\boldsymbol{\alpha}_{t+1},\cdots,\boldsymbol{\alpha}_m$ 线性无关,则向量组 $\boldsymbol{\alpha}_1,\boldsymbol{\alpha}_2,\cdots,\boldsymbol{\alpha}_t$ 也线性无关.

简言之,若部分相关,则整体相关;若整体无关,则部分无关.

**证明** (1)由于向量组 $\boldsymbol{\alpha}_1,\boldsymbol{\alpha}_2,\cdots,\boldsymbol{\alpha}_t$ 线性相关,则存在一组不全为零的数 $k_1,k_2,\cdots,k_t$,使得 $k_1\boldsymbol{\alpha}_1+k_2\boldsymbol{\alpha}_2+\cdots+k_t\boldsymbol{\alpha}_t=\mathbf{0}$,进一步有 $k_1\boldsymbol{\alpha}_1+k_2\boldsymbol{\alpha}_2+\cdots+k_t\boldsymbol{\alpha}_t+0\boldsymbol{\alpha}_{t+1}+\cdots+0\boldsymbol{\alpha}_m=\mathbf{0}$,由于系数不全为零,所以向量组 $\boldsymbol{\alpha}_1,\boldsymbol{\alpha}_2,\cdots,\boldsymbol{\alpha}_t,\boldsymbol{\alpha}_{t+1},\cdots,\boldsymbol{\alpha}_m$ 线性相关.

(2)反证法.假设 $\boldsymbol{\alpha}_1,\boldsymbol{\alpha}_2,\cdots,\boldsymbol{\alpha}_t$ 线性相关,则由(1)有,向量组 $\boldsymbol{\alpha}_1,\boldsymbol{\alpha}_2,\cdots,\boldsymbol{\alpha}_t,\boldsymbol{\alpha}_{t+1},\cdots,\boldsymbol{\alpha}_m$ 也线性相关,与已知矛盾,所以向量组 $\boldsymbol{\alpha}_1,\boldsymbol{\alpha}_2,\cdots,\boldsymbol{\alpha}_t$ 线性无关.

**定理3-4** 设向量组 $\boldsymbol{A}:\boldsymbol{\alpha}_1=\begin{pmatrix}a_{11}\\a_{21}\\\vdots\\a_{r1}\end{pmatrix},\boldsymbol{\alpha}_2=\begin{pmatrix}a_{12}\\a_{22}\\\vdots\\a_{r2}\end{pmatrix},\cdots,\boldsymbol{\alpha}_m=\begin{pmatrix}a_{1m}\\a_{2m}\\\vdots\\a_{rm}\end{pmatrix}$,对 $\boldsymbol{A}$ 中每个向量添加 $s$ 个分量后得到向量组

$$\boldsymbol{B}:\boldsymbol{\beta}_1=\begin{pmatrix}a_{11}\\\vdots\\a_{r1}\\a_{r+11}\\\vdots\\a_{r+s1}\end{pmatrix},\boldsymbol{\beta}_2=\begin{pmatrix}a_{12}\\\vdots\\a_{r2}\\a_{r+12}\\\vdots\\a_{r+s2}\end{pmatrix},\cdots,\boldsymbol{\beta}_m=\begin{pmatrix}a_{1m}\\\vdots\\a_{rm}\\a_{r+1m}\\\vdots\\a_{r+sm}\end{pmatrix}.$$

若向量组 $\boldsymbol{A}:\boldsymbol{\alpha}_1,\boldsymbol{\alpha}_2,\cdots,\boldsymbol{\alpha}_m$ 线性无关,则向量组 $\boldsymbol{B}:\boldsymbol{\beta}_1,\boldsymbol{\beta}_2,\cdots,\boldsymbol{\beta}_m$ 也线性无关.反之,若向量组 $\boldsymbol{B}$ 线性相关,则向量组 $\boldsymbol{A}$ 也线性相关.

**证明** 向量组 $\boldsymbol{A}:\boldsymbol{\alpha}_1,\boldsymbol{\alpha}_2,\cdots,\boldsymbol{\alpha}_m$ 线性无关,根据定理3-2,齐次线性方程组 $x_1\boldsymbol{a}_1+x_2\boldsymbol{a}_2+\cdots+x_m\boldsymbol{a}_m=\mathbf{0}$ 只有零解.假设齐次线性方程组 $x_1\boldsymbol{\beta}_1+x_2\boldsymbol{\beta}_2+\cdots+x_m\boldsymbol{\beta}_m=\mathbf{0}$ 有一组非零解 $x_1=k_1,x_2=k_2,\cdots,x_m=k_m$(其中 $k_1,k_2,\cdots,k_m$ 不全为零),由于方程组 $x_1\boldsymbol{\beta}_1+x_2\boldsymbol{\beta}_2+\cdots+x_m\boldsymbol{\beta}_m=\mathbf{0}$ 的前 $r$ 个方程即构成方程组 $x_1\boldsymbol{\alpha}_1+x_2\boldsymbol{\alpha}_2+\cdots+x_m\boldsymbol{\alpha}_m=\mathbf{0}$,因此,$x_1=k_1,x_2=k_2,\cdots,x_m=k_m$ 必是方程组 $x_1\boldsymbol{\alpha}_1+x_2\boldsymbol{\alpha}_2+\cdots+x_m\boldsymbol{\alpha}_m=\mathbf{0}$ 的解,与已知齐次线性方程组 $x_1\boldsymbol{\alpha}_1+x_2\boldsymbol{\alpha}_2+\cdots+x_m\boldsymbol{\alpha}_m=\mathbf{0}$ 只有零解矛盾,故齐次线性方程组 $x_1\boldsymbol{\beta}_1+x_2\boldsymbol{\beta}_2+\cdots+x_m\boldsymbol{\beta}_m=\mathbf{0}$

只有零解,即向量组 $\boldsymbol{B}$:$\boldsymbol{\beta}_1,\boldsymbol{\beta}_2,\cdots,\boldsymbol{\beta}_m$ 也线性无关.

类似地,若向量组 $\boldsymbol{B}$ 线性相关,则向量组 $\boldsymbol{A}$ 也线性相关.

### 3.2.5 线性相关、线性无关与线性表示之间的关系

**定理 3-5** 向量组 $\boldsymbol{\alpha}_1,\boldsymbol{\alpha}_2,\cdots,\boldsymbol{\alpha}_m$ 线性相关的充分必要条件是 $\boldsymbol{\alpha}_1,\boldsymbol{\alpha}_2,\cdots,\boldsymbol{\alpha}_m$ 中至少有一个向量可以由其余的向量线性表示.

**证明** **必要性**.设 $\boldsymbol{\alpha}_1,\boldsymbol{\alpha}_2,\cdots,\boldsymbol{\alpha}_m$ 线性相关,则有不全为零的数 $k_1,k_2,\cdots,k_m$ 使得 $x_1\boldsymbol{\alpha}_1+x_2\boldsymbol{\alpha}_2+\cdots+x_m\boldsymbol{\alpha}_m=\mathbf{0}$,不妨设 $k_1\neq0$,由上式得 $\boldsymbol{\alpha}_1=-\frac{k_2}{k_1}\boldsymbol{\alpha}_2-\cdots-\frac{k_m}{k_1}\boldsymbol{\alpha}_m$,即 $\boldsymbol{\alpha}_1$ 可以由 $\boldsymbol{\alpha}_2,\cdots,\boldsymbol{\alpha}_m$ 线性表示.

**充分性** 设 $\boldsymbol{\alpha}_1,\boldsymbol{\alpha}_2,\cdots,\boldsymbol{\alpha}_m$ 中有某个向量 $\boldsymbol{\alpha}_i$ 可以由其余向量线性表示,即有

$$\boldsymbol{\alpha}_i=k_1\boldsymbol{\alpha}_1+\cdots+k_{i-1}\boldsymbol{\alpha}_{i-1}+k_{i+1}\boldsymbol{\alpha}_{i+1}+\cdots+k_m\boldsymbol{\alpha}_m,$$

从而有

$$k_1\boldsymbol{\alpha}_1+\cdots+k_{i-1}\boldsymbol{\alpha}_{i-1}-\boldsymbol{\alpha}_i+k_{i+1}\boldsymbol{\alpha}_{i+1}+\cdots+k_m\boldsymbol{\alpha}_m=\mathbf{0},$$

显然 $k_1,\cdots,k_{i-1},-1,k_{i+1}\cdots,k_m$ 不全为零,故 $\boldsymbol{\alpha}_1,\boldsymbol{\alpha}_2,\cdots,\boldsymbol{\alpha}_m$ 线性相关.

**定理 3-6** 若向量组 $\boldsymbol{\alpha}_1,\boldsymbol{\alpha}_2,\cdots,\boldsymbol{\alpha}_m$ 线性无关,而 $\boldsymbol{\beta},\boldsymbol{\alpha}_1,\boldsymbol{\alpha}_2,\cdots,\boldsymbol{\alpha}_m$ 线性相关,则 $\boldsymbol{\beta}$ 可由 $\boldsymbol{\alpha}_1,\boldsymbol{\alpha}_2,\cdots,\boldsymbol{\alpha}_m$ 线性表示,且表示法唯一.

**证明** 由于 $\boldsymbol{\beta},\boldsymbol{\alpha}_1,\boldsymbol{\alpha}_2,\cdots,\boldsymbol{\alpha}_m$ 线性相关,依定义可知,必存在一组不全为零的数 $k_1,k_2,\cdots,k_m,k_{m+1}$,使 $k_1\boldsymbol{\alpha}_1+k_2\boldsymbol{\alpha}_2+\cdots+k_m\boldsymbol{\alpha}_m+k_{m+1}\boldsymbol{\beta}=\mathbf{0}$ 成立,其中 $k_{m+1}\neq0$,否则 $k_1=k_2=\cdots=k_m=k_{m+1}=0$,就有 $\boldsymbol{\beta},\boldsymbol{\alpha}_1,\boldsymbol{\alpha}_2,\cdots,\boldsymbol{\alpha}_m$ 线性无关,与已知条件矛盾.即

$$\boldsymbol{\beta}=-\frac{k_1}{k_{m+1}}\boldsymbol{\alpha}_1-\frac{k_2}{k_{m+1}}\boldsymbol{\alpha}_2-\cdots-\frac{k_m}{k_{m+1}}\boldsymbol{\alpha}_m,$$

故 $\boldsymbol{\beta}$ 可由 $\boldsymbol{\alpha}_1,\boldsymbol{\alpha}_2,\cdots,\boldsymbol{\alpha}_m$ 线性表示.

再证唯一性.

$\boldsymbol{\beta}$ 能由 $\boldsymbol{\alpha}_1,\boldsymbol{\alpha}_2,\cdots,\boldsymbol{\alpha}_m$ 线性表示,假设表示法不唯一,即

$$\boldsymbol{\beta}=k_1\boldsymbol{\alpha}_1+k_2\boldsymbol{\alpha}_2+\cdots+k_m\boldsymbol{\alpha}_m=l_1\boldsymbol{\alpha}_1+l_2\boldsymbol{\alpha}_2+\cdots+l_m\boldsymbol{\alpha}_m,$$

$k_i$ 与 $l_i$ 不完全对应相等(其中 $i=1,2,\cdots,m$),则有

$$(k_1-l_1)\boldsymbol{\alpha}_1+(k_2-l_2)\boldsymbol{\alpha}_2+\cdots+(k_m-l_m)\boldsymbol{\alpha}_m=\mathbf{0}.$$

由 $\boldsymbol{\alpha}_1,\boldsymbol{\alpha}_2,\cdots,\boldsymbol{\alpha}_m$ 线性无关,可知 $k_1-l_1=k_2-l_2=\cdots=k_m-l_m=0$,即 $k_i=l_i$(其中 $i=1,2,\cdots,m$),与假设矛盾,故表示法唯一.

**【例 3-7】** 判断下列论断是否正确,若正确,请给出证明;若错误,请举反例.

(1)如果当 $k_1=k_2=\cdots=k_m=0$ 时,$k_1\boldsymbol{\alpha}_1+k_2\boldsymbol{\alpha}_2+\cdots+k_m\boldsymbol{\alpha}_m=\mathbf{0}$ 成立,那么向量组 $\boldsymbol{\alpha}_1,\boldsymbol{\alpha}_2,\cdots,\boldsymbol{\alpha}_m$ 一定线性无关;

(2)如果向量组 $\boldsymbol{\alpha}_1,\boldsymbol{\alpha}_2,\cdots,\boldsymbol{\alpha}_m$ 线性无关,并且向量 $\boldsymbol{\alpha}$ 不能由 $\boldsymbol{\alpha}_1,\boldsymbol{\alpha}_2,\cdots,\boldsymbol{\alpha}_m$ 线性表示,那么 $\boldsymbol{\alpha}_1,\boldsymbol{\alpha}_2,\cdots,\boldsymbol{\alpha}_m,\boldsymbol{\alpha}$ 一定线性无关;

(3)如果向量组 $\boldsymbol{\alpha}_1,\boldsymbol{\alpha}_2,\cdots,\boldsymbol{\alpha}_m$ 线性相关,那么其中每个向量都可由其余向量线性表示;

(4)如果向量组 $\boldsymbol{\alpha}_1,\boldsymbol{\alpha}_2,\cdots,\boldsymbol{\alpha}_m$ 线性无关,那么其中每个向量都不能由其余的向量线性表示.

**解**　(1)错误.

例如 $\boldsymbol{\alpha}_1=\begin{pmatrix}4\\2\\6\end{pmatrix},\boldsymbol{\alpha}_2=\begin{pmatrix}2\\1\\3\end{pmatrix}$.

当 $k_1=k_2=0$ 时,$k_1\boldsymbol{\alpha}_1+k_2\boldsymbol{\alpha}_2=\mathbf{0}$,但是 $\boldsymbol{\alpha}_1=2\boldsymbol{\alpha}_2$,故 $\boldsymbol{\alpha}_1,\boldsymbol{\alpha}_2$ 线性相关.

(2) 正确.

**证明**　设有 $k_1,k_2,\cdots,k_m,k_{m+1}$,使得 $k_1\boldsymbol{\alpha}_1+k_2\boldsymbol{\alpha}_2+\cdots+k_m\boldsymbol{\alpha}_m+k_{m+1}\boldsymbol{\alpha}=\mathbf{0}$ 成立,那么一定有 $k_{m+1}=0$,否则 $\boldsymbol{\alpha}$ 能由 $\boldsymbol{\alpha}_1,\boldsymbol{\alpha}_2,\cdots,\boldsymbol{\alpha}_m$ 线性表示,又由于 $\boldsymbol{\alpha}_1,\boldsymbol{\alpha}_2,\cdots,\boldsymbol{\alpha}_m$ 线性无关,故 $k_1=k_2=\cdots=k_m=0$. 从而 $\boldsymbol{\alpha}_1,\boldsymbol{\alpha}_2,\cdots,\boldsymbol{\alpha}_m,\boldsymbol{\alpha}$ 线性无关.

(3)错误.

例如 $\boldsymbol{\alpha}_1=\begin{pmatrix}1\\2\end{pmatrix},\boldsymbol{\alpha}_2=\begin{pmatrix}2\\4\end{pmatrix},\boldsymbol{\alpha}_3=\begin{pmatrix}0\\1\end{pmatrix},\boldsymbol{\alpha}_2=2\boldsymbol{\alpha}_1+0\boldsymbol{\alpha}_3$,即 $2\boldsymbol{\alpha}_1-\boldsymbol{\alpha}_2+0\boldsymbol{\alpha}_3=\mathbf{0}$,存在一组不全为零的数 $2,-1,0$ 使得 $2\boldsymbol{\alpha}_1-\boldsymbol{\alpha}_2+0\boldsymbol{\alpha}_3=\mathbf{0}$ 成立,故 $\boldsymbol{\alpha}_1,\boldsymbol{\alpha}_2,\boldsymbol{\alpha}_3$ 线性相关,但 $\boldsymbol{\alpha}_3$ 不能由 $\boldsymbol{\alpha}_1,\boldsymbol{\alpha}_2$ 线性表示.

(4) 正确.

**证明**　假设有一个向量 $\boldsymbol{\alpha}_i$ 可由其余的向量线性表示,即

$$\boldsymbol{\alpha}_i=k_1\boldsymbol{\alpha}_1+k_2\boldsymbol{\alpha}_2+\cdots+k_{i-1}\boldsymbol{\alpha}_{i-1}+k_{i+1}\boldsymbol{\alpha}_{i+1}+\cdots+k_m\boldsymbol{\alpha}_m,$$

于是

$$k_1\boldsymbol{\alpha}_1+k_2\boldsymbol{\alpha}_2+\cdots+k_{i-1}\boldsymbol{\alpha}_{i-1}-\boldsymbol{\alpha}_i+k_{i+1}\boldsymbol{\alpha}_{i+1}+\cdots+k_m\boldsymbol{\alpha}_m=\mathbf{0},$$

即存在一组不全为零的数 $k_1,k_2,\cdots,k_{i-1},-1,k_{i+1},\cdots,k_m$ 使得

$$k_1\boldsymbol{\alpha}_1+k_2\boldsymbol{\alpha}_2+\cdots+k_{i-1}\boldsymbol{\alpha}_{i-1}-\boldsymbol{\alpha}_i+k_{i+1}\boldsymbol{\alpha}_{i+1}+\cdots+k_m\boldsymbol{\alpha}_m=\mathbf{0}$$

成立. 于是向量组 $\boldsymbol{\alpha}_1,\boldsymbol{\alpha}_2,\cdots,\boldsymbol{\alpha}_m$ 线性相关,与已知矛盾. 故原命题成立.

## 3.3　向量组的最大无关组和向量组的秩

这一节我们利用向量组的线性相关性的概念,来讨论对于一个线性相关的向量组,是否存在部分组线性无关. 如果存在线性无关的部分组,那么这个部分组最多含有几个向量,它起什么样的作用?

### 3.3.1　向量组的最大无关组和秩的定义

回顾 2.3 节引例中的三元线性方程组:

$$\begin{cases}x_1-x_2+x_3=3 & (1)\\ 2x_1-2x_2+2x_3=6 & (2)\\ x_1-2x_2-x_3=1 & (3)\\ -x_1+2x_2+x_3=-1 & (4)\\ 2x_1-3x_2=4 & (5)\end{cases}$$

通过之前的分析,已经知道由方程(1)和(3);(2)和(3);(1)和(4);(2)和(4);(2)和(5)或(4)和(5)构成新的方程组都与原方程组有相同的解,因而就可以用其中一组解来表示原方程组的解.进一步观察这些有效方程,例如方程(1)和(3),不难发现方程(1)和(3)无法互相转化,而其余三个多余的方程(2)、(4)、(5)都可以由(1)、(3)两个方程表示.如果用每一个方程的系数及常数项构成一个向量,那么可以得到向量组:

$$\boldsymbol{\alpha}_1=\begin{pmatrix}1\\-1\\1\\3\end{pmatrix},\boldsymbol{\alpha}_2=\begin{pmatrix}2\\-2\\2\\6\end{pmatrix},\boldsymbol{\alpha}_3=\begin{pmatrix}1\\-2\\-1\\1\end{pmatrix},\boldsymbol{\alpha}_4=\begin{pmatrix}-1\\2\\1\\-1\end{pmatrix},\boldsymbol{\alpha}_5=\begin{pmatrix}2\\-3\\0\\4\end{pmatrix}.$$

这里,向量 $\boldsymbol{\alpha}_1,\boldsymbol{\alpha}_3$ 线性无关,而 $\boldsymbol{\alpha}_2,\boldsymbol{\alpha}_4,\boldsymbol{\alpha}_5$ 均可以由 $\boldsymbol{\alpha}_1,\boldsymbol{\alpha}_3$ 线性表示,即向量组 $\boldsymbol{\alpha}_1,\boldsymbol{\alpha}_2,\boldsymbol{\alpha}_3$;$\boldsymbol{\alpha}_1,\boldsymbol{\alpha}_3,\boldsymbol{\alpha}_4$ 和 $\boldsymbol{\alpha}_1,\boldsymbol{\alpha}_3,\boldsymbol{\alpha}_5$ 线性相关.同理,向量组 $\boldsymbol{\alpha}_1,\boldsymbol{\alpha}_2,\boldsymbol{\alpha}_3,\boldsymbol{\alpha}_4,\boldsymbol{\alpha}_5$ 中任意三个向量均线性相关.

再进一步,向量组中的任意四个向量以及 $\boldsymbol{\alpha}_1,\boldsymbol{\alpha}_2,\boldsymbol{\alpha}_3,\boldsymbol{\alpha}_4,\boldsymbol{\alpha}_5$ 也一定线性相关,这是因为部分向量组线性相关,则整体向量组必线性相关.

综上所述,向量组 $\boldsymbol{\alpha}_1,\boldsymbol{\alpha}_2,\boldsymbol{\alpha}_3,\boldsymbol{\alpha}_4,\boldsymbol{\alpha}_5$ 线性相关,它存在着两个线性无关的向量 $\boldsymbol{\alpha}_1,\boldsymbol{\alpha}_3$,而且任何一个向量都可以由这两个线性无关的向量线性表示($\boldsymbol{\alpha}_1,\boldsymbol{\alpha}_3$ 自身也可以由 $\boldsymbol{\alpha}_1,\boldsymbol{\alpha}_3$ 线性表示,例如 $\boldsymbol{\alpha}_1=1\boldsymbol{\alpha}_1+0\boldsymbol{\alpha}_3$),此外,它们中任意三个向量都是线性相关的,即它们中任一个线性无关的部分组最多含有"2"个向量. $\boldsymbol{\alpha}_1,\boldsymbol{\alpha}_3$ 称为该向量组的一个最大无关组,数"2"称作这个向量组的秩.

**定义 3-4** 设有向量组 $\boldsymbol{\alpha}_1,\boldsymbol{\alpha}_2,\cdots,\boldsymbol{\alpha}_m$,从中选取 $r$ 个向量 $\boldsymbol{\alpha}_{j1},\cdots,\boldsymbol{\alpha}_{jr}$,如果

(1)$\boldsymbol{\alpha}_{j1},\boldsymbol{\alpha}_{j2},\cdots,\boldsymbol{\alpha}_{jr}$ 线性无关;

(2)向量组中任意 $r+1$ 个向量都线性相关,亦即向量组的任一个向量可以由这 $r$ 个向量线性表示;

则称 $\boldsymbol{\alpha}_{j1},\boldsymbol{\alpha}_{j2},\cdots,\boldsymbol{\alpha}_{jr}$ 为向量组的一个**最大线性无关向量组**(简称**最大无关组**).

**定义 3-5** 向量组的最大无关组所含向量的个数称为**向量组的秩**,记为 $R(\boldsymbol{\alpha}_1,\boldsymbol{\alpha}_2,\cdots,\boldsymbol{\alpha}_m)$.

如引例中,$\boldsymbol{\alpha}_1,\boldsymbol{\alpha}_3$;$\boldsymbol{\alpha}_2,\boldsymbol{\alpha}_3$;$\boldsymbol{\alpha}_1,\boldsymbol{\alpha}_4$;$\boldsymbol{\alpha}_2,\boldsymbol{\alpha}_4$;$\boldsymbol{\alpha}_2,\boldsymbol{\alpha}_5$;$\boldsymbol{\alpha}_4,\boldsymbol{\alpha}_5$ 都是该向量组的最大无关组. 也就是说,若一个向量组存在最大无关组,最大无关组可能不唯一.

只含有零向量的向量组没有最大无关组,规定其秩为 0.

在全体 $n$ 维向量构成的向量组 $\mathbf{R}^n$ 中,向量组

$$\boldsymbol{e}_1=\begin{pmatrix}1\\0\\\vdots\\0\end{pmatrix},\boldsymbol{e}_2=\begin{pmatrix}0\\1\\\vdots\\0\end{pmatrix},\cdots,\boldsymbol{e}_n=\begin{pmatrix}0\\0\\\vdots\\1\end{pmatrix}$$

显然线性无关,并且任何一个 $n$ 维向量都可以用它线性表示,因此 $\boldsymbol{e}_1,\boldsymbol{e}_2,\cdots,\boldsymbol{e}_n$ 是 $\mathbf{R}^n$ 的一

个最大无关组，该向量组称为 **n 维单位坐标向量组**.

## 3.3.2　向量组的最大无关组和秩的求法

**【例 3-8】** 求向量组 $\boldsymbol{\alpha}_1=\begin{pmatrix}1\\2\\3\end{pmatrix},\boldsymbol{\alpha}_2=\begin{pmatrix}-2\\-4\\-6\end{pmatrix},\boldsymbol{\alpha}_3=\begin{pmatrix}0\\1\\1\end{pmatrix}$的秩，并求由该列向量组所构成的矩阵的秩.

**解**　因为 $\boldsymbol{\alpha}_1,\boldsymbol{\alpha}_3$ 线性无关，而 $\boldsymbol{\alpha}_2=-2\boldsymbol{\alpha}_1$，进而有 $-2\boldsymbol{\alpha}_1-\boldsymbol{\alpha}_2+0\boldsymbol{\alpha}_3=\mathbf{0}$，所以 $\boldsymbol{\alpha}_1,\boldsymbol{\alpha}_2,\boldsymbol{\alpha}_3$ 线性相关. 根据定义 3-4，$\boldsymbol{\alpha}_1,\boldsymbol{\alpha}_3$ 为该向量组的一个最大无关组，由于最大无关组中包含 2 个向量，故该向量组的秩为 2.

由 $\boldsymbol{\alpha}_1,\boldsymbol{\alpha}_2,\boldsymbol{\alpha}_3$ 所构成的矩阵为

$$\mathbf{A}=(\boldsymbol{\alpha}_1,\boldsymbol{\alpha}_2,\boldsymbol{\alpha}_3)=\begin{pmatrix}1&-2&0\\2&-4&1\\3&-6&1\end{pmatrix}\xrightarrow[r_3-3r_1]{r_2-2r_1}\begin{pmatrix}1&-2&0\\0&0&1\\0&0&1\end{pmatrix}\xrightarrow{r_3-r_2}\begin{pmatrix}1&-2&0\\0&0&1\\0&0&0\end{pmatrix},$$

即矩阵 $\mathbf{A}$ 的秩为 2.

此例中向量组的秩和它所构成的矩阵的秩相等. 事实上，这个结论具有一般性. 此例中，$R(\mathbf{A})=2$，说明 $\mathbf{A}$ 中存在一个二阶非零子式，如 $\begin{vmatrix}1&0\\2&1\end{vmatrix}=1\neq0$，因此根据定理 3-2 知，$\begin{pmatrix}1\\2\end{pmatrix}$与$\begin{pmatrix}0\\1\end{pmatrix}$线性无关，进而再由定理 3-4 知，$\begin{pmatrix}1\\2\\3\end{pmatrix}$与$\begin{pmatrix}0\\1\\1\end{pmatrix}$仍然线性无关，即 $\boldsymbol{\alpha}_1,\boldsymbol{\alpha}_3$ 线性无关. 而 $|\mathbf{A}|=0$ 说明 $\boldsymbol{\alpha}_1,\boldsymbol{\alpha}_2,\boldsymbol{\alpha}_3$ 线性相关，所以 $\boldsymbol{\alpha}_1,\boldsymbol{\alpha}_3$ 为一个最大无关组.

从本例可以看出，求列向量组的秩可以转化为求它所构成矩阵的秩. 不仅如此，求行向量组的秩也可以转化为求其所构成矩阵的秩. 一般地，有下面结论.

**定理 3-7**　矩阵的秩等于它的列向量组的秩，也等于它的行向量组的秩.

这样，计算向量组的秩就可以通过初等变换的方法计算向量组所对应的矩阵的秩，进而找到向量组的最大无关组. 具体方法如下：

(1)作矩阵 $\mathbf{A}=(\boldsymbol{\alpha}_1,\boldsymbol{\alpha}_2,\cdots,\boldsymbol{\alpha}_m)$，求出 $R(\mathbf{A})$.

(2)在 $\mathbf{A}$ 中取 $D_r\neq0$，$D_r$ 子式所在的列即为列向量组的一个最大无关组.

**【例 3-9】** 设 $\boldsymbol{\alpha}_1=\begin{pmatrix}1\\0\\1\\0\end{pmatrix},\boldsymbol{\alpha}_2=\begin{pmatrix}1\\1\\0\\1\end{pmatrix},\boldsymbol{\alpha}_3=\begin{pmatrix}0\\-1\\1\\-1\end{pmatrix},\boldsymbol{\alpha}_4=\begin{pmatrix}2\\3\\-1\\3\end{pmatrix},\boldsymbol{\alpha}_5=\begin{pmatrix}2\\2\\0\\2\end{pmatrix}$，求向量组 $\boldsymbol{\alpha}_1,\boldsymbol{\alpha}_2,\boldsymbol{\alpha}_3,\boldsymbol{\alpha}_4,\boldsymbol{\alpha}_5$ 的一个最大无关组和秩，并将其余不属于最大无关组的向量用最大无关组线性表示.

**解** $A=(\boldsymbol{\alpha}_1,\boldsymbol{\alpha}_2,\boldsymbol{\alpha}_3,\boldsymbol{\alpha}_4,\boldsymbol{\alpha}_5)=\begin{pmatrix}1&1&0&2&2\\0&1&-1&3&2\\1&0&1&-1&0\\0&1&-1&3&2\end{pmatrix}\xrightarrow{r_3-r_1}\begin{pmatrix}1&1&0&2&2\\0&1&-1&3&2\\0&-1&1&-3&-2\\0&1&-1&3&2\end{pmatrix}$

$$\xrightarrow[r_4-r_2]{r_3+r_2}\begin{pmatrix}1&1&0&2&2\\0&1&-1&3&2\\0&0&0&0&0\\0&0&0&0&0\end{pmatrix}\xrightarrow{r_1-r_2}\begin{pmatrix}1&0&1&-1&0\\0&1&-1&3&2\\0&0&0&0&0\\0&0&0&0&0\end{pmatrix},$$

$R(A)=2=R(\boldsymbol{\alpha}_1,\boldsymbol{\alpha}_2,\boldsymbol{\alpha}_3,\boldsymbol{\alpha}_4,\boldsymbol{\alpha}_5)$，$\boldsymbol{\alpha}_1,\boldsymbol{\alpha}_2$ 为向量组的最大无关组，并且 $\boldsymbol{\alpha}_3=\boldsymbol{\alpha}_1-\boldsymbol{\alpha}_2$，$\boldsymbol{\alpha}_4=-\boldsymbol{\alpha}_1+3\boldsymbol{\alpha}_2$，$\boldsymbol{\alpha}_5=2\boldsymbol{\alpha}_2$.

**【例 3-10】** 设 $A=\begin{pmatrix}2&0&3&1&4\\3&5&5&1&7\\1&5&2&0&1\end{pmatrix}$，求 $A$ 的列向量组的一个最大无关组和秩，并将其余不属于最大无关组的列向量用最大无关组线性表示.

**解** $A=\begin{pmatrix}2&0&3&1&4\\3&5&5&1&7\\1&5&2&0&1\end{pmatrix}\xrightarrow[r_3\leftrightarrow r_2]{r_3\leftrightarrow r_1}\begin{pmatrix}1&5&2&0&1\\2&0&3&1&4\\3&5&5&1&7\end{pmatrix}\xrightarrow[r_3-3r_1]{r_2-2r_1}\begin{pmatrix}1&5&2&0&1\\0&-10&-1&1&2\\0&-10&-1&1&4\end{pmatrix}$

$$\xrightarrow{r_3-r_2}\begin{pmatrix}1&5&2&0&1\\0&-10&-1&1&2\\0&0&0&0&2\end{pmatrix}\xrightarrow[\frac{1}{2}r_3]{\substack{r_2-r_3\\ r_1-\frac{1}{2}r_3}}\begin{pmatrix}1&5&2&0&0\\0&-10&-1&1&0\\0&0&0&0&1\end{pmatrix}$$

$$\xrightarrow[-\frac{1}{10}r_2]{r_1+\frac{1}{2}r_2}\begin{pmatrix}1&0&\frac{3}{2}&\frac{1}{2}&0\\0&1&\frac{1}{10}&-\frac{1}{10}&0\\0&0&0&0&1\end{pmatrix},$$

$R(A)=3=R(\boldsymbol{\alpha}_1,\boldsymbol{\alpha}_2,\boldsymbol{\alpha}_3,\boldsymbol{\alpha}_4,\boldsymbol{\alpha}_5)$，$\boldsymbol{\alpha}_1,\boldsymbol{\alpha}_2,\boldsymbol{\alpha}_5$ 为最大无关组，并且 $\boldsymbol{\alpha}_3=\frac{3}{2}\boldsymbol{\alpha}_1+\frac{1}{10}\boldsymbol{\alpha}_2$，$\boldsymbol{\alpha}_4=\frac{1}{2}\boldsymbol{\alpha}_1-\frac{1}{10}\boldsymbol{\alpha}_2$.

### 3.3.3 向量组秩之间的关系

**定义 3-6** 设向量组 $A$ 和 $B$，如果向量组 $A$ 中的每个向量都可由向量组 $B$ 中的向量线性表示，则称**向量组 $A$ 可由向量组 $B$ 线性表示**，如果向量组 $A$ 和向量组 $B$ 能够互相线性表示，则称向量组 $A$ 和向量组 $B$ **等价**.

**定理 3-8** 向量组的最大无关组与向量组本身等价.

**证明** 设向量组 $\boldsymbol{\alpha}_1,\boldsymbol{\alpha}_2,\cdots,\boldsymbol{\alpha}_m$ 的最大线性无关组为 $\boldsymbol{\alpha}_{j1},\cdots,\boldsymbol{\alpha}_{jr}$，显然 $\boldsymbol{\alpha}_{j1},\cdots,\boldsymbol{\alpha}_{jr}$ 可由 $\boldsymbol{\alpha}_1,\boldsymbol{\alpha}_2,\cdots,\boldsymbol{\alpha}_m$ 线性表示.

反之,任取向量组中的一个向量 $\boldsymbol{\alpha}_i(1\leqslant i\leqslant m)$,则 $\boldsymbol{\alpha}_{j1},\cdots,\boldsymbol{\alpha}_{jr},\boldsymbol{\alpha}_i$ 线性相关,$\boldsymbol{\alpha}_i$ 可由 $\boldsymbol{\alpha}_{j1},\cdots,\boldsymbol{\alpha}_{jr}$ 线性表示,故 $\boldsymbol{\alpha}_1,\boldsymbol{\alpha}_2,\cdots,\boldsymbol{\alpha}_m$ 均可由 $\boldsymbol{\alpha}_{j1},\cdots,\boldsymbol{\alpha}_{jr}$ 线性表示,即 $\boldsymbol{\alpha}_1,\boldsymbol{\alpha}_2,\cdots,\boldsymbol{\alpha}_m$ 与 $\boldsymbol{\alpha}_{j1},\cdots,\boldsymbol{\alpha}_{jr}$ 等价.

**定理 3-9**　设向量组 $\boldsymbol{B}:\boldsymbol{\beta}_1,\boldsymbol{\beta}_2,\cdots,\boldsymbol{\beta}_s$ 可由向量组 $\boldsymbol{A}:\boldsymbol{\alpha}_1,\boldsymbol{\alpha}_2,\cdots,\boldsymbol{\alpha}_t$ 线性表示,则 $R(\boldsymbol{\beta}_1,\boldsymbol{\beta}_2,\cdots,\boldsymbol{\beta}_s)\leqslant R(\boldsymbol{\alpha}_1,\boldsymbol{\alpha}_2,\cdots,\boldsymbol{\alpha}_t)$.

证明略.

**推论 1**　等价的向量组的秩相等.

但反之不成立,即秩相等的向量组未必等价.

**推论 2**　若 $\boldsymbol{C}=\boldsymbol{AB}$,则 $R(\boldsymbol{C})\leqslant R(\boldsymbol{A}),R(\boldsymbol{C})\leqslant R(\boldsymbol{B})$,即 $R(\boldsymbol{C})\leqslant\min\{R(\boldsymbol{A}),R(\boldsymbol{B})\}$.

**【例 3-11】**　设向量组 $\boldsymbol{\alpha}_1,\boldsymbol{\alpha}_2,\boldsymbol{\alpha}_3$ 线性无关,证明向量组 $\boldsymbol{\beta}_1=2\boldsymbol{\alpha}_1-3\boldsymbol{\alpha}_2,\boldsymbol{\beta}_2=\boldsymbol{\alpha}_2+\boldsymbol{\alpha}_3,\boldsymbol{\beta}_3=\boldsymbol{\alpha}_3+2\boldsymbol{\alpha}_1$ 线性无关.

**证明**　由

$$\begin{cases}\boldsymbol{\beta}_1=2\boldsymbol{\alpha}_1-3\boldsymbol{\alpha}_2\\ \boldsymbol{\beta}_2=\boldsymbol{\alpha}_2+\boldsymbol{\alpha}_3\\ \boldsymbol{\beta}_3=\boldsymbol{\alpha}_3+2\boldsymbol{\alpha}_1\end{cases}$$

得

$$(\boldsymbol{\beta}_1,\boldsymbol{\beta}_2,\boldsymbol{\beta}_3)=(\boldsymbol{\alpha}_1,\boldsymbol{\alpha}_2,\boldsymbol{\alpha}_3)\begin{pmatrix}2&0&2\\-3&1&0\\0&1&1\end{pmatrix},$$

对应矩阵

$$\boldsymbol{A}=\begin{pmatrix}2&0&2\\-3&1&0\\0&1&1\end{pmatrix},$$

由于

$$|\boldsymbol{A}|=\begin{vmatrix}2&0&2\\-3&1&0\\0&1&1\end{vmatrix}=-4\neq0,$$

故 $\boldsymbol{A}$ 可逆,从而 $\boldsymbol{\alpha}_1,\boldsymbol{\alpha}_2,\boldsymbol{\alpha}_3$ 可由向量组 $\boldsymbol{\beta}_1,\boldsymbol{\beta}_2,\boldsymbol{\beta}_3$ 线性表示,所以 $\boldsymbol{\alpha}_1,\boldsymbol{\alpha}_2,\boldsymbol{\alpha}_3$ 与 $\boldsymbol{\beta}_1,\boldsymbol{\beta}_2,\boldsymbol{\beta}_3$ 等价.

又向量组 $\boldsymbol{\alpha}_1,\boldsymbol{\alpha}_2,\boldsymbol{\alpha}_3$ 线性无关,所以 $R(\boldsymbol{\alpha}_1,\boldsymbol{\alpha}_2,\boldsymbol{\alpha}_3)=3$,则 $R(\boldsymbol{\beta}_1,\boldsymbol{\beta}_2,\boldsymbol{\beta}_3)=3$,故向量组 $\boldsymbol{\beta}_1,\boldsymbol{\beta}_2,\boldsymbol{\beta}_3$ 线性无关.

## 3.4　线性方程组

第 1 章中介绍的克莱姆法则适用于含有 $n$ 个方程 $n$ 个未知量的线性方程组.当系数行列式 $D\neq0$ 时,方程组有唯一解.而当 $D=0$ 或未知量的个数和方程个数不相等时,则方程组的解就会出现多样性.

我国古代算书《张邱建算经》中有一道著名的“百鸡问题”：今有鸡翁一，值钱伍；鸡母一，值钱三；鸡鶵三，值钱一.凡百钱买鸡百只，问鸡翁、母、鶵各几何？其意思为公鸡每只值 5 文钱，母鸡每只值 3 文钱，而 3 只小鸡值 1 文钱.现在用 100 文钱买 100 只鸡，问：这 100 只鸡中，公鸡、母鸡和小鸡各有多少只？其解法如下：

设公鸡、母鸡、小鸡分别为 $x,y,z$ 只，由题意得

$$\begin{cases} x+y+z=100 \\ 5x+3y+\frac{1}{3}z=100 \end{cases},$$

可求得符合题意的四组不同的整数解：

$$\begin{cases} x=0 \\ y=25 \\ z=75 \end{cases}, \begin{cases} x=4 \\ y=18 \\ z=78 \end{cases}, \begin{cases} x=8 \\ y=11 \\ z=81 \end{cases}, \begin{cases} x=12 \\ y=4 \\ z=84 \end{cases}.$$

如果不考虑问题的实际背景，由于这个三元一次方程组中有两个方程、三个未知量，那么它有无穷多组解.

在本节中将讨论 $m$ 个方程、$n$ 个未知量组成的方程组在什么情况下有解，什么情况下无解，什么时候有无穷多组解，有无穷多组解时其解如何表示，以及怎样求方程组的解等问题.

## 3.4.1 齐次线性方程组解的讨论

设齐次线性方程组

$$\begin{cases} a_{11}x_1+a_{12}x_2+\cdots+a_{1n}x_n=0 \\ a_{21}x_1+a_{22}x_2+\cdots+a_{2n}x_n=0 \\ \vdots \\ a_{m1}x_1+a_{m2}x_2+\cdots+a_{mn}x_n=0 \end{cases},$$

记

$$\boldsymbol{A}=\begin{pmatrix} a_{11} & a_{12} & \cdots & a_{1n} \\ a_{21} & a_{22} & \cdots & a_{2n} \\ \vdots & \vdots & & \vdots \\ a_{m1} & a_{m2} & \cdots & a_{mn} \end{pmatrix}, \boldsymbol{x}=\begin{pmatrix} x_1 \\ x_2 \\ \vdots \\ x_n \end{pmatrix}, \boldsymbol{0}=\begin{pmatrix} 0 \\ 0 \\ \vdots \\ 0 \end{pmatrix},$$

则该方程组可用矩阵形式表示为：$\boldsymbol{Ax}=\boldsymbol{0}$.称矩阵 $\boldsymbol{A}$ 为**系数矩阵**.

因为齐次线性方程组 $\boldsymbol{Ax}=\boldsymbol{0}$ 一定有零解 $\boldsymbol{x}=\boldsymbol{0}$，于是，对齐次线性方程组只需讨论何时只有零解，何时有非零解.

**定理 3-10** $n$ 元齐次线性方程组 $\boldsymbol{Ax}=\boldsymbol{0}$ 有非零解的充分必要条件是系数矩阵的秩$R(\boldsymbol{A})<n$.

**证明** **必要性** 设方程组 $\boldsymbol{Ax}=\boldsymbol{0}$ 有非零解，要证 $R(\boldsymbol{A})<n$. 用反证法，若 $R(\boldsymbol{A})$不小于 $n$，设 $R(\boldsymbol{A})=n$，则 $\boldsymbol{A}$ 中一定存在一个 $n$ 阶子式 $D_n\neq 0$，于是由克莱姆法则知，$n$ 阶子式 $D$ 所对应的 $n$ 个方程只有零解，即

$$\boldsymbol{x}=\begin{pmatrix}x_1\\x_2\\\vdots\\x_n\end{pmatrix}=\begin{pmatrix}0\\0\\\vdots\\0\end{pmatrix},$$

从而方程组只有零解，这与已知条件矛盾，故 $R(\mathbf{A})<n$.

**充分性**　设 $R(\mathbf{A})<n$，要证 $\mathbf{A}\boldsymbol{x}=\mathbf{0}$ 有非零解. 因为 $R(\mathbf{A})=r<n$，所以将 $\mathbf{A}$ 化为行阶梯形矩阵后，行阶梯形矩阵中有 $r$ 个非零行. 因为 $R(\mathbf{A})=r<n$，所以一定有自由未知量，其中一个自由未知量取 1，其余的自由未知量取 0，就得到方程组的一个非零解，故充分性成立.

齐次线性方程组 $\mathbf{A}\boldsymbol{x}=\mathbf{0}$ 有解的情况，可以归纳为：

(1) $\mathbf{A}\boldsymbol{x}=\mathbf{0}$ 一定有解；(2) 当 $R(\mathbf{A})=n$ 时，方程组只有零解；(3) 当 $R(\mathbf{A})<n$ 时，方程组有非零解.

**【例 3-12】**　求解齐次线性方程组

$$\begin{cases}x_1+2x_2-x_3=0\\-x_1+x_2-2x_3=0\\2x_1+x_2+3x_3=0\end{cases}.$$

**解**　系数矩阵 $\mathbf{A}=\begin{pmatrix}1&2&-1\\-1&1&-2\\2&1&3\end{pmatrix}\xrightarrow[r_3-2r_1]{r_2+r_1}\begin{pmatrix}1&2&-1\\0&3&-3\\0&-3&5\end{pmatrix}\xrightarrow{r_3+r_2}\begin{pmatrix}1&2&-1\\0&3&-3\\0&0&2\end{pmatrix}$，由于 $R(\mathbf{A})=3=$ 未知量个数. 故方程组只有唯一零解，即

$$\begin{cases}x_1=0\\x_2=0\\x_3=0\end{cases}.$$

**【例 3-13】**　求解齐次线性方程组

$$\begin{cases}x_1+x_2+x_3+2x_4=0\\x_1+2x_2-x_3+3x_4=0\\2x_1+3x_2+5x_4=0\end{cases}.$$

在第 2 章的讨论中，已经看到用消元法解线性方程组的过程，实质是对相应的矩阵做一系列的初等行变换，并使其系数矩阵化为行最简形.

系数矩阵

$$\mathbf{A}=\begin{pmatrix}1&1&1&2\\1&2&-1&3\\2&3&0&5\end{pmatrix}\xrightarrow[r_3-2r_1]{r_2-r_1}\begin{pmatrix}1&1&1&2\\0&1&-2&1\\0&1&-2&1\end{pmatrix}\xrightarrow[r_3-r_2]{r_1-r_2}\begin{pmatrix}1&0&3&1\\0&1&-2&1\\0&0&0&0\end{pmatrix},$$

由于 $R(\mathbf{A})=2<3$，故方程组有非零解，解为 $\begin{cases}x_1=-3x_3-x_4\\x_2=2x_3-x_4\end{cases}$，其中 $x_3,x_4$ 为自由未知量.

【例 3-14】 设向量组 $\boldsymbol{\alpha}_1=\begin{pmatrix}2\\3\\1\end{pmatrix},\boldsymbol{\alpha}_2=\begin{pmatrix}3\\5\\2\end{pmatrix},\boldsymbol{\alpha}_3=\begin{pmatrix}1\\1\\0\end{pmatrix},\boldsymbol{\alpha}_4=\begin{pmatrix}4\\7\\1\end{pmatrix}$,试讨论向量组 $\boldsymbol{\alpha}_1,\boldsymbol{\alpha}_2,\boldsymbol{\alpha}_3,\boldsymbol{\alpha}_4$ 的线性相关性.

**解** 该问题可以转化为齐次线性方程组解的问题,

$$(\boldsymbol{\alpha}_1,\boldsymbol{\alpha}_2,\boldsymbol{\alpha}_3,\boldsymbol{\alpha}_4)=\begin{pmatrix}2&3&1&4\\3&5&1&7\\1&2&0&1\end{pmatrix}\xrightarrow{r_3\leftrightarrow r_1}\begin{pmatrix}1&2&0&1\\3&5&1&7\\2&3&1&4\end{pmatrix}$$

$$\xrightarrow[r_3-2r_1]{r_2-3r_1}\begin{pmatrix}1&2&0&1\\0&-1&1&4\\0&-1&1&2\end{pmatrix}\xrightarrow{r_3-r_2}\begin{pmatrix}1&2&0&1\\0&-1&1&4\\0&0&0&-2\end{pmatrix}$$

由于 $R(\boldsymbol{\alpha}_1,\boldsymbol{\alpha}_2,\boldsymbol{\alpha}_3,\boldsymbol{\alpha}_4)=3<4$,故方程组有非零解,所以向量组 $\boldsymbol{\alpha}_1,\boldsymbol{\alpha}_2,\boldsymbol{\alpha}_3,\boldsymbol{\alpha}_4$ 线性相关.

【例 3-15】 设 $\boldsymbol{\alpha}_1=\begin{pmatrix}1\\0\\1\\2\end{pmatrix},\boldsymbol{\alpha}_2=\begin{pmatrix}1\\2\\3\\4\end{pmatrix},\boldsymbol{\alpha}_3=\begin{pmatrix}1\\2\\0\\5\end{pmatrix},\boldsymbol{\alpha}_4=\begin{pmatrix}2\\0\\-1\\5\end{pmatrix}$,试讨论向量组 $\boldsymbol{\alpha}_1,\boldsymbol{\alpha}_2,\boldsymbol{\alpha}_3,\boldsymbol{\alpha}_4$ 的线性相关性.

**解** 该问题可以转化为齐次线性方程组解的问题,

$$(\boldsymbol{\alpha}_1,\boldsymbol{\alpha}_2,\boldsymbol{\alpha}_3,\boldsymbol{\alpha}_4)=\begin{pmatrix}1&1&1&2\\0&2&2&0\\1&3&0&-1\\2&4&5&5\end{pmatrix}\xrightarrow[r_4-2r_1]{r_3-r_1}\begin{pmatrix}1&1&1&2\\0&2&2&0\\0&2&-1&-3\\0&2&3&1\end{pmatrix}$$

$$\xrightarrow[r_4-r_2]{r_3-r_2}\begin{pmatrix}1&1&1&2\\0&2&2&0\\0&0&-3&-3\\0&0&1&1\end{pmatrix}\xrightarrow{r_3\leftrightarrow r_4}\begin{pmatrix}1&1&1&2\\0&2&2&0\\0&0&1&1\\0&0&-3&-3\end{pmatrix}$$

$$\xrightarrow{r_4+3r_3}\begin{pmatrix}1&1&1&2\\0&2&2&0\\0&0&1&1\\0&0&0&0\end{pmatrix}$$

由于 $R(\boldsymbol{\alpha}_1,\boldsymbol{\alpha}_2,\boldsymbol{\alpha}_3,\boldsymbol{\alpha}_4)=3<4$,故方程组有非零解,所以向量组 $\boldsymbol{\alpha}_1,\boldsymbol{\alpha}_2,\boldsymbol{\alpha}_3,\boldsymbol{\alpha}_4$ 线性相关.

【例 3-16】 已知齐次线性方程组 $\begin{cases}x_1+2x_2-2x_3=0\\2x_1+5x_2-4x_3=0\\3x_1+6x_2+\lambda x_3=0\end{cases}$ 有非零解,求 $\lambda$ 的值.

**解** 系数矩阵 $\boldsymbol{A}=\begin{pmatrix}1&2&-2\\2&5&-4\\3&6&\lambda\end{pmatrix}\xrightarrow[r_3-3r_1]{r_2-2r_1}\begin{pmatrix}1&2&-2\\0&1&0\\0&0&6+\lambda\end{pmatrix}$.

因为齐次线性方程组有非零解，必有系数矩阵的秩 $R(\boldsymbol{A})<3$，所以 $6+\lambda=0$，故当 $\lambda=-6$ 时，方程组有非零解.

也可以用下面的方法求解，本例中的方程组由含 3 个未知量的 3 个方程组成，故由克莱姆法则知，其系数行列式为零. 即

$$|\boldsymbol{A}|=\begin{vmatrix}1 & 2 & -2\\ 2 & 5 & -4\\ 3 & 6 & \lambda\end{vmatrix}=0,$$

解得 $\lambda=-6$，故当 $\lambda=-6$ 时，方程组有非零解.

## 3.4.2　非齐次线性方程组解的讨论

设非齐次线性方程组

$$\begin{cases}a_{11}x_1+a_{12}x_2+\cdots+a_{1n}x_n=b_1\\ a_{21}x_1+a_{22}x_2+\cdots+a_{2n}x_n=b_2\\ \vdots\\ a_{m1}x_1+a_{m2}x_2+\cdots+a_{mn}x_n=b_m\end{cases},$$

用矩阵形式表示为：$\boldsymbol{Ax}=\boldsymbol{b}$.

这里 $\boldsymbol{A}=\begin{pmatrix}a_{11} & a_{12} & \cdots & a_{1n}\\ a_{21} & a_{22} & \cdots & a_{2n}\\ \vdots & \vdots & & \vdots\\ a_{m1} & a_{m2} & \cdots & a_{mn}\end{pmatrix}$，$\boldsymbol{x}=\begin{pmatrix}x_1\\ x_2\\ \vdots\\ x_n\end{pmatrix}$，$\boldsymbol{b}=\begin{pmatrix}b_1\\ b_2\\ \vdots\\ b_m\end{pmatrix}$. 称矩阵 $(\boldsymbol{A}\,\vdots\,\boldsymbol{b})=\left(\begin{array}{cccc:c}a_{11} & a_{12} & \cdots & a_{1n} & b_1\\ a_{21} & a_{22} & \cdots & a_{2n} & b_2\\ \vdots & \vdots & & \vdots & \vdots\\ a_{m1} & a_{m2} & \cdots & a_{mn} & b_m\end{array}\right)$ 为**增广矩阵**.

**【例 3-17】** 求解以下非齐次线性方程组：

(1) $\begin{cases}x_1+x_2-3x_3=-1\\ -2x_1+3x_2+x_3=2\\ x_1+6x_2-4x_3=3\end{cases}$；(2) $\begin{cases}x_1+x_2=5\\ 2x_1+x_2+2x_3+x_4=1\\ 5x_1+3x_2+2x_3+3x_4=3\end{cases}$；(3) $\begin{cases}x_1+3x_2+4x_3=5\\ x_1-x_2=1\\ -x_1+2x_2+x_3=2\\ x_1+8x_2+9x_3=12\end{cases}$.

**解**　(1) 线性方程组 $\begin{cases}x_1+x_2-3x_3=-1\\ -2x_1+3x_2+x_3=2\\ x_1+6x_2-4x_3=3\end{cases}$ 的增广矩阵为

$$(\boldsymbol{A}\,\vdots\,\boldsymbol{b})=\left(\begin{array}{ccc:c}1 & 1 & -3 & -1\\ -2 & 3 & 1 & 2\\ 1 & 6 & -4 & 3\end{array}\right),$$

化成行最简形后为

$$\left(\begin{array}{ccc:c}1 & 0 & 0 & 1\\0 & 1 & 0 & 1\\0 & 0 & 1 & 1\end{array}\right),$$

方程组的解为

$$\begin{cases}x_1=1\\x_2=1\\x_3=1\end{cases}.$$

此时系数矩阵的秩和增广矩阵的秩相等,且等于未知量的个数,方程组有唯一解.

(2)方程组 $\begin{cases}x_1+x_2=5\\2x_1+x_2+2x_3+x_4=1\\5x_1+3x_2+2x_3+3x_4=3\end{cases}$ 的增广矩阵为

$$(\boldsymbol{A}\mid\boldsymbol{b})=\left(\begin{array}{cccc:c}1 & 1 & 0 & 0 & 5\\2 & 1 & 2 & 1 & 1\\5 & 3 & 2 & 3 & 3\end{array}\right),$$

化成行最简形后为

$$\begin{pmatrix}1 & 0 & 0 & 2 & -8\\0 & 1 & 0 & -2 & 13\\0 & 0 & 1 & -1/2 & 2\end{pmatrix},$$

方程组的解为

$$\begin{cases}x_1=-8-2x_4\\x_2=13+2x_4\\x_3=2+\dfrac{1}{2}x_4\end{cases},$$

其中 $x_4$ 为自由未知量.

此时系数矩阵的秩和增广矩阵的秩相等且小于未知量的个数,二者的差恰好是自由未知量的个数,此时方程组有无穷多组解.

(3)线性方程组$\begin{cases}x_1+3x_2+4x_3=5\\x_1-x_2=1\\-x_1+2x_2+x_3=2\\x_1+8x_2+9x_3=12\end{cases}$的增广矩阵为

$$(\boldsymbol{A}\mid\boldsymbol{b})=\left(\begin{array}{ccc:c}1 & 3 & 4 & 5\\1 & -1 & 0 & 1\\-1 & 2 & 1 & 2\\1 & 8 & 9 & 12\end{array}\right),$$

化成行最简形后为

$$\begin{pmatrix} 1 & 0 & 1 & \vdots & 0 \\ 0 & 1 & 1 & \vdots & 0 \\ 0 & 0 & 0 & \vdots & 1 \\ 0 & 0 & 0 & \vdots & 0 \end{pmatrix},$$

第三行表示 $0=1$，显然不可能，故方程组无解，此时系数矩阵的秩为 2，增广矩阵的秩为 3，二者不相等.

通过以上三例可以看出，非齐次线性方程组与齐次线性方程组不同，它可能有解，称之为**相容**；也可能无解，称之为**不相容**，根据系数矩阵与增广矩阵的秩之间的关系，可以得到下面的一般性结论：

**定理 3-11**　$n$ 元非齐次线性方程组 $\boldsymbol{Ax}=\boldsymbol{b}$ 有解的充分必要条件是，系数矩阵 $\boldsymbol{A}$ 的秩等于增广矩阵 $\boldsymbol{B}=(\boldsymbol{A}\mid\boldsymbol{b})$ 的秩.

非齐次线性方程组 $\boldsymbol{Ax}=\boldsymbol{b}$ 解的情况，可以归纳为：

(1) $R(\boldsymbol{A})\neq R(\boldsymbol{A}\mid\boldsymbol{b})$，方程组无解；

(2) $R(\boldsymbol{A})=R(\boldsymbol{A}\mid\boldsymbol{b})=r=n$，方程组有唯一解；

(3) $R(\boldsymbol{A})=R(\boldsymbol{A}\mid\boldsymbol{b})=r<n$，方程组有无穷多组解.

**【例 3-18】**　问 $a$ 取何值时，方程组 $\begin{cases} x_1+x_2+x_3+x_4+x_5=1 \\ x_1+2x_2+4x_4+3x_5=a \\ x_2-x_3+3x_4+2x_5=1 \end{cases}$

(1) 无解；

(2) 有解，并求出解.

**解**　$$(\boldsymbol{A}\mid\boldsymbol{b})=\begin{pmatrix} 1 & 1 & 1 & 1 & 1 & \vdots & 1 \\ 1 & 2 & 0 & 4 & 3 & \vdots & a \\ 0 & 1 & -1 & 3 & 2 & \vdots & 1 \end{pmatrix}\xrightarrow{r_2-r_1}\begin{pmatrix} 1 & 1 & 1 & 1 & 1 & \vdots & 1 \\ 0 & 1 & -1 & 3 & 2 & \vdots & a-1 \\ 0 & 1 & -1 & 3 & 2 & \vdots & 1 \end{pmatrix}$$

$$\xrightarrow[r_2\leftrightarrow r_3]{r_2-r_3}\begin{pmatrix} 1 & 1 & 1 & 1 & 1 & \vdots & 1 \\ 0 & 1 & -1 & 3 & 2 & \vdots & 1 \\ 0 & 0 & 0 & 0 & 0 & \vdots & a-2 \end{pmatrix}\xrightarrow{r_1-r_2}\begin{pmatrix} 1 & 0 & 2 & -2 & -1 & \vdots & 0 \\ 0 & 1 & -1 & 3 & 2 & \vdots & 1 \\ 0 & 0 & 0 & 0 & 0 & \vdots & a-2 \end{pmatrix}.$$

(1) 当 $a\neq 2$ 时，$R(\boldsymbol{A})=2$，$R(\boldsymbol{A}\mid\boldsymbol{b})=3$ 故 $R(\boldsymbol{A})\neq R(\boldsymbol{A}\mid\boldsymbol{b})$，方程组无解.

(2) 当 $a=2$ 时，$R(\boldsymbol{A})=R(\boldsymbol{A}\mid\boldsymbol{b})=2<5$，方程组有无穷多解，

$$\begin{cases} x_1=-2x_3+2x_4+x_5 \\ x_2=x_3-3x_4-2x_5+1 \end{cases},$$

其中 $x_3,x_4,x_5$ 为自由未知量.

**【例 3-19】**　设向量组 $\boldsymbol{\alpha}_1=\begin{pmatrix} 1 \\ 0 \\ 0 \\ 3 \end{pmatrix}$，$\boldsymbol{\alpha}_2=\begin{pmatrix} 1 \\ 1 \\ -1 \\ 2 \end{pmatrix}$，$\boldsymbol{\alpha}_3=\begin{pmatrix} 1 \\ 2 \\ -2 \\ 1 \end{pmatrix}$，$\boldsymbol{\alpha}_4=\begin{pmatrix} 1 \\ 2 \\ -2 \\ 1 \end{pmatrix}$，$\boldsymbol{\beta}=\begin{pmatrix} 0 \\ 1 \\ -1 \\ -1 \end{pmatrix}$.

问 $\boldsymbol{\beta}$ 能否由 $\boldsymbol{\alpha}_1,\boldsymbol{\alpha}_2,\boldsymbol{\alpha}_3,\boldsymbol{\alpha}_4$ 线性表示，如果能写出一般表达式.

**解**　该问题可以转化为非齐次线性方程组 $k_1\boldsymbol{\alpha}_1+k_2\boldsymbol{\alpha}_2+k_3\boldsymbol{\alpha}_3+k_4\boldsymbol{\alpha}_4=\boldsymbol{\beta}$ 解的讨论.

考虑方程组的增广矩阵

$$(\boldsymbol{\alpha}_1,\boldsymbol{\alpha}_2,\boldsymbol{\alpha}_3,\boldsymbol{\alpha}_4,\boldsymbol{\beta})=\begin{pmatrix}1&1&1&1&0\\0&1&2&2&1\\0&-1&-2&-2&-1\\3&2&1&1&-1\end{pmatrix}\xrightarrow{r_4-3r_1}\begin{pmatrix}1&1&1&1&0\\0&1&2&2&1\\0&-1&-2&-2&-1\\0&-1&-2&-2&-1\end{pmatrix}$$

$$\xrightarrow[r_4+r_2]{r_3+r_2}\begin{pmatrix}1&1&1&1&0\\0&1&2&2&1\\0&0&0&0&0\\0&0&0&0&0\end{pmatrix}$$

$R(\boldsymbol{\alpha}_1,\boldsymbol{\alpha}_2,\boldsymbol{\alpha}_3,\boldsymbol{\alpha}_4)=R(\boldsymbol{\alpha}_1,\boldsymbol{\alpha}_2,\boldsymbol{\alpha}_3,\boldsymbol{\alpha}_4,\boldsymbol{\beta})=2<4$，即系数矩阵的秩等于增广矩阵的秩，并且小于未知量的个数，故方程组有无穷多解，即 $\boldsymbol{\beta}$ 能由 $\boldsymbol{\alpha}_1,\boldsymbol{\alpha}_2,\boldsymbol{\alpha}_3,\boldsymbol{\alpha}_4$ 线性表示，表示法不唯一.

设 $\boldsymbol{\beta}=k_1\boldsymbol{\alpha}_1+k_2\boldsymbol{\alpha}_2+k_3\boldsymbol{\alpha}_3+k_4\boldsymbol{\alpha}_4$ 为求表达式，只需求解方程组

$$\begin{cases}k_1+k_2+k_3+k_4=0\\k_2+2k_3+2k_4=1\end{cases}\text{则有}\begin{cases}k_1-k_3-k_4=-1\\k_2+2k_3+2k_4=1\end{cases}\text{，解得}\begin{cases}k_1=k_3+k_4-1\\k_2=-2k_3-2k_4+1\end{cases}$$

所以

$$\boldsymbol{\beta}=(k_3+k_4-1)\boldsymbol{\alpha}_1-(2k_3+2k_4-1)\alpha_2+k_3\alpha_3+k_4\alpha_4$$

### 3.4.3 线性方程组解的结构

在解决了线性方程组解的存在情况之后，下面进一步讨论线性方程组解的结构. 主要是讨论方程组在有多个解的情况下，解与解之间的关系问题. 下面将证明，此时方程组虽然有无穷多解，但是全部解都可以用有限多个解表示出来.

**1. 齐次线性方程组解的结构**

设齐次线性方程组

$$\begin{cases}a_{11}x_1+a_{12}x_2+\cdots+a_{1n}x_n=0\\a_{21}x_1+a_{22}x_2+\cdots+a_{2n}x_n=0\\\vdots\\a_{m1}x_1+a_{m2}x_2+\cdots+a_{mn}x_n=0\end{cases},$$

即

$$\boldsymbol{A}\boldsymbol{x}=\boldsymbol{0}.$$

如果 $R(\boldsymbol{A})=r<n$，则齐次线性方程组有非零解，即有无穷多解，称方程组的一组解构成的向量为**解向量**. 下面要讨论的问题是无穷多解向量之间的关系. 首先来讨论齐次线性方程组解向量的性质：

**性质 1** 若 $\boldsymbol{x}=\boldsymbol{\xi}_1,\boldsymbol{x}=\boldsymbol{\xi}_2$ 是齐次线性方程组 $\boldsymbol{A}\boldsymbol{x}=\boldsymbol{0}$ 的解向量，则 $\boldsymbol{x}=\boldsymbol{\xi}_1+\boldsymbol{\xi}_2$ 也是齐次线性方程组 $\boldsymbol{A}\boldsymbol{x}=\boldsymbol{0}$ 的解向量.

**证明** 只需要验证 $\boldsymbol{x}=\boldsymbol{\xi}_1+\boldsymbol{\xi}_2$ 满足方程组 $\boldsymbol{A}\boldsymbol{x}=\boldsymbol{0}$. $\boldsymbol{A}(\boldsymbol{\xi}_1+\boldsymbol{\xi}_2)=\boldsymbol{A}\boldsymbol{\xi}_1+\boldsymbol{A}\boldsymbol{\xi}_2=\boldsymbol{0}+\boldsymbol{0}=\boldsymbol{0}$.

**性质 2** 若 $\boldsymbol{x}=\boldsymbol{\xi}$ 是齐次线性方程组 $\boldsymbol{A}\boldsymbol{x}=\boldsymbol{0}$ 的解向量，$k$ 是实数，则 $\boldsymbol{x}=k\boldsymbol{\xi}$ 也是齐次线性方程组 $\boldsymbol{A}\boldsymbol{x}=\boldsymbol{0}$ 的解向量.

**证明** $\boldsymbol{A}(k\boldsymbol{\xi})=k(\boldsymbol{A}\boldsymbol{\xi})=k\boldsymbol{0}=\boldsymbol{0}$，即 $\boldsymbol{x}=k\boldsymbol{\xi}$ 满足方程组 $\boldsymbol{A}\boldsymbol{x}=\boldsymbol{0}$.

这两个性质表明齐次线性方程组解向量的线性组合仍是解向量.那么齐次线性方程组的全体解向量能否通过它的有限个解向量的线性组合给出？如果可以的话,用什么样的解向量,可以线性表示齐次线性方程组所有的解向量呢?

例如齐次线性方程组

$$\begin{cases} x_1+x_2+x_3+x_4+x_5=0 \\ 3x_1+6x_2+x_3+x_4-3x_5=0 \\ -3x_2+2x_3+2x_4+6x_5=0 \\ 5x_1+8x_2+3x_3+3x_4-x_5=0 \end{cases},$$

对其系数矩阵 $\boldsymbol{A}$ 做初等行变换,有

$$\boldsymbol{A}=\begin{pmatrix} 1 & 1 & 1 & 1 & 1 \\ 3 & 6 & 1 & 1 & -3 \\ 0 & -3 & 2 & 2 & 6 \\ 5 & 8 & 3 & 3 & -1 \end{pmatrix} \xrightarrow[r_4-5r_1]{r_2-3r_1} \begin{pmatrix} 1 & 1 & 1 & 1 & 1 \\ 0 & 3 & -2 & -2 & -6 \\ 0 & -3 & 2 & 2 & 6 \\ 0 & 3 & -2 & -2 & -6 \end{pmatrix}$$

$$\xrightarrow[r_4-r_2]{r_3+r_2} \begin{pmatrix} 1 & 1 & 1 & 1 & 1 \\ 0 & 3 & -2 & -2 & -6 \\ 0 & 0 & 0 & 0 & 0 \\ 0 & 0 & 0 & 0 & 0 \end{pmatrix} \xrightarrow{r_1-\frac{1}{3}r_2} \begin{pmatrix} 1 & 0 & \frac{5}{3} & \frac{5}{3} & 3 \\ 0 & 3 & -2 & -2 & -6 \\ 0 & 0 & 0 & 0 & 0 \\ 0 & 0 & 0 & 0 & 0 \end{pmatrix}$$

$$\xrightarrow{\frac{1}{3}r_2} \begin{pmatrix} 1 & 0 & \frac{5}{3} & \frac{5}{3} & 3 \\ 0 & 1 & -\frac{2}{3} & -\frac{2}{3} & -2 \\ 0 & 0 & 0 & 0 & 0 \\ 0 & 0 & 0 & 0 & 0 \end{pmatrix},$$

可得

$$\begin{cases} x_1=-\frac{5}{3}x_3-\frac{5}{3}x_4-3x_5 \\ x_2=\frac{2}{3}x_3+\frac{2}{3}x_4+2x_5 \end{cases},$$

其中 $x_3,x_4,x_5$ 为自由未知量.

用向量形式表达为

$$\begin{cases} x_1=-\frac{5}{3}x_3-\frac{5}{3}x_4-3x_5 \\ x_2=\frac{2}{3}x_3+\frac{2}{3}x_4+2x_5 \\ x_3=x_3 \\ x_4=x_4 \\ x_5=x_5 \end{cases},$$

即

$$x=\begin{pmatrix}x_1\\x_2\\x_3\\x_4\\x_5\end{pmatrix}=x_3\begin{pmatrix}-\frac{5}{3}\\ \frac{2}{3}\\1\\0\\0\end{pmatrix}+x_4\begin{pmatrix}-\frac{5}{3}\\ \frac{2}{3}\\0\\1\\0\end{pmatrix}+x_5\begin{pmatrix}-3\\2\\0\\0\\1\end{pmatrix},$$

记

$$\boldsymbol{\xi}_1=\begin{pmatrix}-\frac{5}{3}\\ \frac{2}{3}\\1\\0\\0\end{pmatrix},\boldsymbol{\xi}_2=\begin{pmatrix}-\frac{5}{3}\\ \frac{2}{3}\\0\\1\\0\end{pmatrix},\boldsymbol{\xi}_3=\begin{pmatrix}-3\\2\\0\\0\\1\end{pmatrix}.$$

设 $x_3=k_1,x_4=k_2,x_5=k_3$，则原方程的解可以表示为

$$\boldsymbol{x}=k_1\boldsymbol{\xi}_1+k_2\boldsymbol{\xi}_2+k_3\boldsymbol{\xi}_3\quad(k_1,k_2,k_3\in\mathbf{R}).$$

不难看出向量 $\boldsymbol{\xi}_1,\boldsymbol{\xi}_2,\boldsymbol{\xi}_3$ 都是方程组的解向量. 又 $\boldsymbol{\xi}_1,\boldsymbol{\xi}_2,\boldsymbol{\xi}_3$ 线性无关，从而方程组的任意解向量均可以表示为 $\boldsymbol{\xi}_1,\boldsymbol{\xi}_2,\boldsymbol{\xi}_3$ 的线性组合，即

$$\boldsymbol{x}=k_1\boldsymbol{\xi}_1+k_2\boldsymbol{\xi}_2+k_3\boldsymbol{\xi}_3\quad(k_1,k_2,k_3\in\mathbf{R}).$$

若将 $\boldsymbol{\xi}_1,\boldsymbol{\xi}_2,\boldsymbol{\xi}_3$ 都乘以 3，可得

$$\boldsymbol{\zeta}_1=3\boldsymbol{\xi}_1=\begin{pmatrix}-5\\2\\3\\0\\0\end{pmatrix},\boldsymbol{\zeta}_2=3\boldsymbol{\xi}_2=\begin{pmatrix}-5\\2\\0\\3\\0\end{pmatrix},\boldsymbol{\zeta}_3=3\boldsymbol{\xi}_3=\begin{pmatrix}-9\\6\\0\\0\\3\end{pmatrix},$$

则方程组的任意解向量也可以表示为 $\boldsymbol{\zeta}_1,\boldsymbol{\zeta}_2,\boldsymbol{\zeta}_3$ 的线性组合 $x=c_1\boldsymbol{\zeta}_1+c_2\boldsymbol{\zeta}_2+c_3\boldsymbol{\zeta}_3(c_1,c_2,c_3\in\mathbf{R})$，其中 $\boldsymbol{\zeta}_1,\boldsymbol{\zeta}_2,\boldsymbol{\zeta}_3$ 也是方程组的一组线性无关的解. 由此可见，齐次线性方程组解向量的表示法不是唯一的.

**定义 3-7** 齐次线性方程组解向量组的一个最大无关组称为该方程组的一个**基础解系**.

由定义可知，基础解系是由线性无关的解向量构成的，这样，齐次线性方程组的任意解向量，均可以表示成基础解系的线性组合. 那么基础解系中包含多少个解向量呢？

从上面的引例中可以看出，该方程组的基础解系所含解向量的个数，恰好是自由未知量的个数，而自由未知量的数量，等于方程组中所有未知量的个数减去系数矩阵的秩. 一般地，有如下结论.

**定理 3-12**　设齐次线性方程组 $\boldsymbol{Ax}=\boldsymbol{0}$ 的系数矩阵的秩 $R(\boldsymbol{A})=r$，则

(1)若 $r<n$，则方程组有非零解，并且其基础解系中含有 $n-r$ 个解向量；

(2)若 $r=n$，则方程组只有零解，即齐次线性方程组没有基础解系.

**证明**　设齐次线性方程组

$$\begin{cases} a_{11}x_1+a_{12}x_2+\cdots+a_{1n}x_n=0 \\ a_{21}x_1+a_{22}x_2+\cdots+a_{2n}x_n=0 \\ \vdots \\ a_{m1}x_1+a_{m2}x_2+\cdots+a_{mn}x_n=0 \end{cases}, \tag{1}$$

假设 $R(\boldsymbol{A})=r<n$，意味着 $m$ 个方程中有 $r$ 个方程是独立的，$(m-r)$个是多余的，不妨假设前 $r$ 个是独立的，则有

$$\begin{cases} a_{11}x_1+a_{12}x_2+\cdots+a_{1r}x_r=-a_{1r+1}x_{r+1}-\cdots-a_{1n}x_n \\ a_{21}x_1+a_{22}x_2+\cdots+a_{2r}x_r=-a_{2r+1}x_{r+1}-\cdots-a_{2n}x_n \\ \vdots \\ a_{r1}x_1+a_{r2}x_2+\cdots+a_{rr}x_r=-a_{rr+1}x_{r+1}-\cdots-a_{rn}x_n \end{cases}.$$

因为

$$D=\begin{vmatrix} a_{11} & a_{12} & \cdots & a_{1r} \\ a_{21} & a_{22} & \cdots & a_{2r} \\ \vdots & \vdots & & \vdots \\ a_{r1} & a_{r2} & \cdots & a_{rr} \end{vmatrix}\neq 0,$$

所以有如下形式的结果：

$$\begin{cases} x_1=b_{1r+1}x_{r+1}+b_{1r+2}x_{r+2}+\cdots+b_{1n}x_n \\ x_2=b_{2r+1}x_{r+1}+b_{2r+2}x_{r+2}+\cdots+b_{2n}x_n \\ \vdots \\ x_r=b_{rr+1}x_{r+1}+b_{rr+2}x_{r+2}+\cdots+b_{rn}x_n \end{cases},$$

其中 $x_{r+1},x_{r+2},\cdots,x_n$ 为自由未知量，即

$$\begin{cases} x_1=b_{1r+1}x_{r+1}+b_{1r+2}x_{r+2}+\cdots+b_{1n}x_n \\ x_2=b_{2r+1}x_{r+1}+b_{2r+2}x_{r+2}+\cdots+b_{2n}x_n \\ \vdots \\ x_r=b_{rr+1}x_{r+1}+b_{rr+2}x_{r+2}+\cdots+b_{rn}x_n \\ x_{r+1}=x_{r+1} \\ x_{r+2}=x_{r+2} \\ \vdots \\ x_n=x_n \end{cases},$$

用向量形式表达为

$$\boldsymbol{x}=\begin{pmatrix}x_1\\x_2\\\vdots\\x_r\\x_{r+1}\\x_{r+2}\\\vdots\\x_n\end{pmatrix}=x_{r+1}\begin{pmatrix}b_{1r+1}\\b_{2r+1}\\\vdots\\b_{rr+1}\\1\\0\\\vdots\\0\end{pmatrix}+x_{r+2}\begin{pmatrix}b_{1r+2}\\b_{2r+2}\\\vdots\\b_{rr+2}\\0\\1\\\vdots\\0\end{pmatrix}+\cdots+x_n\begin{pmatrix}b_{1n}\\b_{2n}\\\vdots\\b_{rn}\\0\\0\\\vdots\\1\end{pmatrix}.$$

记

$$\boldsymbol{\xi}_1=\begin{pmatrix}b_{1r+1}\\b_{2r+1}\\\vdots\\b_{rr+1}\\1\\0\\\vdots\\0\end{pmatrix},\boldsymbol{\xi}_2=\begin{pmatrix}b_{1r+2}\\b_{2r+2}\\\vdots\\b_{rr+2}\\0\\1\\\vdots\\0\end{pmatrix},\cdots,\boldsymbol{\xi}_{n-r}=\begin{pmatrix}b_{1n}\\b_{2n}\\\vdots\\b_{rn}\\0\\0\\\vdots\\1\end{pmatrix},$$

又对于 $n-r$ 维向量

$$\boldsymbol{\eta}_1=\begin{pmatrix}1\\0\\\vdots\\0\end{pmatrix},\boldsymbol{\eta}_2=\begin{pmatrix}0\\1\\\vdots\\0\end{pmatrix},\cdots,\boldsymbol{\eta}_{n-r}=\begin{pmatrix}0\\0\\\vdots\\1\end{pmatrix},$$

由于

$$\begin{vmatrix}1&0&0&\cdots&0\\0&1&0&\cdots&0\\0&0&1&\cdots&0\\\vdots&\vdots&\vdots&&\vdots\\0&0&0&\cdots&1\end{vmatrix}=1\neq 0,$$

可知其线性无关,进而有 $\boldsymbol{\xi}_1,\boldsymbol{\xi}_2,\cdots,\boldsymbol{\xi}_{n-r}$ 线性无关,这样方程组(1)的任意解向量均为 $\boldsymbol{\xi}_1$,$\boldsymbol{\xi}_2,\cdots,\boldsymbol{\xi}_{n-r}$ 的线性组合,即

$$\boldsymbol{x}=k_1\boldsymbol{\xi}_1+k_2\boldsymbol{\xi}_2+\cdots+k_{n-r}\boldsymbol{\xi}_{n-r}\quad(k_1,k_2,\cdots,k_{n-r}\in\mathbf{R}),$$

该表达式称为齐次线性方程组(1)的**通解**. 通解清楚地揭示了齐次线性方程组解的结构.

定理 3-12 的证明过程实际上提供了求 $\boldsymbol{Ax}=\boldsymbol{0}$ 基础解系的方法. 需要说明的是,对 $n-r$ 个自由未知量的选择不是唯一的,也可以选择另外 $n-r$ 个未知量,只要由此得到的 $n-r$ 个解向量线性无关即可,也就是说,基础解系并不唯一.

**【例 3-20】** 求下列齐次线性方程组的通解,并指出它的基础解系.

(1) $\begin{cases} x_1+3x_2+4x_3+8x_4=0 \\ -x_1+x_2+4x_4=0 \\ 4x_1+2x_2+6x_3+10x_4=0 \end{cases}$;

(2) $\begin{cases} 2x_1-2x_2+2x_3=0 \\ x_1-x_2+x_3=0 \\ 3x_1-3x_2+3x_3=0 \end{cases}$.

**解**　(1)对系数矩阵 $\boldsymbol{A}$ 进行初等行变换，

$$\boldsymbol{A}=\begin{pmatrix} 1 & 3 & 4 & 8 \\ -1 & 1 & 0 & 4 \\ 4 & 2 & 6 & 10 \end{pmatrix} \xrightarrow[r_3-4r_1]{r_2+r_1} \begin{pmatrix} 1 & 3 & 4 & 8 \\ 0 & 4 & 4 & 12 \\ 0 & -10 & -10 & -22 \end{pmatrix} \xrightarrow{\frac{1}{4}r_2} \begin{pmatrix} 1 & 3 & 4 & 8 \\ 0 & 1 & 1 & 3 \\ 0 & -10 & -10 & -22 \end{pmatrix}$$

$$\xrightarrow{r_3+10r_2} \begin{pmatrix} 1 & 3 & 4 & 8 \\ 0 & 1 & 1 & 3 \\ 0 & 0 & 0 & 8 \end{pmatrix} \xrightarrow[\frac{1}{8}r_3]{r_1-3r_2} \begin{pmatrix} 1 & 0 & 1 & -1 \\ 0 & 1 & 1 & 3 \\ 0 & 0 & 0 & 1 \end{pmatrix} \xrightarrow[r_1+r_3]{r_2-3r_3} \begin{pmatrix} 1 & 0 & 1 & 0 \\ 0 & 1 & 1 & 0 \\ 0 & 0 & 0 & 1 \end{pmatrix}.$$

可知 $R(\boldsymbol{A})=3<4$,故方程组有无穷多解,且基础解系中含有一个解向量. 即

$$\begin{cases} x_1=-x_3 \\ x_2=-x_3 \\ x_4=0 \end{cases},$$

其中 $x_3$ 为自由未知量,即

$$\begin{cases} x_1=-x_3 \\ x_2=-x_3 \\ x_3=x_3 \\ x_4=0 \end{cases},$$

用向量形式表达为

$$\boldsymbol{x}=\begin{pmatrix} x_1 \\ x_2 \\ x_3 \\ x_4 \end{pmatrix}=x_3\begin{pmatrix} -1 \\ -1 \\ 1 \\ 0 \end{pmatrix},$$

记 $\boldsymbol{\xi}=\begin{pmatrix} -1 \\ -1 \\ 1 \\ 0 \end{pmatrix}$,$\boldsymbol{\xi}$ 为方程组的基础解系,则方程组的通解为 $\boldsymbol{x}=k\boldsymbol{\xi}(k\in\mathbf{R})$.

(2)对系数矩阵 $\boldsymbol{A}$ 做初等行变换,

$$\boldsymbol{A}=\begin{pmatrix} 2 & -2 & 2 \\ 1 & -1 & 1 \\ 3 & -3 & 3 \end{pmatrix} \xrightarrow{r_1\leftrightarrow r_2} \begin{pmatrix} 1 & -1 & 1 \\ 2 & -2 & 2 \\ 3 & -3 & 3 \end{pmatrix} \xrightarrow[r_3-3r_1]{r_2-2r_1} \begin{pmatrix} 1 & -1 & 1 \\ 0 & 0 & 0 \\ 0 & 0 & 0 \end{pmatrix},$$

可知 $R(\boldsymbol{A})=1<3$,故方程组有无穷多解,且基础解系中含有两个解向量. 即 $x_1=x_2-x_3$,其中 $x_2,x_3$ 为自由未知量,用向量形式表达为

$$\begin{cases} x_1 = x_2 - x_3 \\ x_2 = x_2 \\ x_3 = x_3 \end{cases},$$

即

$$\boldsymbol{x} = \begin{pmatrix} x_1 \\ x_2 \\ x_3 \end{pmatrix} = x_2 \begin{pmatrix} 1 \\ 1 \\ 0 \end{pmatrix} + x_3 \begin{pmatrix} -1 \\ 0 \\ 1 \end{pmatrix}.$$

记

$$\boldsymbol{\xi}_1 = \begin{pmatrix} 1 \\ 1 \\ 0 \end{pmatrix}, \boldsymbol{\xi}_2 = \begin{pmatrix} -1 \\ 0 \\ 1 \end{pmatrix},$$

$\boldsymbol{\xi}_1, \boldsymbol{\xi}_2$ 为方程组的基础解系，则方程组的通解为

$$\boldsymbol{x} = k_1 \boldsymbol{\xi}_1 + k_2 \boldsymbol{\xi}_2 \quad (k_1, k_2 \in \mathbf{R}).$$

**【例 3-21】** 设齐次线性方程组 $\boldsymbol{A}\boldsymbol{x} = \boldsymbol{0}$，其中 $\boldsymbol{A} = \begin{pmatrix} -1 & 0 & 1 \\ k & 0 & l \\ 1 & 0 & -1 \end{pmatrix}$ $(kl \neq 0)$，问 $k$ 与 $l$ 满足什么关系时，齐次线性方程组的基础解系含有两个解向量？

**解**

$$\boldsymbol{A} = \begin{pmatrix} -1 & 0 & 1 \\ k & 0 & l \\ 1 & 0 & -1 \end{pmatrix} \xrightarrow{r_3 + r_1} \begin{pmatrix} -1 & 0 & 1 \\ k & 0 & l \\ 0 & 0 & 0 \end{pmatrix}$$

$$\xrightarrow{-r_1} \begin{pmatrix} 1 & 0 & -1 \\ k & 0 & l \\ 0 & 0 & 0 \end{pmatrix} \xrightarrow{r_2 - kr_1} \begin{pmatrix} 1 & 0 & -1 \\ 0 & 0 & k+l \\ 0 & 0 & 0 \end{pmatrix}.$$

要使得齐次方程组的基础解系中含有两个解向量，则对应的系数矩阵的秩必为 1，因而只需 $k + l = 0$ 即可.

**【例 3-22】** 设 $\boldsymbol{A}, \boldsymbol{B}$ 均为 $n$ 阶方阵，且 $\boldsymbol{AB} = \boldsymbol{O}$，证明：$R(\boldsymbol{A}) + R(\boldsymbol{B}) \leqslant n$.

**证明** 设矩阵 $\boldsymbol{A}$ 的秩 $R(\boldsymbol{A}) = r$，则齐次线性方程组 $\boldsymbol{A}\boldsymbol{x} = \boldsymbol{0}$ 的基础解系中含有 $n - r$ 个线性无关的解向量.

记 $\boldsymbol{B} = (\boldsymbol{\beta}_1, \boldsymbol{\beta}_2, \cdots, \boldsymbol{\beta}_n)$，因为 $\boldsymbol{AB} = \boldsymbol{O}$，即 $\boldsymbol{A}(\boldsymbol{\beta}_1, \boldsymbol{\beta}_2, \cdots, \boldsymbol{\beta}_n) = \boldsymbol{O}$，也就是 $(\boldsymbol{A}\boldsymbol{\beta}_1, \boldsymbol{A}\boldsymbol{\beta}_2, \cdots, \boldsymbol{A}\boldsymbol{\beta}_n) = \boldsymbol{O}$，故有 $\boldsymbol{A}\boldsymbol{\beta}_i = \boldsymbol{0}$ $(i = 1, 2, \cdots, n)$，说明 $\boldsymbol{\beta}_1, \boldsymbol{\beta}_2, \cdots, \boldsymbol{\beta}_n$ 是方程组 $\boldsymbol{A}\boldsymbol{x} = \boldsymbol{0}$ 的解，所以 $R(\boldsymbol{\beta}_1, \boldsymbol{\beta}_2, \cdots, \boldsymbol{\beta}_n) \leqslant n - r$，即 $R(\boldsymbol{B}) \leqslant n - R(\boldsymbol{A})$. 于是有 $R(\boldsymbol{A}) + R(\boldsymbol{B}) \leqslant n$.

**2. 非齐次线性方程组解的结构**

对于非齐次线性方程组 $\boldsymbol{A}\boldsymbol{x} = \boldsymbol{b}$ 的解向量有如下性质.

**性质 1** 若 $\boldsymbol{x} = \boldsymbol{\eta}$ 是非齐次线性方程组 $\boldsymbol{A}\boldsymbol{x} = \boldsymbol{b}$ 的解向量，$\boldsymbol{x} = \boldsymbol{\xi}$ 是对应的齐次线性方程组 $\boldsymbol{A}\boldsymbol{x} = \boldsymbol{0}$ 的解向量，则 $\boldsymbol{x} = \boldsymbol{\xi} + \boldsymbol{\eta}$ 也是非齐次线性方程组 $\boldsymbol{A}\boldsymbol{x} = \boldsymbol{b}$ 的解向量.

**证明** $\boldsymbol{A}(\boldsymbol{\xi} + \boldsymbol{\eta}) = \boldsymbol{A}\boldsymbol{\xi} + \boldsymbol{A}\boldsymbol{\eta} = \boldsymbol{0} + \boldsymbol{b} = \boldsymbol{b}$，即 $\boldsymbol{x} = \boldsymbol{\xi} + \boldsymbol{\eta}$ 满足方程组 $\boldsymbol{A}\boldsymbol{x} = \boldsymbol{b}$.

**性质 2** 若 $\boldsymbol{x} = \boldsymbol{\eta}_1, \boldsymbol{x} = \boldsymbol{\eta}_2$ 是非齐次线性方程组 $\boldsymbol{A}\boldsymbol{x} = \boldsymbol{b}$ 的解向量，则 $\boldsymbol{x} = \boldsymbol{\eta}_1 - \boldsymbol{\eta}_2$ 是对应的齐次线性方程组 $\boldsymbol{A}\boldsymbol{x} = \boldsymbol{0}$ 的解向量.

**证明**　$\boldsymbol{A}(\boldsymbol{\eta}_1-\boldsymbol{\eta}_2)=\boldsymbol{A}\boldsymbol{\eta}_1-\boldsymbol{A}\boldsymbol{\eta}_2=\boldsymbol{b}-\boldsymbol{b}=\boldsymbol{0}$，即 $\boldsymbol{x}=\boldsymbol{\eta}_1-\boldsymbol{\eta}_2$ 满足方程组 $\boldsymbol{Ax}=\boldsymbol{0}$.

通过下面的例子进一步来研究非齐次线性方程组解的结构.

**【例 3-23】**　求解非齐次线性方程组$\begin{cases}x_1+2x_2+2x_3=2\\x_1+3x_2+4x_3-2x_4=3\\x_1+x_2+2x_4=1\end{cases}$，并将其解表示为向量的形式.

**解**　对增广矩阵 $\boldsymbol{B}$ 施以初等行变换

$$\boldsymbol{B}=(\boldsymbol{A}\,\vdots\,\boldsymbol{b})=\left(\begin{array}{cccc:c}1&2&2&0&2\\1&3&4&-2&3\\1&1&0&2&1\end{array}\right)\xrightarrow[r_3-r_1]{r_2-r_1}\left(\begin{array}{cccc:c}1&2&2&0&2\\0&1&2&-2&1\\0&-1&-2&2&-1\end{array}\right)$$

$$\xrightarrow[r_1-2r_2]{r_3+r_2}\left(\begin{array}{cccc:c}1&0&-2&4&0\\0&1&2&-2&1\\0&0&0&0&0\end{array}\right).$$

则可得

$$\begin{cases}x_1=2x_3-4x_4\\x_2=-2x_3+2x_4+1\end{cases},$$

其中 $x_3,x_4$ 为自由未知量，即

$$\begin{cases}x_1=2x_3-4x_4\\x_2=-2x_3+2x_4+1\\x_3=x_3\\x_4=x_4\end{cases},$$

用向量形式表达为

$$\boldsymbol{x}=\begin{pmatrix}x_1\\x_2\\x_3\\x_4\end{pmatrix}=x_3\begin{pmatrix}2\\-2\\1\\0\end{pmatrix}+x_4\begin{pmatrix}-4\\2\\0\\1\end{pmatrix}+\begin{pmatrix}0\\1\\0\\0\end{pmatrix},$$

其中 $x_3,x_4$ 为自由未知量.

记 $\boldsymbol{\xi}_1=\begin{pmatrix}2\\-2\\1\\0\end{pmatrix}$，$\boldsymbol{\xi}_2=\begin{pmatrix}-4\\2\\0\\1\end{pmatrix}$，$\boldsymbol{\eta}^*=\begin{pmatrix}0\\1\\0\\0\end{pmatrix}$，设 $x_3=k_1$，$x_4=k_2$，则非齐次线性方程组的通解为 $\boldsymbol{x}=k_1\boldsymbol{\xi}_1+k_2\boldsymbol{\xi}_2+\boldsymbol{\eta}^*\ (k_1,k_2\in\mathbf{R})$.

可以看出 $\boldsymbol{\xi}_1,\boldsymbol{\xi}_2$ 恰好是方程组对应的齐次线性方程组的基础解系，即 $k_1\boldsymbol{\xi}_1+k_2\boldsymbol{\xi}_2$ 为齐次线性方程组的通解. 而 $\boldsymbol{\eta}^*$ 是非齐次线性方程组的一个解，称其为特解. 进一步可以得到非齐次线性方程组 $\boldsymbol{Ax}=\boldsymbol{b}$ 解的结构.

**定理 3-13**　设非齐次线性方程组 $\boldsymbol{Ax}=\boldsymbol{b}$，$R(\boldsymbol{A})=R(\boldsymbol{A}\,\vdots\,\boldsymbol{b})=r$，则

(1) 若 $r<n$，$\boldsymbol{x}=\boldsymbol{\eta}^*$ 是非齐次线性方程组 $\boldsymbol{Ax}=\boldsymbol{b}$ 的特解，$\boldsymbol{\xi}_1,\boldsymbol{\xi}_2,\cdots,\boldsymbol{\xi}_{n-r}$ 是对应的齐

次线性方程组的一个基础解系，则 $x=\sum_{i=1}^{n-r}k_i\xi_i+\eta^*$（其中 $k_1,k_2,\cdots,k_{n-r}$ 为任意实数）是非齐次线性方程组 $Ax=b$ 的通解；

(2)若 $r=n$，则非齐次线性方程组 $Ax=b$ 有唯一解.

**【例 3-24】** 求非齐次线性方程组 $\begin{cases}x_1+x_2-2x_4=-6\\4x_1-x_2-x_3-x_4=1\\3x_1-x_2-x_3=3\end{cases}$ 的通解.

**解** 对增广矩阵 $B$ 施以初等行变换

$$B=(A\,\vdots\,b)=\begin{pmatrix}1&1&0&-2&\vdots&-6\\4&-1&-1&-1&\vdots&1\\3&-1&-1&0&\vdots&3\end{pmatrix}\xrightarrow[r_3-3r_1]{r_2-4r_1}\begin{pmatrix}1&1&0&-2&\vdots&-6\\0&-5&-1&7&\vdots&25\\0&-4&-1&6&\vdots&21\end{pmatrix}$$

$$\xrightarrow{r_2-r_3}\begin{pmatrix}1&1&0&-2&\vdots&-6\\0&-1&0&1&\vdots&4\\0&-4&-1&6&\vdots&21\end{pmatrix}\xrightarrow[r_1-r_2]{\substack{-r_2\\r_3+4r_2}}\begin{pmatrix}1&0&0&-1&\vdots&-2\\0&1&0&-1&\vdots&-4\\0&0&-1&2&\vdots&5\end{pmatrix}$$

$$\xrightarrow{-r_3}\begin{pmatrix}1&0&0&-1&\vdots&-2\\0&1&0&-1&\vdots&-4\\0&0&1&-2&\vdots&-5\end{pmatrix}.$$

则可得

$$\begin{cases}x_1=x_4-2\\x_2=x_4-4\\x_3=2x_4-5\end{cases},$$

其中 $x_4$ 为自由未知量，即

$$\begin{cases}x_1=x_4-2\\x_2=x_4-4\\x_3=2x_4-5\\x_4=x_4\end{cases},$$

用向量形式表达为

$$x=\begin{pmatrix}x_1\\x_2\\x_3\\x_4\end{pmatrix}=x_4\begin{pmatrix}1\\1\\2\\1\end{pmatrix}+\begin{pmatrix}-2\\-4\\-5\\0\end{pmatrix},$$

其中 $x_4$ 为自由未知量.

记 $\xi=\begin{pmatrix}1\\1\\2\\1\end{pmatrix}$，$\eta^*=\begin{pmatrix}-2\\-4\\-5\\0\end{pmatrix}$，设 $x_4=k$，则非齐次线性方程组的通解为 $x=k\xi+\eta^*$（$k\in$ **R**）.

**【例 3-25】** 设四元非齐次线性方程组的系数矩阵的秩为 3.

(1)已知 $\boldsymbol{\eta}_1,\boldsymbol{\eta}_2$ 为它的两个不同的解,求它的通解;

(2)设 $\boldsymbol{\eta}_1,\boldsymbol{\eta}_2,\boldsymbol{\eta}_3$ 是它的三个解,且

$$\boldsymbol{\eta}_1=\begin{pmatrix}2\\3\\4\\5\end{pmatrix},\boldsymbol{\eta}_2+\boldsymbol{\eta}_3=\begin{pmatrix}1\\2\\3\\4\end{pmatrix},$$

求它的通解.

**解**　设该四元非齐次线性方程组为 $\boldsymbol{Ax}=\boldsymbol{b}$,则 $R(\boldsymbol{A})=3$,可知对应的齐次线性方程组 $\boldsymbol{Ax}=\boldsymbol{0}$ 的基础解系包含 1 个解向量.设 $\boldsymbol{\eta}^*$ 为 $\boldsymbol{Ax}=\boldsymbol{b}$ 的一个特解,则 $\boldsymbol{Ax}=\boldsymbol{b}$ 的通解为 $\boldsymbol{x}=k\boldsymbol{\xi}+\boldsymbol{\eta}^*$.

(1)根据非齐次线性方程组解的性质,有 $\boldsymbol{\xi}=\boldsymbol{\eta}_1-\boldsymbol{\eta}_2$ 为 $\boldsymbol{Ax}=\boldsymbol{0}$ 的基础解系,于是 $\boldsymbol{Ax}=\boldsymbol{b}$ 的通解为 $\boldsymbol{x}=k(\boldsymbol{\eta}_1-\boldsymbol{\eta}_2)+\boldsymbol{\eta}_1$.

(2)$\boldsymbol{\xi}=(\boldsymbol{\eta}_1-\boldsymbol{\eta}_2)+(\boldsymbol{\eta}_1-\boldsymbol{\eta}_3)=2\boldsymbol{\eta}_1-(\boldsymbol{\eta}_2+\boldsymbol{\eta}_3)=\begin{pmatrix}3\\4\\5\\6\end{pmatrix}$ 为 $\boldsymbol{Ax}=\boldsymbol{0}$ 的基础解系,则 $\boldsymbol{Ax}=\boldsymbol{b}$ 的通解为

$$\boldsymbol{x}=k\begin{pmatrix}3\\4\\5\\6\end{pmatrix}+\begin{pmatrix}2\\3\\4\\5\end{pmatrix}.$$

# 3.5　向量空间

向量空间的理论起源于对线性方程组解的研究,是由此抽象和发展起来的一般化方法,在解决许多数学问题中得到了有效应用.

## 3.5.1　向量空间的概念

在本章一开始曾给出了 $n$ 维向量的概念,并规定了向量的加法及数乘两种运算.在全体二维向量构成的集合 $\mathbf{R}^2$ 中,任何一个向量都可以看作是 $xOy$ 平面上的有向线段.显然,对于任何两个向量 $\boldsymbol{\alpha},\boldsymbol{\beta}\in\mathbf{R}^2$,有 $\boldsymbol{\alpha}+\boldsymbol{\beta}\in\mathbf{R}^2$(图 3-3).

对于任一向量 $\boldsymbol{\alpha}$ 和数 $k$,有 $k\boldsymbol{\alpha}\in\mathbf{R}^2$(图 3-4).

对于 3 维向量也有相同的结果,如图 3-5 所示.

更一般地,在所有 $n$ 维向量构成的集合 $\mathbf{R}^n$ 中,$\boldsymbol{\alpha}+\boldsymbol{\beta}\in\mathbf{R}^n$,$k\boldsymbol{\alpha}\in\mathbf{R}^n$,其中 $\boldsymbol{\alpha},\boldsymbol{\beta}\in\mathbf{R}^n$,$k$ 为常数.这种现象称为 $\mathbf{R}^n$ 对加法及数乘两种运算**封闭**.

**定义 3-8** 设 $\mathbf{V}$ 是 $n$ 维向量的集合,如果 $\mathbf{V}$ 非空,并且对于任意元素 $\boldsymbol{\alpha},\boldsymbol{\beta}\in\mathbf{V}$,$k\in\mathbf{R}$,都有 $\boldsymbol{\alpha}+\boldsymbol{\beta}\in\mathbf{V}$,$k\boldsymbol{\alpha}\in\mathbf{V}$,即 $\mathbf{V}$ 对加法及数乘两种运算封闭,则称 $\mathbf{V}$ 为向量空间.

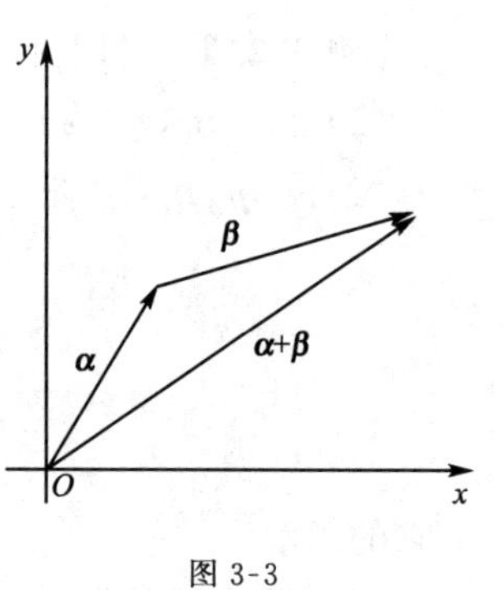

图 3-3

由此可知,2 维向量的全体 $\mathbf{R}^2$,3 维向量的全体 $\mathbf{R}^3$,以及 $n$ 维向量的全体 $\mathbf{R}^n$ 都是向量空间.

容易判断,只含零向量的集合 $\mathbf{R}=\{\mathbf{0}\}$ 也是一个向量空间,称为**零空间**.

**【例 3-26】** 3 维向量集合 $\mathbf{V}=\left\{\begin{pmatrix}0\\x_2\\x_3\end{pmatrix}\middle| x_2,x_3\in\mathbf{R}\right\}$是一个

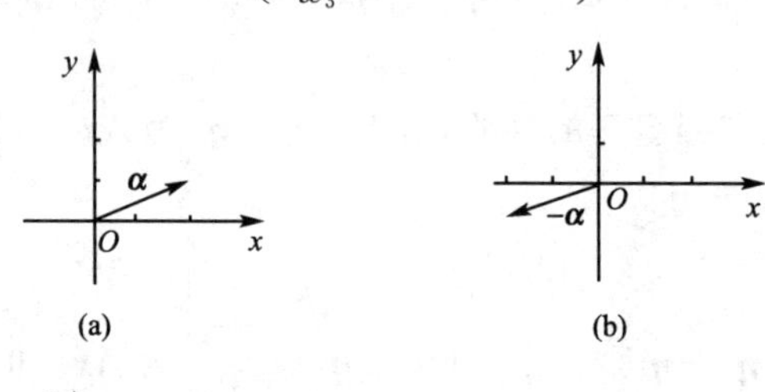


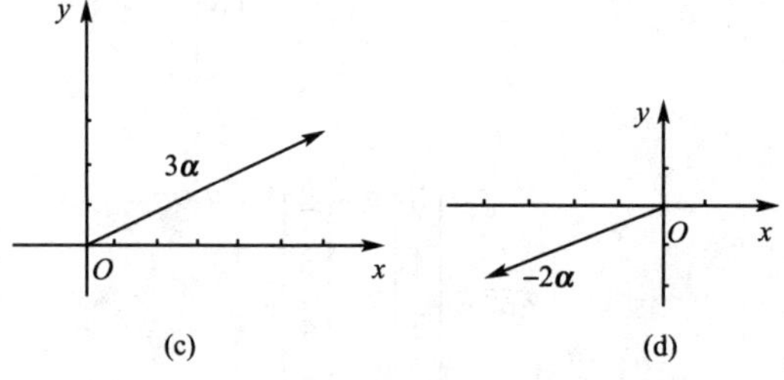


图 3-4

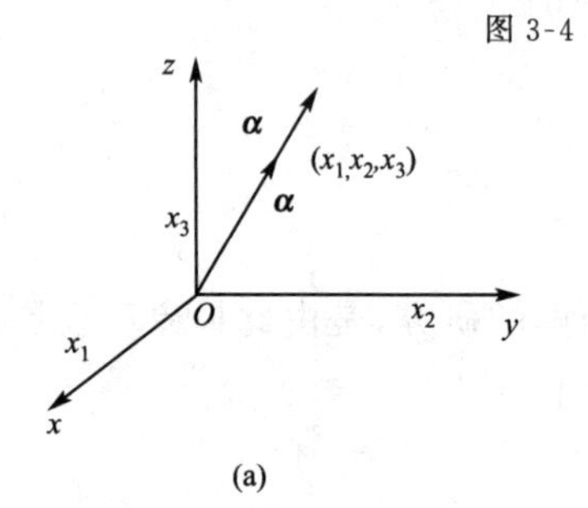


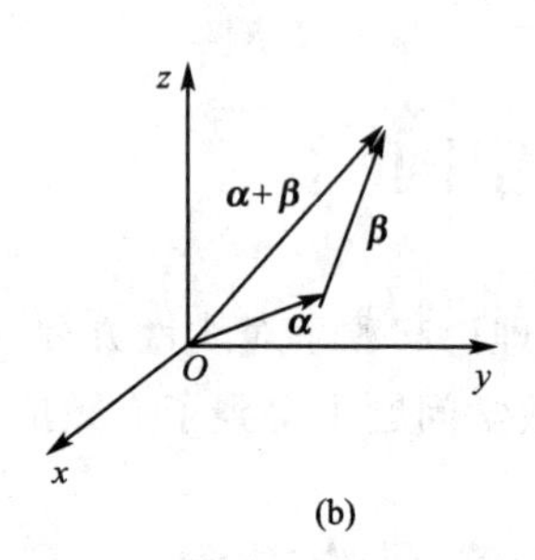


图 3-5

向量空间.

这是因为零向量 $\mathbf{0}=\begin{pmatrix}0\\0\\0\end{pmatrix}\in\mathbf{V}$,所以 $\mathbf{V}$ 非空. 又因为对任意

$$\boldsymbol{\alpha}=\begin{pmatrix}0\\a_2\\a_3\end{pmatrix}\in\mathbf{V},\boldsymbol{\beta}=\begin{pmatrix}0\\b_2\\b_3\end{pmatrix}\in\mathbf{V},k\in\mathbf{R}$$

有

$$\boldsymbol{\alpha}+\boldsymbol{\beta}=\begin{pmatrix}0\\a_2+b_2\\a_3+b_3\end{pmatrix}\in\mathbf{V},k\boldsymbol{\alpha}=\begin{pmatrix}0\\ka_2\\ka_3\end{pmatrix}\in\mathbf{V}$$

于是由定义 3-8 知,$\mathbf{V}$ 是一个向量空间.

**【例 3-27】** 齐次线性方程组 $\mathbf{A}\boldsymbol{x}=\mathbf{0}$ 所有解向量构成的集合 $\boldsymbol{S}$ 是一个向量空间.

这是因为齐次线性方程组总是有解的,所以 $\boldsymbol{S}$ 非空.

若 $\boldsymbol{\xi}_1,\boldsymbol{\xi}_2$ 是 $\mathbf{A}\boldsymbol{x}=\mathbf{0}$ 的解,$k$ 是实数,则由解的性质可知,$\boldsymbol{\xi}_1+\boldsymbol{\xi}_2$ 以及 $k\boldsymbol{\xi}_1$ 也是 $\mathbf{A}\boldsymbol{x}=\mathbf{0}$ 的解,所以 $\boldsymbol{S}$ 对于向量的线性运算封闭,故 $\boldsymbol{S}$ 是一个向量空间,并称 $\boldsymbol{S}$ 是齐次线性方程组的**解空间**.

**【例 3-28】** 证明 3 维向量集合 $\mathbf{V}=\left\{\begin{pmatrix}x_1\\x_2\\x_3\end{pmatrix}\middle| x_1+x_2+x_3=1,x_1,x_2,x_3\in\mathbf{R}\right\}$不是向量空间.

**证明**　若设 $\boldsymbol{\alpha}=\begin{pmatrix}a_1\\a_2\\a_3\end{pmatrix}\in\mathbf{V},\boldsymbol{\beta}=\begin{pmatrix}b_1\\b_2\\b_3\end{pmatrix}\in\mathbf{V}$,即有

$$a_1+a_2+a_3=1,\quad b_1+b_2+b_3=1,$$

对向量

$$\boldsymbol{\alpha}+\boldsymbol{\beta}=\begin{pmatrix}a_1+a_2\\a_2+b_2\\a_3+b_3\end{pmatrix},$$

有

$$(a_1+b_1)+(a_2+b_2)+(a_3+b_3)=(a_1+a_2+a_3)+(b_1+b_2+b_3)=1+1=2\neq1.$$

故 $\boldsymbol{\alpha}+\boldsymbol{\beta}\notin\mathbf{V}$,即 $\mathbf{V}$ 对向量的加法运算不封闭,由定义 3-8 知,$\mathbf{V}$ 不是向量空间.

对于给定的一个向量空间 $\mathbf{V}$,常常会涉及 $\mathbf{V}$ 的一个子集 $\boldsymbol{S}$. $\boldsymbol{S}$ 在 $\mathbf{V}$ 上定义的运算意义下,也构成一个向量空间.

例如,$\boldsymbol{S}=\left\{\begin{pmatrix}x_1\\x_2\end{pmatrix}\middle| x_2=2x_1\right\}$为 $\mathbf{R}^2$ 的一个子集. 若 $\boldsymbol{\alpha}=\begin{pmatrix}c\\2c\end{pmatrix}$为 $\boldsymbol{S}$ 的任一元素,且 $k$ 为任意常数,则

$$k\boldsymbol{\alpha}=k\begin{pmatrix}c\\2c\end{pmatrix}=\begin{pmatrix}kc\\2kc\end{pmatrix}$$

为 $\boldsymbol{S}$ 的元素.

若$\begin{pmatrix}a\\2a\end{pmatrix}$和$\begin{pmatrix}b\\2b\end{pmatrix}$为 $\boldsymbol{S}$ 中的任意两个元素,则它们的和

$$\begin{pmatrix}a+b\\2a+2b\end{pmatrix}=\begin{pmatrix}a+b\\2(a+b)\end{pmatrix}$$

仍是 $\boldsymbol{S}$ 中的一个元素. 容易看到,一个由 $\boldsymbol{S}$(而不是 $\mathbf{R}^2$)连同 $\mathbf{R}^2$ 上的运算组成的数学系统构成了一个向量空间.

**定义 3-9** 若 $\boldsymbol{S}$ 为向量空间 $\boldsymbol{V}$ 的非空子集,且 $\boldsymbol{S}$ 满足如下条件:

(1)对任意常数 $k$,若 $\boldsymbol{x}\in\boldsymbol{S}$,则 $k\boldsymbol{x}\in\boldsymbol{S}$;

(2)若 $\boldsymbol{x}\in\boldsymbol{S},\boldsymbol{y}\in\boldsymbol{S}$,则 $\boldsymbol{x}+\boldsymbol{y}\in\boldsymbol{S}$.

则称 $\boldsymbol{S}$ 为 $\boldsymbol{V}$ 的**子空间**.

**【例 3-29】** 设 $\boldsymbol{S}=\left\{\begin{pmatrix}x_1\\x_2\\x_3\end{pmatrix}\middle|\, x_1=x_2,x_1,x_2,x_3\in\mathbf{R}\right\}$,证明 $\boldsymbol{S}$ 为 $\mathbf{R}^3$ 的一个子空间.

**证明** (1)若 $\boldsymbol{x}=\begin{pmatrix}a\\a\\b\end{pmatrix}$为 $\boldsymbol{S}$ 中的任意向量,则

$$k\boldsymbol{x}=\begin{pmatrix}ka\\ka\\kb\end{pmatrix}\in\boldsymbol{S}.$$

(2)若 $\boldsymbol{y}=\begin{pmatrix}c\\c\\d\end{pmatrix}$也为 $\boldsymbol{S}$ 中的任意向量,则

$$\boldsymbol{x}+\boldsymbol{y}=\begin{pmatrix}a+c\\a+c\\b+d\end{pmatrix}\in\boldsymbol{S},$$

由于 $\boldsymbol{S}$ 非空,且满足定义 3-9 的条件,故 $\boldsymbol{S}$ 为 $\mathbf{R}^3$ 的子空间.

**【例 3-30】** 设线性空间 $\mathbf{R}^3$ 中 $\boldsymbol{\alpha}=\begin{pmatrix}1\\0\\0\end{pmatrix},\boldsymbol{\beta}=\begin{pmatrix}0\\1\\0\end{pmatrix}$,试证明它们的线性组合全体 $\boldsymbol{V}_1=\{\lambda_1\boldsymbol{\alpha}+\lambda_2\boldsymbol{\beta}\mid\lambda_1,\lambda_2\in\mathbf{R}\}$ 构成 $\mathbf{R}^3$ 的子空间.

**证明** 易得 $\boldsymbol{V}_1\subset\mathbf{R}^3$.

任取 $\boldsymbol{\gamma}_1=\lambda_1\boldsymbol{\alpha}+\lambda_2\boldsymbol{\beta}\in\boldsymbol{V}_1,\boldsymbol{\gamma}_2=l_1\boldsymbol{\alpha}+l_2\boldsymbol{\beta}\in\boldsymbol{V}_1$,都有

$$\boldsymbol{\gamma}_1+\boldsymbol{\gamma}_2\in\boldsymbol{V}_1,k\boldsymbol{\gamma}_1\in\boldsymbol{V}_1,k\in\mathbf{R},$$

故 $\boldsymbol{V}_1$ 是 $\mathbf{R}^3$ 的子空间. $\boldsymbol{V}_1$ 有着明显的几何意义(图 3-6).

不难发现 $\boldsymbol{V}_1$ 中所有向量都在 $xOy$ 平面上. 称 $\boldsymbol{V}_1$ 是由 $\boldsymbol{\alpha},\boldsymbol{\beta}$ 所**生成的子空间**. 一般地有如下定义.

**定义 3-10** 设 $\boldsymbol{\alpha}_1,\boldsymbol{\alpha}_2,\cdots,\boldsymbol{\alpha}_m$ 是 $m$ 个 $n$ 维已知的向量,则集合

$$\boldsymbol{V}=\{x_1\boldsymbol{\alpha}_1+x_2\boldsymbol{\alpha}_2+\cdots+x_m\boldsymbol{\alpha}_m\mid x_1,x_2,\cdots,x_m\in\mathbf{R}\}$$

是一个向量空间,称为由向量 $\boldsymbol{\alpha}_1,\boldsymbol{\alpha}_2,\cdots,\boldsymbol{\alpha}_m$ **生成的向量空间**.

### 3.5.2　向量空间的基与维数

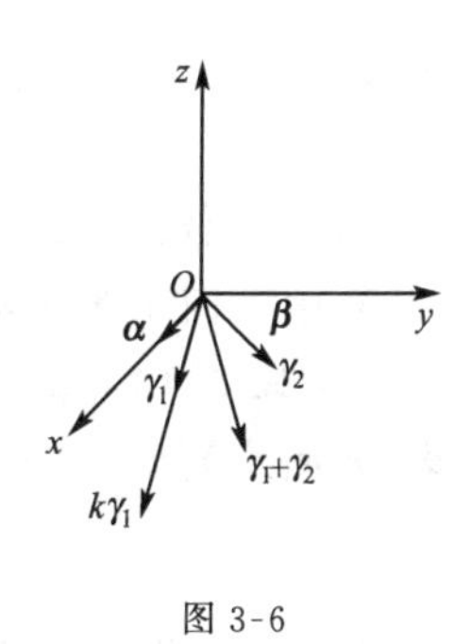

图 3-6

前面已经讨论过,对于齐次线性方程组

$$\begin{cases} a_{11}x_1+a_{12}x_2+\cdots+a_{1n}x_n=0 \\ a_{21}x_1+a_{22}x_2+\cdots+a_{2n}x_n=0 \\ \vdots \\ a_{m1}x_1+a_{m2}x_2+\cdots+a_{mn}x_n=0 \end{cases},$$

如果系数矩阵的秩 $R(\boldsymbol{A})<n$,则该方程组有非零解. 其解空间 $\boldsymbol{S}$ 含有无穷多个解向量,解空间 $\boldsymbol{S}$ 中任意解向量

$$\boldsymbol{x}=k_1\boldsymbol{\xi}_1+\cdots+k_{n-r}\boldsymbol{\xi}_{n-r},$$

其中 $\boldsymbol{\xi}_1,\boldsymbol{\xi}_2,\cdots,\boldsymbol{\xi}_{n-r}$ 为基础解系.

在 $\mathbf{R}^3$ 中,$\boldsymbol{i}=\begin{pmatrix}1\\0\\0\end{pmatrix}$,$\boldsymbol{j}=\begin{pmatrix}0\\1\\0\end{pmatrix}$,$\boldsymbol{k}=\begin{pmatrix}0\\0\\1\end{pmatrix}$是线性无关的向量. $\mathbf{R}^3$ 中的任意向量 $\boldsymbol{\alpha}=\begin{pmatrix}x\\y\\z\end{pmatrix}$是 $\boldsymbol{i}$,$\boldsymbol{j}$,$\boldsymbol{k}$ 的线性组合,即

$$\boldsymbol{\alpha}=x\boldsymbol{i}+y\boldsymbol{j}+z\boldsymbol{k}\ .$$

我们把 $\boldsymbol{\xi}_1,\boldsymbol{\xi}_2,\cdots,\boldsymbol{\xi}_{n-r}$ 称为解空间 $\boldsymbol{S}$ 的基; $\boldsymbol{i},\boldsymbol{j},\boldsymbol{k}$ 称为 $\mathbf{R}^3$ 的基.

**定义 3-11**　在向量空间 $\boldsymbol{V}$ 中,如果存在 $n$ 个元素 $\boldsymbol{\alpha}_1,\boldsymbol{\alpha}_2,\cdots,\boldsymbol{\alpha}_n$,满足如下两个条件:

(1)$\boldsymbol{\alpha}_1,\boldsymbol{\alpha}_2,\cdots,\boldsymbol{\alpha}_n$ 线性无关;

(2)$\boldsymbol{V}$ 中任一元素 $\boldsymbol{\alpha}$ 是 $\boldsymbol{\alpha}_1,\boldsymbol{\alpha}_2,\cdots,\boldsymbol{\alpha}_n$ 的线性组合;

那么 $\boldsymbol{\alpha}_1,\boldsymbol{\alpha}_2,\cdots,\boldsymbol{\alpha}_n$ 就称为向量空间 $\boldsymbol{V}$ 的一个**基**,$n$ 称为 $\boldsymbol{V}$ 的**维数**.

维数为 $n$ 的向量空间称为 **$n$ 维向量空间**,记作 $\boldsymbol{V}_n$.

如果向量空间没有基,那么 $\boldsymbol{V}$ 的维数为 0,0 维向量空间只含有一个零向量.

如果把向量空间 $\boldsymbol{V}$ 看作向量组,根据上述定义可知,$\boldsymbol{V}$ 的基就是最大无关组,$\boldsymbol{V}$ 的维数就是向量组的秩.

对于线性表示问题,如已知向量组 $\boldsymbol{\alpha}_1,\boldsymbol{\alpha}_2,\boldsymbol{\alpha}_3$ 和向量 $\boldsymbol{\alpha}$,讨论 $\boldsymbol{\alpha}$ 能否由 $\boldsymbol{\alpha}_1,\boldsymbol{\alpha}_2,\boldsymbol{\alpha}_3$ 线性表示,就是下面要介绍的求向量 $\boldsymbol{\alpha}$ 在基 $\boldsymbol{\alpha}_1,\boldsymbol{\alpha}_2,\boldsymbol{\alpha}_3$ 下的坐标问题.

同样,齐次线性方程组的基础解系就是解空间的基,齐次线性方程组的任意 $n-r$ 个解向量,都可作为解空间的基. 由于基础解系不唯一,因而解空间的基也不唯一. 如果齐次线性方程组只有零解,则没有基础解系,此时解空间中只含有一个零向量,为 0 维向量空间. 解空间的维数就是基础解系中所含解向量的个数.

在讨论齐次线性方程组时,主要是通过对它的基础解系,即解空间的基进行研究. 推而广之,对于其他的向量空间 $\boldsymbol{V}$,也是通过对 $\boldsymbol{V}$ 的基进行理论研究.

在空间解析几何中,如果向量 $\boldsymbol{\alpha}$ 可以按照三个坐标轴上的单位向量 $\boldsymbol{i},\boldsymbol{j},\boldsymbol{k}$ 表示为 $\boldsymbol{\alpha}=a_1\boldsymbol{i}+a_2\boldsymbol{j}+a_3\boldsymbol{k}$,则把上式中的 3 个系数 $a_1,a_2,a_3$,叫做 $\boldsymbol{\alpha}$ 在该坐标系下的坐标.

按照类似的方法,可得到向量在基下的坐标的定义.

设 $\boldsymbol{\alpha}_1,\boldsymbol{\alpha}_2,\cdots,\boldsymbol{\alpha}_n$ 是 $n$ 维向量空间 $\boldsymbol{V}$ 的一个基(最大无关组),则 $\boldsymbol{V}$ 中的任一向量 $\boldsymbol{\beta}$ 都

可以用$\boldsymbol{\alpha}_1,\boldsymbol{\alpha}_2,\cdots,\boldsymbol{\alpha}_n$唯一地线性表示，即存在唯一的一组有序数$x_1,x_2,\cdots,x_n$，使得

$$\boldsymbol{\beta}=x_1\boldsymbol{\alpha}_1+x_2\boldsymbol{\alpha}_2+\cdots+x_n\boldsymbol{\alpha}_n. \tag{1}$$

反之，任给一组有序数$x_1,x_2,\cdots,x_n$，总有$\mathbf{V}$中唯一的向量$\boldsymbol{\beta}$按式(1)与之对应，可见，$\mathbf{V}$中的向量$\boldsymbol{\beta}$在基$\boldsymbol{\alpha}_1,\boldsymbol{\alpha}_2,\cdots,\boldsymbol{\alpha}_n$下与有序数$x_1,x_2,\cdots,x_n$一一对应.

**定义 3-12** 设$\boldsymbol{\alpha}_1,\boldsymbol{\alpha}_2,\cdots,\boldsymbol{\alpha}_n$是$n$维向量空间$\mathbf{V}$的一个基，对任意的向量$\boldsymbol{\beta}\in\mathbf{V}$，满足$\boldsymbol{\beta}=x_1\boldsymbol{\alpha}_1+x_2\boldsymbol{\alpha}_2+\cdots+x_n\boldsymbol{\alpha}_n$的有序数$x_1,x_2,\cdots,x_n$叫做向量$\boldsymbol{\beta}$在这个基下的坐标. $\boldsymbol{x}=\begin{pmatrix}x_1\\x_2\\x_3\\x_4\end{pmatrix}$叫做向量$\boldsymbol{\beta}$在这个基下的坐标向量.

例如，对于$n$维向量空间$\mathbf{R}^n$，向量组

$$\boldsymbol{e}_1=\begin{pmatrix}1\\0\\\vdots\\0\end{pmatrix},\boldsymbol{e}_2=\begin{pmatrix}0\\1\\\vdots\\0\end{pmatrix},\cdots,\boldsymbol{e}_n=\begin{pmatrix}0\\0\\\vdots\\1\end{pmatrix}$$

是$\mathbf{R}^n$的一个基，并且任一个$n$维向量$\boldsymbol{\alpha}=\begin{pmatrix}a_1\\a_2\\\vdots\\a_n\end{pmatrix}$在基$\boldsymbol{e}_1,\boldsymbol{e}_2,\cdots,\boldsymbol{e}_n$下的坐标是$a_1,a_2,\cdots,a_n$，称$\boldsymbol{e}_1,\boldsymbol{e}_2,\cdots,\boldsymbol{e}_n$为**自然基**. 由最大无关组的等价性知，任意$n$个线性无关的向量$\boldsymbol{\alpha}_1,\boldsymbol{\alpha}_2,\cdots,\boldsymbol{\alpha}_n$都是$\mathbf{R}^n$的一个基.

设$\boldsymbol{\alpha}_1,\boldsymbol{\alpha}_2,\cdots,\boldsymbol{\alpha}_n$是$\mathbf{R}^n$的一个基. 令矩阵$\mathbf{A}=(\boldsymbol{\alpha}_1,\boldsymbol{\alpha}_2,\cdots,\boldsymbol{\alpha}_n)$，则(1)式可表示成矩阵形式$\mathbf{A}\boldsymbol{x}=\boldsymbol{\beta}$. 可见，求向量在基下的坐标，就是求一个线性方程组的解.

**【例 3-31】** 求$\mathbf{R}^3$中的向量$\boldsymbol{\alpha}=\begin{pmatrix}2\\-1\\4\end{pmatrix}$在基$\boldsymbol{\alpha}_1=\begin{pmatrix}1\\1\\1\end{pmatrix},\boldsymbol{\alpha}_2=\begin{pmatrix}1\\0\\2\end{pmatrix},\boldsymbol{\alpha}_3=\begin{pmatrix}1\\2\\1\end{pmatrix}$下的坐标.

**解** 设所求坐标为$x_1,x_2,x_3$，则有$\boldsymbol{\alpha}=x_1\boldsymbol{\alpha}_1+x_2\boldsymbol{\alpha}_2+x_3\boldsymbol{\alpha}_3$，即

$$\begin{pmatrix}2\\-1\\4\end{pmatrix}=x_1\begin{pmatrix}1\\1\\1\end{pmatrix}+x_2\begin{pmatrix}1\\0\\2\end{pmatrix}+x_3\begin{pmatrix}1\\2\\1\end{pmatrix},$$

也即

$$\begin{cases}x_1+x_2+x_3=2\\x_1+0x_2+2x_3=-1\\x_1+2x_2+x_3=4\end{cases},$$

解得

$$\begin{cases}x_1=1\\x_2=2\\x_3=-1\end{cases}.$$

故 $\boldsymbol{\alpha}$ 的坐标为 $1,2,-1$.

**【例 3-32】** 在 $\mathbf{R}^3$ 中取一个基 $\boldsymbol{\alpha}_1,\boldsymbol{\alpha}_2,\boldsymbol{\alpha}_3$，且 $\boldsymbol{\alpha}=k_1\boldsymbol{\alpha}_1+k_2\boldsymbol{\alpha}_2+k_3\boldsymbol{\alpha}_3$，记 $\boldsymbol{\beta}_1=\boldsymbol{\alpha}_1+\boldsymbol{\alpha}_2+\boldsymbol{\alpha}_3$，$\boldsymbol{\beta}_2=\boldsymbol{\alpha}_2+\boldsymbol{\alpha}_3$，$\boldsymbol{\beta}_3=\boldsymbol{\alpha}_3$，证明 $\boldsymbol{\beta}_1,\boldsymbol{\beta}_2,\boldsymbol{\beta}_3$ 也是 $\mathbf{R}^3$ 的一个基，并求向量 $\boldsymbol{\alpha}$ 在 $\boldsymbol{\beta}_1,\boldsymbol{\beta}_2,\boldsymbol{\beta}_3$ 下的坐标.

**解**　设有数 $x_1,x_2,x_3$，使得 $x_1\boldsymbol{\beta}_1+x_2\boldsymbol{\beta}_2+x_3\boldsymbol{\beta}_3=\mathbf{0}$，又 $\boldsymbol{\beta}_1=\boldsymbol{\alpha}_1+\boldsymbol{\alpha}_2+\boldsymbol{\alpha}_3$，$\boldsymbol{\beta}_2=\boldsymbol{\alpha}_2+\boldsymbol{\alpha}_3$，$\boldsymbol{\beta}_3=\boldsymbol{\alpha}_3$，所以

$$x_1(\boldsymbol{\alpha}_1+\boldsymbol{\alpha}_2+\boldsymbol{\alpha}_3)+x_2(\boldsymbol{\alpha}_2+\boldsymbol{\alpha}_3)+x_3\boldsymbol{\alpha}_3=\mathbf{0}\ ,$$

即

$$x_1\boldsymbol{\alpha}_1+(x_1+x_2)\boldsymbol{\alpha}_2+(x_1+x_2+x_3)\boldsymbol{\alpha}_3=\mathbf{0}\ ,$$

由于 $\boldsymbol{\alpha}_1,\boldsymbol{\alpha}_2,\boldsymbol{\alpha}_3$ 是 $\mathbf{R}^3$ 的一个基，所以 $\boldsymbol{\alpha}_1,\boldsymbol{\alpha}_2,\boldsymbol{\alpha}_3$ 线性无关，从而

$$\begin{cases}x_1=0\\x_1+x_2=0\\x_1+x_2+x_3=0\end{cases}.$$

又该方程组的系数行列式 $\begin{vmatrix}1&0&0\\1&1&0\\1&1&1\end{vmatrix}=1\neq0$，所以上面的齐次方程组只有零解，$\boldsymbol{\beta}_1,\boldsymbol{\beta}_2,\boldsymbol{\beta}_3$ 线性无关. 故 $\boldsymbol{\beta}_1,\boldsymbol{\beta}_2,\boldsymbol{\beta}_3$ 是 $\mathbf{R}^3$ 的一个基.

再求向量 $\boldsymbol{\alpha}$ 在 $\boldsymbol{\beta}_1,\boldsymbol{\beta}_2,\boldsymbol{\beta}_3$ 下的坐标，由已知得

$$(\boldsymbol{\beta}_1,\boldsymbol{\beta}_2,\boldsymbol{\beta}_3)=(\boldsymbol{\alpha}_1,\boldsymbol{\alpha}_2,\boldsymbol{\alpha}_3)\begin{pmatrix}1&0&0\\1&1&0\\1&1&1\end{pmatrix},$$

从而

$$(\boldsymbol{\alpha}_1,\boldsymbol{\alpha}_2,\boldsymbol{\alpha}_3)=(\boldsymbol{\beta}_1,\boldsymbol{\beta}_2,\boldsymbol{\beta}_3)\begin{pmatrix}1&0&0\\1&1&0\\1&1&1\end{pmatrix}^{-1}=(\boldsymbol{\beta}_1,\boldsymbol{\beta}_2,\boldsymbol{\beta}_3)\begin{pmatrix}1&0&0\\-1&1&0\\0&-1&1\end{pmatrix},$$

则

$$\boldsymbol{\alpha}_1=\boldsymbol{\beta}_1-\boldsymbol{\beta}_2,\quad \boldsymbol{\alpha}_2=\boldsymbol{\beta}_2-\boldsymbol{\beta}_3,\quad \boldsymbol{\alpha}_3=\boldsymbol{\beta}_3.$$

因此，由向量 $\boldsymbol{\alpha}$ 在基 $\boldsymbol{\alpha}_1,\boldsymbol{\alpha}_2,\boldsymbol{\alpha}_3$ 下的坐标为 $k_1,k_2,k_3$ 可知

$$\begin{aligned}\boldsymbol{\alpha}&=k_1(\boldsymbol{\beta}_1-\boldsymbol{\beta}_2)+k_2(\boldsymbol{\beta}_2-\boldsymbol{\beta}_3)+k_3\boldsymbol{\beta}_3\\&=k_1\boldsymbol{\beta}_1+(k_2-k_1)\boldsymbol{\beta}_2+(k_3-k_2)\boldsymbol{\beta}_3.\end{aligned}$$

故向量 $\boldsymbol{\alpha}$ 在基 $\boldsymbol{\beta}_1,\boldsymbol{\beta}_2,\boldsymbol{\beta}_3$ 下的坐标为 $k_1,k_2-k_1,k_3-k_2$.

可见，同一个向量在不同基下的坐标一般是不同的，但是这两个不同的坐标却有着内在的联系.

### 3.5.3　过渡矩阵与坐标变换

很多应用问题可通过从一个坐标系转化为另一个坐标系而得到简化. 在一个向量空间中，转换坐标系和从一个基转换为另一个基，本质上是相同的.

例如在 $\mathbf{R}^2$ 中，它的标准基为 $\boldsymbol{e}_1=\begin{pmatrix}1\\0\end{pmatrix}$，$\boldsymbol{e}_2=\begin{pmatrix}0\\1\end{pmatrix}$，$\mathbf{R}^2$ 中的任何向量 $\boldsymbol{x}$ 都可唯一表示为线性组合

$$\boldsymbol{x}=x_1\boldsymbol{e}_1+x_2\boldsymbol{e}_2,$$

数值 $x_1,x_2$ 即为 $\boldsymbol{x}$ 在标准基下的坐标. 另外，若设 $\boldsymbol{\alpha}_1=\begin{pmatrix}1\\2\end{pmatrix}$，$\boldsymbol{\alpha}_2=\begin{pmatrix}3\\2\end{pmatrix}$，显然 $\boldsymbol{\alpha}_1,\boldsymbol{\alpha}_2$ 线性无关，$\boldsymbol{\alpha}_1,\boldsymbol{\alpha}_2$ 也是 $\mathbf{R}^2$ 的一个基. 又

$$\begin{cases}\boldsymbol{\alpha}_1=\boldsymbol{e}_1+2\boldsymbol{e}_2\\ \boldsymbol{\alpha}_2=3\boldsymbol{e}_1+2\boldsymbol{e}_2\end{cases},$$

即

$$(\boldsymbol{\alpha}_1,\boldsymbol{\alpha}_2)=(\boldsymbol{e}_1,\boldsymbol{e}_2)\begin{pmatrix}1&3\\2&2\end{pmatrix},$$

而

$$\boldsymbol{x}=x_1\boldsymbol{e}_1+x_2\boldsymbol{e}_2=(\boldsymbol{e}_1,\boldsymbol{e}_2)\begin{pmatrix}x_1\\x_2\end{pmatrix}=(\boldsymbol{\alpha}_1,\boldsymbol{\alpha}_2)\begin{pmatrix}1&3\\2&2\end{pmatrix}^{-1}\begin{pmatrix}x_1\\x_2\end{pmatrix},$$

即向量 $\boldsymbol{x}$ 在基 $\boldsymbol{\alpha}_1,\boldsymbol{\alpha}_2$ 下的坐标为

$$\begin{pmatrix}1&3\\2&2\end{pmatrix}^{-1}\begin{pmatrix}x_1\\x_2\end{pmatrix}.$$

本例表明，从一个坐标系转化为另一个坐标系的问题，可以通过给定的坐标向量 $\boldsymbol{x}$ 乘以一个可逆矩阵来实现.

一般地，设 $\boldsymbol{\alpha}_1,\boldsymbol{\alpha}_2,\cdots,\boldsymbol{\alpha}_n$ 为 $n$ 维向量空间 $\boldsymbol{V}$ 的一个基（称为旧基），则 $\boldsymbol{V}$ 的另一个基（称为新基）$\boldsymbol{\beta}_1,\boldsymbol{\beta}_2,\cdots,\boldsymbol{\beta}_n$ 能由旧基线性表示，设

$$\begin{cases}\boldsymbol{\beta}_1=p_{11}\boldsymbol{\alpha}_1+p_{21}\boldsymbol{\alpha}_2+\cdots+p_{n1}\boldsymbol{\alpha}_n\\ \boldsymbol{\beta}_2=p_{12}\boldsymbol{\alpha}_1+p_{22}\boldsymbol{\alpha}_2+\cdots+p_{n2}\boldsymbol{\alpha}_n\\ \qquad\cdots\\ \boldsymbol{\beta}_n=p_{1n}\boldsymbol{\alpha}_1+p_{2n}\boldsymbol{\alpha}_2+\cdots+p_{nn}\boldsymbol{\alpha}_n\end{cases}, \tag{2}$$

其矩阵形式为

$$(\boldsymbol{\beta}_1,\boldsymbol{\beta}_2,\cdots,\boldsymbol{\beta}_n)=(\boldsymbol{\alpha}_1,\boldsymbol{\alpha}_2,\cdots,\boldsymbol{\alpha}_n)\boldsymbol{P}, \tag{3}$$

其中

$$\boldsymbol{P}=\begin{pmatrix}p_{11}&p_{12}&\cdots&p_{1n}\\p_{21}&p_{22}&\cdots&p_{2n}\\\vdots&\vdots&&\vdots\\p_{n1}&p_{n2}&\cdots&p_{nn}\end{pmatrix}.$$

式(2)或式(3)叫做从基 $\boldsymbol{\alpha}_1,\boldsymbol{\alpha}_2,\cdots,\boldsymbol{\alpha}_n$（旧基）到 $\boldsymbol{\beta}_1,\boldsymbol{\beta}_2,\cdots,\boldsymbol{\beta}_n$（新基）的**基变换公式**，$n$ 阶矩阵 $\boldsymbol{P}$ 称为由基 $\boldsymbol{\alpha}_1,\boldsymbol{\alpha}_2,\cdots,\boldsymbol{\alpha}_n$ 到 $\boldsymbol{\beta}_1,\boldsymbol{\beta}_2,\cdots,\boldsymbol{\beta}_n$ 的**过渡矩阵**.

由于 $\boldsymbol{\beta}_1,\boldsymbol{\beta}_2,\cdots,\boldsymbol{\beta}_n$ 线性无关，可以证明过渡矩阵 $\boldsymbol{P}$ 可逆.

记 $(\boldsymbol{\alpha}_1,\boldsymbol{\alpha}_2,\cdots,\boldsymbol{\alpha}_n)=\boldsymbol{A}$，$(\boldsymbol{\beta}_1,\boldsymbol{\beta}_2,\cdots,\boldsymbol{\beta}_n)=\boldsymbol{B}$，则由(3)式有

$$\boldsymbol{B}=\boldsymbol{AP},$$

由于 $\boldsymbol{\alpha}_1,\boldsymbol{\alpha}_2,\cdots,\boldsymbol{\alpha}_n$ 线性无关，故 $\mathbf{A}$ 可逆. 于是又有

$$\boldsymbol{P}=\mathbf{A}^{-1}\boldsymbol{B}. \tag{4}$$

**定理 3-14**　设 $\boldsymbol{\alpha}_1,\boldsymbol{\alpha}_2,\cdots,\boldsymbol{\alpha}_n$ 和 $\boldsymbol{\beta}_1,\boldsymbol{\beta}_2,\cdots,\boldsymbol{\beta}_n$ 为 $\mathbf{R}^n$ 的两个基，由基 $\boldsymbol{\alpha}_1,\boldsymbol{\alpha}_2,\cdots,\boldsymbol{\alpha}_n$ 到基 $\boldsymbol{\beta}_1,\boldsymbol{\beta}_2,\cdots,\boldsymbol{\beta}_n$ 的过渡矩阵为 $\boldsymbol{P}$. $\boldsymbol{\alpha}\in\mathbf{R}^n$，$\boldsymbol{\alpha}$ 在基 $\boldsymbol{\alpha}_1,\boldsymbol{\alpha}_2,\cdots,\boldsymbol{\alpha}_n$ 下的坐标为 $\begin{pmatrix}x_1\\x_2\\\vdots\\x_n\end{pmatrix}$，$\boldsymbol{\alpha}$ 在基 $\boldsymbol{\beta}_1,\boldsymbol{\beta}_2,\cdots,\boldsymbol{\beta}_n$ 下的坐标为 $\begin{pmatrix}x_1'\\x_2'\\\vdots\\x_n'\end{pmatrix}$，则有坐标变换公式

$$\begin{pmatrix}x_1\\x_2\\\vdots\\x_n\end{pmatrix}=\boldsymbol{P}\begin{pmatrix}x_1'\\x_2'\\\vdots\\x_n'\end{pmatrix},$$

即

$$\begin{pmatrix}x_1'\\x_2'\\\vdots\\x_n'\end{pmatrix}=\boldsymbol{P}^{-1}\begin{pmatrix}x_1\\x_2\\\vdots\\x_n\end{pmatrix}. \tag{5}$$

**证明**　因为由基 $\boldsymbol{\alpha}_1,\boldsymbol{\alpha}_2,\cdots,\boldsymbol{\alpha}_n$ 到 $\boldsymbol{\beta}_1,\boldsymbol{\beta}_2,\cdots,\boldsymbol{\beta}_n$ 的过渡矩阵为 $\boldsymbol{P}$，所以

$$(\boldsymbol{\beta}_1,\boldsymbol{\beta}_2,\cdots,\boldsymbol{\beta}_n)=(\boldsymbol{\alpha}_1,\boldsymbol{\alpha}_2,\cdots,\boldsymbol{\alpha}_n)\boldsymbol{P}$$

$\boldsymbol{\alpha}$ 在基 $\boldsymbol{\alpha}_1,\boldsymbol{\alpha}_2,\cdots,\boldsymbol{\alpha}_n$ 下的坐标为 $\begin{pmatrix}x_1\\x_2\\\vdots\\x_n\end{pmatrix}$，$\boldsymbol{\alpha}$ 在基 $\boldsymbol{\beta}_1,\boldsymbol{\beta}_2,\cdots,\boldsymbol{\beta}_n$ 下的坐标为 $\begin{pmatrix}x_1'\\x_2'\\\vdots\\x_n'\end{pmatrix}$，所以

$$\boldsymbol{\alpha}=x_1\boldsymbol{\alpha}_1+x_2\boldsymbol{\alpha}_2+\cdots+x_n\boldsymbol{\alpha}_n=x_1'\boldsymbol{\beta}_1+x_2'\boldsymbol{\beta}_2+\cdots+x_n'\boldsymbol{\beta}_n,$$

故

$$\boldsymbol{\alpha}=(\boldsymbol{\alpha}_1,\boldsymbol{\alpha}_2,\cdots,\boldsymbol{\alpha}_n)\begin{pmatrix}x_1\\x_2\\\vdots\\x_n\end{pmatrix}=(\boldsymbol{\beta}_1,\boldsymbol{\beta}_2,\cdots,\boldsymbol{\beta}_n)\begin{pmatrix}x_1'\\x_2'\\\vdots\\x_n'\end{pmatrix}$$

$$=(\boldsymbol{\alpha}_1,\boldsymbol{\alpha}_2,\cdots,\boldsymbol{\alpha}_n)\boldsymbol{P}\begin{pmatrix}x_1'\\x_2'\\\vdots\\x_n'\end{pmatrix},$$

根据向量在同一个基下的坐标表达式的唯一性，得

$$\begin{pmatrix} x_1 \\ x_2 \\ \vdots \\ x_n \end{pmatrix} = \boldsymbol{P} \begin{pmatrix} x_1' \\ x_2' \\ \vdots \\ x_n' \end{pmatrix},$$

即

$$\begin{pmatrix} x_1' \\ x_2' \\ \vdots \\ x_n' \end{pmatrix} = \boldsymbol{P}^{-1} \begin{pmatrix} x_1 \\ x_2 \\ \vdots \\ x_n \end{pmatrix}.$$

**【例 3-33】** 设 $\mathbf{R}^3$ 的一个基为 $\boldsymbol{\beta}_1 = \begin{pmatrix} 1 \\ 2 \\ 1 \end{pmatrix}, \boldsymbol{\beta}_2 = \begin{pmatrix} 1 \\ -1 \\ 0 \end{pmatrix}, \boldsymbol{\beta}_3 = \begin{pmatrix} 1 \\ 0 \\ -1 \end{pmatrix}$，求自然基 $\boldsymbol{e}_1, \boldsymbol{e}_2, \boldsymbol{e}_3$ 到 $\boldsymbol{\beta}_1, \boldsymbol{\beta}_2, \boldsymbol{\beta}_3$ 的过渡矩阵.

**解** 由

$$\begin{cases} \boldsymbol{\beta}_1 = \boldsymbol{e}_1 + 2\boldsymbol{e}_2 + \boldsymbol{e}_3 \\ \boldsymbol{\beta}_2 = \boldsymbol{e}_1 - \boldsymbol{e}_2 \\ \boldsymbol{\beta}_3 = \boldsymbol{e}_1 - \boldsymbol{e}_3 \end{cases},$$

即

$$(\boldsymbol{\beta}_1, \boldsymbol{\beta}_2, \boldsymbol{\beta}_3) = (\boldsymbol{e}_1, \boldsymbol{e}_2, \boldsymbol{e}_3) \begin{pmatrix} 1 & 1 & 1 \\ 2 & -1 & 0 \\ 1 & 0 & -1 \end{pmatrix},$$

得过渡矩阵

$$\boldsymbol{P} = \begin{pmatrix} 1 & 1 & 1 \\ 2 & -1 & 0 \\ 1 & 0 & -1 \end{pmatrix}.$$

**【例 3-34】** 已知 $\mathbf{R}^3$ 的两个基 $\boldsymbol{\alpha}_1 = \begin{pmatrix} 1 \\ 1 \\ 1 \end{pmatrix}, \boldsymbol{\alpha}_2 = \begin{pmatrix} 0 \\ 1 \\ 1 \end{pmatrix}, \boldsymbol{\alpha}_3 = \begin{pmatrix} 0 \\ 0 \\ 1 \end{pmatrix}$ 和 $\boldsymbol{\beta}_1 = \begin{pmatrix} 1 \\ 0 \\ 1 \end{pmatrix}, \boldsymbol{\beta}_2 = \begin{pmatrix} 0 \\ 1 \\ -1 \end{pmatrix}$，$\boldsymbol{\beta}_3 = \begin{pmatrix} 1 \\ 2 \\ 0 \end{pmatrix}$，(1)求从基 $\boldsymbol{\alpha}_1, \boldsymbol{\alpha}_2, \boldsymbol{\alpha}_3$ 到基 $\boldsymbol{\beta}_1, \boldsymbol{\beta}_2, \boldsymbol{\beta}_3$ 的过渡矩阵 $\boldsymbol{P}$；(2)设向量 $\boldsymbol{\alpha}$ 在基 $\boldsymbol{\alpha}_1, \boldsymbol{\alpha}_2, \boldsymbol{\alpha}_3$ 下的坐标为 $\begin{pmatrix} 1 \\ -2 \\ -1 \end{pmatrix}$，求 $\boldsymbol{\alpha}$ 在基 $\boldsymbol{\beta}_1, \boldsymbol{\beta}_2, \boldsymbol{\beta}_3$ 下的坐标.

**解** (1)设

$$\boldsymbol{A} = (\boldsymbol{\alpha}_1, \boldsymbol{\alpha}_2, \boldsymbol{\alpha}_3) = \begin{pmatrix} 1 & 0 & 0 \\ 1 & 1 & 0 \\ 1 & 1 & 1 \end{pmatrix}, \quad \boldsymbol{B} = (\boldsymbol{\beta}_1, \boldsymbol{\beta}_2, \boldsymbol{\beta}_3) = \begin{pmatrix} 1 & 0 & 1 \\ 0 & 1 & 2 \\ 1 & -1 & 0 \end{pmatrix},$$

$\boldsymbol{P}$ 为从基 $\boldsymbol{\alpha}_1,\boldsymbol{\alpha}_2,\boldsymbol{\alpha}_3$ 到基 $\boldsymbol{\beta}_1,\boldsymbol{\beta}_2,\boldsymbol{\beta}_3$ 的过渡矩阵,则

$$\boldsymbol{B}=\boldsymbol{A}\boldsymbol{P} \text{ 或 } \boldsymbol{P}=\boldsymbol{A}^{-1}\boldsymbol{B},$$

$$\boldsymbol{P}=\begin{pmatrix}1&0&0\\1&1&0\\1&1&1\end{pmatrix}^{-1}\begin{pmatrix}1&0&1\\0&1&2\\1&-1&0\end{pmatrix}=\begin{pmatrix}1&0&1\\-1&1&1\\1&-2&-2\end{pmatrix}.$$

(2)　由式(5)得,$\boldsymbol{\alpha}$ 在基 $\boldsymbol{\beta}_1,\boldsymbol{\beta}_2,\boldsymbol{\beta}_3$ 下的坐标为

$$\begin{pmatrix}x_1'\\x_2'\\x_3'\end{pmatrix}=\boldsymbol{P}^{-1}\begin{pmatrix}x_1\\x_2\\x_3\end{pmatrix}=\begin{pmatrix}1&0&1\\-1&1&1\\1&-2&-2\end{pmatrix}^{-1}\begin{pmatrix}x_1\\x_2\\x_3\end{pmatrix}$$

$$=\begin{pmatrix}0&-2&-1\\-1&-3&-2\\1&2&1\end{pmatrix}\begin{pmatrix}1\\-2\\-1\end{pmatrix}=\begin{pmatrix}5\\7\\-4\end{pmatrix}.$$

## 3.6　应用实例阅读

**【实例 3-1】　配料问题**

某调料有限公司用 7 种成分来制造多种调味品.下表列出了 6 种调味品 $A$、$B$、$C$、$D$、$E$、$F$ 每包所需各种成分的质量(以克为单位).

| 成分 | 质量/克 | | | | | |
|---|---|---|---|---|---|---|
| | $A$ | $B$ | $C$ | $D$ | $E$ | $F$ |
| 辣椒 | 60 | 15 | 45 | 75 | 90 | 90 |
| 姜黄 | 40 | 40 | 0 | 80 | 10 | 120 |
| 胡椒 | 20 | 20 | 0 | 40 | 20 | 60 |
| 大蒜 | 20 | 20 | 0 | 40 | 10 | 60 |
| 盐 | 10 | 10 | 0 | 20 | 20 | 30 |
| 味精 | 5 | 5 | 0 | 20 | 10 | 15 |
| 香油 | 10 | 10 | 0 | 20 | 20 | 30 |

一位顾客不需要购买全部 6 种调味品,他可以只购买其中的一部分并用它们配制出其余几种调味品.为了能配制出其余几种调味品,这位顾客最少需要购买几个种类的调味品?并写出所需最少的调味品的集合.

**解**　若分别记 6 种调味品各自的成分列向量为 $\boldsymbol{\alpha}_1,\boldsymbol{\alpha}_2,\cdots,\boldsymbol{\alpha}_6$,则本题就是要找出 $\boldsymbol{\alpha}_1,\boldsymbol{\alpha}_2,\cdots,\boldsymbol{\alpha}_6$ 的一个最大无关组.记 $\boldsymbol{M}=(\boldsymbol{\alpha}_1,\boldsymbol{\alpha}_2,\cdots,\boldsymbol{\alpha}_6)$,用初等行变换将 $\boldsymbol{M}$ 化为行最简形,得

$$M=\begin{pmatrix}60 & 15 & 45 & 75 & 90 & 90\\ 40 & 40 & 0 & 80 & 10 & 120\\ 20 & 20 & 0 & 40 & 20 & 60\\ 20 & 20 & 0 & 40 & 10 & 60\\ 10 & 10 & 0 & 20 & 20 & 30\\ 5 & 5 & 0 & 20 & 10 & 15\\ 10 & 10 & 0 & 20 & 20 & 30\end{pmatrix}\sim\begin{pmatrix}1 & 0 & 1 & 0 & 0 & 1\\ 0 & 1 & -1 & 0 & 0 & 2\\ 0 & 0 & 0 & 1 & 0 & 0\\ 0 & 0 & 0 & 0 & 1 & 0\\ 0 & 0 & 0 & 0 & 0 & 0\\ 0 & 0 & 0 & 0 & 0 & 0\\ 0 & 0 & 0 & 0 & 0 & 0\end{pmatrix}$$

因而,向量组 $\boldsymbol{\alpha}_1,\boldsymbol{\alpha}_2,\cdots,\boldsymbol{\alpha}_6$ 的秩为 4,且最大无关组有 6 个:$\boldsymbol{\alpha}_1,\boldsymbol{\alpha}_2,\boldsymbol{\alpha}_4,\boldsymbol{\alpha}_5$;$\boldsymbol{\alpha}_1,\boldsymbol{\alpha}_3,\boldsymbol{\alpha}_4,\boldsymbol{\alpha}_5$;$\boldsymbol{\alpha}_1,\boldsymbol{\alpha}_6,\boldsymbol{\alpha}_4,\boldsymbol{\alpha}_5$;$\boldsymbol{\alpha}_2,\boldsymbol{\alpha}_3,\boldsymbol{\alpha}_4,\boldsymbol{\alpha}_5$;$\boldsymbol{\alpha}_2,\boldsymbol{\alpha}_6,\boldsymbol{\alpha}_4,\boldsymbol{\alpha}_5$;$\boldsymbol{\alpha}_3,\boldsymbol{\alpha}_6,\boldsymbol{\alpha}_4,\boldsymbol{\alpha}_5$. 考虑到该问题的实际意义,只有当其余两个向量由该最大无关组线性表示的系数均非负时,才切实可行.

取 $\boldsymbol{\alpha}_2,\boldsymbol{\alpha}_3,\boldsymbol{\alpha}_4,\boldsymbol{\alpha}_5$ 为最大无关组线性表示时,有

$$\boldsymbol{\alpha}_1=\boldsymbol{\alpha}_2+\boldsymbol{\alpha}_3,\quad \boldsymbol{\alpha}_6=3\boldsymbol{\alpha}_2+\boldsymbol{\alpha}_3$$

故可以选 $B$、$C$、$D$、$E$ 四种调味品作为最少调味品的集合.

**【实例 3-2】 化学方程式问题**

液态苯在空气中可以燃烧,如果将一个冷的物体直接放在燃烧的苯上部,则水蒸气就会在物体上凝结,同时烟灰(碳)也会在该物体上沉积. 这个化学反应的方程式为

$$x_1C_6H_6+x_2O_2\rightarrow x_3C+x_4H_2O.$$

为了平衡该方程式,需适当选择其中的 $x_1,x_2,x_3,x_4$,使得方程式两边的碳、氢和氧原子的数量分别相等. 由于一个苯分子中含有六个碳原子,而一个碳分子中只含有一个碳原子,因此为了平衡方程,需满足

$$6x_1=x_3,$$

类似地,要平衡氢原子需满足

$$6x_1=2x_4,$$

平衡氧原子需满足

$$2x_2=x_4.$$

将未知量移到等式左端,得到齐次线性方程组

$$\begin{cases}6x_1-x_3=0\\ 6x_1-2x_4=0,\\ 2x_2-x_4=0\end{cases}$$

该方程组有无穷多组解,为平衡化学方程式,我们只需要找到一组解 $x_1,x_2,x_3,x_4$,其中每一个变量均为非负整数. 我们使用通常的方法求解方程组,得

$$\begin{cases}x_1=\dfrac{1}{3}x_4\\ x_2=\dfrac{1}{2}x_4,\\ x_3=2x_4\end{cases}$$

其中 $x_4$ 为自由未知量,令 $x_4=6$,则

$$\begin{cases} x_1=2 \\ x_2=3 \\ x_3=12 \\ x_4=6 \end{cases},$$

可得化学方程式的形式为

$$2C_6H_6+3O_2 \rightarrow 12C+6H_2O.$$

**【实例 3-3】 商品交换问题**

假设一个原始社会的部落中，人们从事三种职业：农业生产、工具和器皿的手工制作、缝制衣服. 最初，假设部落中不存在货币制度，所有的商品和服务均进行实物交换. 我们记这三类人为 $F$，$M$ 和 $C$，并假设有图 3-7 表示的实际实物交易系统.

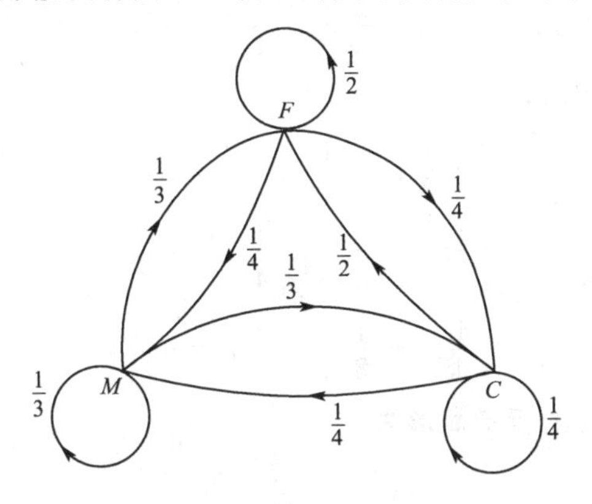


图 3-7

上图说明，农民留他们收成的一半给自己、1/4 收成给手工业者，并将 1/4 收成给制衣工人. 手工业者将他们的产品平均分为三份，每一类成员得到 1/3. 制衣工人将一半的衣物给农民，并将剩余的一半平均分给手工业者和他们自己. 综上所述，可得如下表格：

| | $F$ | $M$ | $C$ |
|---|---|---|---|
| $F$ | $\frac{1}{2}$ | $\frac{1}{3}$ | $\frac{1}{2}$ |
| $M$ | $\frac{1}{4}$ | $\frac{1}{3}$ | $\frac{1}{4}$ |
| $C$ | $\frac{1}{4}$ | $\frac{1}{3}$ | $\frac{1}{4}$ |

该表格的第一列表示农民生产产品的分配，第二列表示手工业者生产产品的分配，第三列表示制衣工人生产产品的分配.

当部落规模增大时，实物交易系统就变得非常复杂，因此，部落决定使用货币系统. 对这个简单的经济体系，我们假设没有资本的积累和债务，并且每一种产品的价格均可反映实物交易系统中产品的价值. 问题是，如何给三种产品定价，才可以公平地体现当前的实物交易系统.

这个问题可以利用诺贝尔奖获得者——经济学家里昂惕夫(Wassily Leontief)提出的经济模型转化为线性方程组. 对这个模型，我们令 $x_1$ 为所有农产品的价值，$x_2$ 为所有手工业品的价值，$x_3$ 为所有服装的价值. 由表格的第一行，农民获得的产品价值是所有农产品价值的一半，加上 1/3 的手工业品的价值，再加上 1/2 的服装价值. 因此，农民总共得到的产品价值为$\frac{1}{2}x_1+\frac{1}{3}x_2+\frac{1}{2}x_3$. 如果这个系统是公平的，那么农民获得的产品价值应等于农民生产的产品总价值 $x_1$. 即我们有线性方程

$$\frac{1}{2}x_1+\frac{1}{3}x_2+\frac{1}{2}x_3=x_1,$$

利用表格的第二行，将手工业者得到和制造的产品价值写成方程，我们得到第二个方程

$$\frac{1}{4}x_1+\frac{1}{3}x_2+\frac{1}{4}x_3=x_2,$$

最后，利用表格的第三行，我们得到

$$\frac{1}{4}x_1+\frac{1}{3}x_2+\frac{1}{4}x_3=x_3,$$

这些方程可写成齐次方程组：

$$\begin{cases}-\frac{1}{2}x_1+\frac{1}{3}x_2+\frac{1}{2}x_3=0\\ \frac{1}{4}x_1-\frac{2}{3}x_2+\frac{1}{4}x_3=0\\ \frac{1}{4}x_1+\frac{1}{3}x_2-\frac{3}{4}x_3=0\end{cases},$$

该方程组对应的增广矩阵的行最简形为

$$\left(\begin{array}{ccc:c}1 & 0 & -\frac{5}{3} & 0\\ 0 & 1 & -1 & 0\\ 0 & 0 & 0 & 0\end{array}\right).$$

它有一个自由变量 $x_3$. 令 $x_3=3$，我们得到解 5，3，3，并且通解包含所有 5，3，3 的倍数. 由此可得，变量 $x_1,x_2,x_3$ 应按比例 $x_1:x_2:x_3=5:3:3$ 取值.

这个简单的系统是封闭的列昂惕夫生产－消费模型的例子. 列昂惕夫模型是我们理解经济体系的基础. 现代应用则会包含成千上万的工厂并得到一个非常庞大的线性方程组.

## 习题 3

**1.** 已知 $\boldsymbol{\alpha}_1=\begin{pmatrix}1\\-1\\1\end{pmatrix}$，$\boldsymbol{\alpha}_2=\begin{pmatrix}2\\0\\1\end{pmatrix}$，$\boldsymbol{\alpha}_3=\begin{pmatrix}2\\3\\0\end{pmatrix}$，求 $3\boldsymbol{\alpha}_2-\boldsymbol{\alpha}_1$ 及 $2\boldsymbol{\alpha}_1-\boldsymbol{\alpha}_2+3\boldsymbol{\alpha}_3$.

**2.** 设 $2(\boldsymbol{\alpha}_1-\boldsymbol{\alpha})+3(\boldsymbol{\alpha}_2+\boldsymbol{\alpha})=4(\boldsymbol{\alpha}_3+2\boldsymbol{\alpha})$，已知 $\boldsymbol{\alpha}_1=\begin{pmatrix}1\\0\\2\\1\end{pmatrix}$，$\boldsymbol{\alpha}_2=\begin{pmatrix}-2\\2\\0\\1\end{pmatrix}$，$\boldsymbol{\alpha}_3=\begin{pmatrix}2\\0\\1\\-2\end{pmatrix}$，求 $\boldsymbol{\alpha}$.

**3.** (1)设 $\boldsymbol{\alpha}_1=\begin{pmatrix}1\\2\\3\\1\end{pmatrix}$，$\boldsymbol{\alpha}_2=\begin{pmatrix}2\\3\\1\\2\end{pmatrix}$，$\boldsymbol{\alpha}_3=\begin{pmatrix}3\\1\\2\\-2\end{pmatrix}$，$\boldsymbol{\beta}=\begin{pmatrix}0\\4\\2\\5\end{pmatrix}$，问 $\boldsymbol{\beta}$ 能否由 $\boldsymbol{\alpha}_1,\boldsymbol{\alpha}_2,\boldsymbol{\alpha}_3$ 线性表示？如果能，写出它的线性表示式.

(2)设 $\boldsymbol{\alpha}_1=\begin{pmatrix}1\\0\\3\\1\end{pmatrix}$，$\boldsymbol{\alpha}_2=\begin{pmatrix}-1\\3\\0\\2\end{pmatrix}$，$\boldsymbol{\alpha}_3=\begin{pmatrix}2\\1\\7\\2\end{pmatrix}$，$\boldsymbol{\beta}=\begin{pmatrix}4\\2\\3\\0\end{pmatrix}$，问 $\boldsymbol{\beta}$ 能否由 $\boldsymbol{\alpha}_1,\boldsymbol{\alpha}_2,\boldsymbol{\alpha}_3$ 线性表示？如果能，写出它的线性表示式.

(3)设 $\boldsymbol{\alpha}_1=\begin{pmatrix}1\\1\\1\\1\end{pmatrix}$，$\boldsymbol{\alpha}_2=\begin{pmatrix}1\\1\\-1\\-1\end{pmatrix}$，$\boldsymbol{\alpha}_3=\begin{pmatrix}1\\-1\\1\\-1\end{pmatrix}$，$\boldsymbol{\alpha}_4=\begin{pmatrix}1\\-1\\-1\\1\end{pmatrix}$，$\boldsymbol{\beta}=\begin{pmatrix}1\\2\\1\\1\end{pmatrix}$，问 $\boldsymbol{\beta}$ 能否由 $\boldsymbol{\alpha}_1,\boldsymbol{\alpha}_2,\boldsymbol{\alpha}_3$，$\boldsymbol{\alpha}_4$ 线性表示？如果能，写出它的线性表示式.

(4)设 $\boldsymbol{\alpha}_1=\begin{pmatrix}1\\1\\0\\1\end{pmatrix}$，$\boldsymbol{\alpha}_2=\begin{pmatrix}2\\1\\3\\1\end{pmatrix}$，$\boldsymbol{\alpha}_3=\begin{pmatrix}1\\1\\0\\0\end{pmatrix}$，$\boldsymbol{\alpha}_4=\begin{pmatrix}0\\1\\-1\\-1\end{pmatrix}$，$\boldsymbol{\beta}=\begin{pmatrix}0\\0\\0\\1\end{pmatrix}$，问 $\boldsymbol{\beta}$ 能否由 $\boldsymbol{\alpha}_1,\boldsymbol{\alpha}_2,\boldsymbol{\alpha}_3,\boldsymbol{\alpha}_4$ 线性表示？如果能，写出它的线性表示式.

**4.** 判断下列向量组的线性相关性，并说明理由.

(1) $\boldsymbol{\alpha}_1=\begin{pmatrix}1\\3\\5\end{pmatrix}$，$\boldsymbol{\alpha}_2=\begin{pmatrix}2\\3\\4\end{pmatrix}$；

(2) $\boldsymbol{\alpha}_1=\begin{pmatrix}1\\-1\\2\end{pmatrix}$，$\boldsymbol{\alpha}_2=\begin{pmatrix}1\\1\\4\end{pmatrix}$，$\boldsymbol{\alpha}_3=\begin{pmatrix}2\\0\\6\end{pmatrix}$；

(3) $\boldsymbol{\alpha}_1=\begin{pmatrix}1\\-1\\2\\1\end{pmatrix}$，$\boldsymbol{\alpha}_2=\begin{pmatrix}1\\1\\4\\2\end{pmatrix}$，$\boldsymbol{\alpha}_3=\begin{pmatrix}2\\0\\3\\-1\end{pmatrix}$，$\boldsymbol{\alpha}_4=\begin{pmatrix}4\\0\\9\\2\end{pmatrix}$；

(4) $\boldsymbol{\alpha}_1=\begin{pmatrix}1\\0\\0\\2\\8\end{pmatrix}$，$\boldsymbol{\alpha}_2=\begin{pmatrix}0\\2\\0\\3\\4\end{pmatrix}$，$\boldsymbol{\alpha}_3=\begin{pmatrix}0\\0\\2\\4\\7\end{pmatrix}$，$\boldsymbol{\alpha}_4=\begin{pmatrix}2\\-3\\4\\1\\0\end{pmatrix}$；

(5)$\boldsymbol{\alpha}_1=\begin{pmatrix}1\\1\\1\end{pmatrix},\boldsymbol{\alpha}_2=\begin{pmatrix}0\\1\\2\end{pmatrix},\boldsymbol{\alpha}_3=\begin{pmatrix}2\\3\\4\end{pmatrix},\boldsymbol{\alpha}_4=\begin{pmatrix}1\\4\\3\end{pmatrix}$;

(6)$\boldsymbol{\alpha}_1=\begin{pmatrix}1\\1\\1\end{pmatrix},\boldsymbol{\alpha}_2=\begin{pmatrix}2\\3\\2\end{pmatrix},\boldsymbol{\alpha}_3=\begin{pmatrix}0\\0\\0\end{pmatrix}$;

(7)$\boldsymbol{\alpha}_1=\begin{pmatrix}1\\a_1\\a_1^2\\a_1^3\end{pmatrix},\boldsymbol{\alpha}_2=\begin{pmatrix}1\\a_2\\a_2^2\\a_2^3\end{pmatrix},\boldsymbol{\alpha}_3=\begin{pmatrix}1\\a_3\\a_3^2\\a_3^3\end{pmatrix},\boldsymbol{\alpha}_4=\begin{pmatrix}1\\a_4\\a_4^2\\a_4^3\end{pmatrix}$,其中 $a_1,a_2,a_3,a_4$ 各不相同.

**5.** 已知向量组 $\boldsymbol{\alpha}_1,\boldsymbol{\alpha}_2,\boldsymbol{\alpha}_3$ 线性无关,$\boldsymbol{\beta}_1=\boldsymbol{\alpha}_1+\boldsymbol{\alpha}_2,\boldsymbol{\beta}_2=\boldsymbol{\alpha}_1-\boldsymbol{\alpha}_3,\boldsymbol{\beta}_3=\boldsymbol{\alpha}_2-\boldsymbol{\alpha}_3$,试证:向量组 $\boldsymbol{\beta}_1,\boldsymbol{\beta}_2,\boldsymbol{\beta}_3$ 线性无关.

**6.** 已知向量组 $\boldsymbol{\alpha}_1,\boldsymbol{\alpha}_2,\boldsymbol{\alpha}_3$ 线性无关,讨论向量组 $\boldsymbol{\beta}_1=\boldsymbol{\alpha}_1+\boldsymbol{\alpha}_2+\boldsymbol{\alpha}_3,\boldsymbol{\beta}_2=\boldsymbol{\alpha}_1+2\boldsymbol{\alpha}_2-\boldsymbol{\alpha}_3,\boldsymbol{\beta}_3=\boldsymbol{\alpha}_1-\boldsymbol{\alpha}_2+2\boldsymbol{\alpha}_3$ 的线性相关性.

**7.** 求满足下列条件的实数 $\lambda$.

(1)向量组 $\boldsymbol{\alpha}_1=\begin{pmatrix}1\\2\\3\end{pmatrix},\boldsymbol{\alpha}_2=\begin{pmatrix}0\\-1\\1\end{pmatrix},\boldsymbol{\alpha}_3=\begin{pmatrix}\lambda\\0\\2\end{pmatrix}$线性无关;

(2)向量组 $\boldsymbol{\alpha}_1=\begin{pmatrix}\lambda\\1\\1\end{pmatrix},\boldsymbol{\alpha}_2=\begin{pmatrix}1\\\lambda\\1\end{pmatrix},\boldsymbol{\alpha}_3=\begin{pmatrix}-1\\1\\-\lambda\end{pmatrix}$线性相关.

**8.** 已知向量组 $\boldsymbol{\alpha}_1=\begin{pmatrix}1\\2\\3\end{pmatrix},\boldsymbol{\alpha}_2=\begin{pmatrix}3\\-1\\2\end{pmatrix},\boldsymbol{\alpha}_3=\begin{pmatrix}2\\3\\c\end{pmatrix}$,问 $c$ 取何值时 $\boldsymbol{\alpha}_1,\boldsymbol{\alpha}_2,\boldsymbol{\alpha}_3$ 线性相关;$c$ 取何值时 $\boldsymbol{\alpha}_1,\boldsymbol{\alpha}_2,\boldsymbol{\alpha}_3$ 线性无关?

**9.** 设 $n$ 维向量组 $\boldsymbol{\alpha}_1,\boldsymbol{\alpha}_2,\cdots,\boldsymbol{\alpha}_m$ 线性无关,证明:对于任意 $m-1$ 个数 $k_1,k_2,\cdots,k_{m-1}$,向量组 $\boldsymbol{\beta}_1=\boldsymbol{\alpha}_1+k_1\boldsymbol{\alpha}_m,\boldsymbol{\beta}_2=\boldsymbol{\alpha}_2+k_2\boldsymbol{\alpha}_m,\cdots,\boldsymbol{\beta}_{m-1}=\boldsymbol{\alpha}_{m-1}+k_{m-1}\boldsymbol{\alpha}_m,\boldsymbol{\alpha}_m$ 也线性无关.

**10.** 求下列向量组的秩,并求一个最大无关组.

(1)$\boldsymbol{\alpha}_1=\begin{pmatrix}1\\-2\\5\end{pmatrix},\boldsymbol{\alpha}_2=\begin{pmatrix}3\\2\\-1\end{pmatrix},\boldsymbol{\alpha}_3=\begin{pmatrix}3\\10\\-17\end{pmatrix}$;

(2)$\boldsymbol{\alpha}_1=\begin{pmatrix}1\\-1\\0\\4\end{pmatrix},\boldsymbol{\alpha}_2=\begin{pmatrix}2\\1\\5\\6\end{pmatrix},\boldsymbol{\alpha}_3=\begin{pmatrix}5\\4\\15\\14\end{pmatrix},\boldsymbol{\alpha}_4=\begin{pmatrix}1\\-1\\-2\\0\end{pmatrix},\boldsymbol{\alpha}_5=\begin{pmatrix}3\\0\\7\\14\end{pmatrix}$;

(3)$\boldsymbol{\alpha}_1=\begin{pmatrix}1\\-1\\2\\4\end{pmatrix},\boldsymbol{\alpha}_2=\begin{pmatrix}0\\3\\1\\2\end{pmatrix},\boldsymbol{\alpha}_3=\begin{pmatrix}3\\0\\7\\14\end{pmatrix},\boldsymbol{\alpha}_4=\begin{pmatrix}1\\-1\\2\\0\end{pmatrix}$;

(4) $\boldsymbol{\alpha}_1=\begin{pmatrix}1\\2\\3\\-1\end{pmatrix}$, $\boldsymbol{\alpha}_2=\begin{pmatrix}2\\5\\4\\1\end{pmatrix}$, $\boldsymbol{\alpha}_3=\begin{pmatrix}-1\\0\\1\\-1\end{pmatrix}$, $\boldsymbol{\alpha}_4=\begin{pmatrix}4\\3\\2\\1\end{pmatrix}$.

**11.** 设向量组 $\boldsymbol{\alpha}_1=\begin{pmatrix}1\\0\\-1\end{pmatrix}$, $\boldsymbol{\alpha}_2=\begin{pmatrix}1\\2\\1\end{pmatrix}$, $\boldsymbol{\alpha}_3=\begin{pmatrix}-1\\4\\5\end{pmatrix}$, $\boldsymbol{\alpha}_4=\begin{pmatrix}0\\2\\2\end{pmatrix}$,求：

(1)向量组的秩；

(2)向量组的一个最大无关组；

(3)把不属于最大无关组中的向量用最大无关组线性表示.

**12.** 问 $\lambda$ 取何值时,齐次线性方程组 $\begin{cases}(\lambda-2)x_1-x_2+2x_3=0\\2x_1+(3-\lambda)x_2=0\\x_1+x_3=0\end{cases}$ 有非零解?

**13.** 设非齐次线性方程组 $\begin{cases}x_1+x_2+x_3+3x_4=1\\2x_1+3x_2+x_3+5x_4=a\\x_1+2x_2+2x_4=3\end{cases}$,问 $a$ 取何值时,方程组(1)无解?(2)有解?有解时求其通解.

**14.** 求下列齐次线性方程组的通解,并指出基础解系.

(1) $\begin{cases}x_1-x_2-x_3+x_4=0\\x_1-x_2+x_3-3x_4=0\\x_1-x_2-2x_3+3x_4=0\\2x_1-2x_2-x_3=0\end{cases}$;

(2) $\begin{cases}-x_1+x_2-x_3+3x_4=0\\3x_1+x_2-x_3-x_4=0\\2x_1-x_2-2x_3-x_4=0\end{cases}$;

(3) $\begin{cases}3x_1-6x_2-8x_3+x_4-4x_5=0\\2x_1-4x_2-7x_3-x_4-x_5=0\\3x_1-6x_2-9x_3-2x_5=0\end{cases}$;

(4) $\begin{cases}2x_1+x_2-x_3-x_4+x_5=0\\x_1-x_2+x_3+x_4-2x_5=0\\3x_1+3x_2-3x_3-3x_4+4x_5=0\\4x_1+5x_2-5x_3-5x_4+7x_5=0\end{cases}$.

**15.** 设 $\boldsymbol{\alpha}_1,\boldsymbol{\alpha}_2,\boldsymbol{\alpha}_3$ 是 $n$ 元齐次线性方程组 $\boldsymbol{Ax}=\boldsymbol{0}$ 的一个基础解系,又 $\boldsymbol{\beta}_1=\boldsymbol{\alpha}_1+2\boldsymbol{\alpha}_2+\boldsymbol{\alpha}_3$, $\boldsymbol{\beta}_2=\boldsymbol{\alpha}_2-2\boldsymbol{\alpha}_3$, $\boldsymbol{\beta}_3=\boldsymbol{\alpha}_2+\boldsymbol{\alpha}_3$,问 $\boldsymbol{\beta}_1,\boldsymbol{\beta}_2,\boldsymbol{\beta}_3$ 是否也是基础解系,并说明理由.

**16.** 求下列非齐次线性方程组的通解.

(1) $\begin{cases}x_1+x_2+x_3+x_4=1\\x_2-x_3+2x_4=1\\2x_1+3x_2+x_3+4x_4=3\end{cases}$;

(2)$\begin{cases} x_1-x_2+2x_3+2x_4=1 \\ 2x_1+x_2+4x_3+x_4=5 \\ -x_1-2x_2-2x_3+x_4=4 \end{cases}$；

(3)$\begin{cases} x_1+x_2+x_3+x_4+x_5=-1 \\ 3x_1+2x_2+x_3+x_4-5x_5=-5 \\ x_2+2x_3+2x_4+6x_5=2 \\ 5x_1+4x_2+3x_3+3x_4-x_5=-7 \end{cases}$.

**17.** 已知三元非齐次线性方程组 $\boldsymbol{Ax}=\boldsymbol{\beta}$ 系数矩阵 $\boldsymbol{A}$ 的秩为 1，且 $\boldsymbol{x}_1=\begin{pmatrix}1\\0\\2\end{pmatrix}$，$\boldsymbol{x}_2=\begin{pmatrix}-1\\2\\-1\end{pmatrix}$，$\boldsymbol{x}_3=\begin{pmatrix}1\\0\\0\end{pmatrix}$为 $\boldsymbol{Ax}=\boldsymbol{\beta}$ 的三个解向量，

(1)求对应齐次线性方程组 $\boldsymbol{Ax}=\boldsymbol{0}$ 的一个基础解系；

(2)求 $\boldsymbol{Ax}=\boldsymbol{\beta}$ 的通解.

**18.** 设 $\boldsymbol{A}=(\boldsymbol{\alpha}_1,\boldsymbol{\alpha}_2,\boldsymbol{\alpha}_3,\boldsymbol{\alpha}_4)$，其中 $\boldsymbol{\alpha}_1,\boldsymbol{\alpha}_2,\boldsymbol{\alpha}_3,\boldsymbol{\alpha}_4$ 均为四维列向量，且 $\boldsymbol{\alpha}_2,\boldsymbol{\alpha}_3,\boldsymbol{\alpha}_4$ 线性无关，$\boldsymbol{\alpha}_1=2\boldsymbol{\alpha}_2-\boldsymbol{\alpha}_3$，而 $\boldsymbol{\beta}=\boldsymbol{\alpha}_1+\boldsymbol{\alpha}_2+\boldsymbol{\alpha}_3+\boldsymbol{\alpha}_4$，求 $\boldsymbol{Ax}=\boldsymbol{\beta}$ 的通解.

**19.** 判别下列向量集合是否为向量空间，并说明理由.

(1)$\boldsymbol{V}=\left\{\begin{pmatrix}x_1\\x_2\\x_3\end{pmatrix} \middle| x_1=2, x_2=-x_3, x_1,x_2,x_3\in\mathbf{R}\right\}$；

(2)$\boldsymbol{V}=\left\{\begin{pmatrix}x_1\\x_2\\x_3\end{pmatrix} \middle| x_3>0, x_1,x_2,x_3\in\mathbf{R}\right\}$；

(3)$\boldsymbol{V}=\left\{\begin{pmatrix}x_1\\x_2\\\vdots\\x_{n-1}\\0\end{pmatrix} \middle| x_1,x_2,\cdots,x_{n-1}\in\mathbf{R}\right\}$；

(4)$\boldsymbol{V}=\left\{\begin{pmatrix}1\\x_2\\\vdots\\x_{n-1}\\x_n\end{pmatrix} \middle| x_2,\cdots,x_{n-1},x_n\in\mathbf{R}\right\}$.

**20.** 检验下列集合是否构成 $\mathbf{R}^3$ 的子空间.

(1)$\boldsymbol{S}_1=\left\{\begin{pmatrix}a_1\\a_2\\a_3\end{pmatrix} \middle| a_i\in\mathbf{Z}, i=1,2,3\right\}$；

(2) $\boldsymbol{S}_2=\left\{\begin{pmatrix}a_1\\a_2\\a_3\end{pmatrix} \middle| a_3=0\right\}$;

(3) $\boldsymbol{S}_3=\left\{\begin{pmatrix}a_1\\a_2\\a_3\end{pmatrix} \middle| a_1+a_2+a_3=0, a_i\in\mathbf{R}\right\}$.

**21.** 求齐次线性方程组 $\begin{cases}2x_1+x_2-x_3+x_4=0\\x_1+x_2+x_3-x_4=0\end{cases}$ 解空间的维数和一个基.

**22.** 证明向量组 $\boldsymbol{\alpha}_1=\begin{pmatrix}1\\-1\\0\end{pmatrix}, \boldsymbol{\alpha}_2=\begin{pmatrix}2\\1\\3\end{pmatrix}, \boldsymbol{\alpha}_3=\begin{pmatrix}3\\1\\2\end{pmatrix}$ 构成 $\mathbf{R}^3$ 的一个基,并求向量 $\boldsymbol{\beta}=\begin{pmatrix}5\\0\\7\end{pmatrix}$ 在这个基下的坐标.

**23.** 设 $\boldsymbol{\alpha}_1=\begin{pmatrix}1\\1\\-1\\-1\end{pmatrix}, \boldsymbol{\alpha}_2=\begin{pmatrix}4\\5\\-2\\-7\end{pmatrix}, \boldsymbol{\alpha}_3=\begin{pmatrix}2\\3\\0\\-5\end{pmatrix}, \boldsymbol{\alpha}_4=\begin{pmatrix}0\\1\\0\\-1\end{pmatrix}$,求 $\boldsymbol{\alpha}_1,\boldsymbol{\alpha}_2,\boldsymbol{\alpha}_3,\boldsymbol{\alpha}_4$ 所生成的向量空间的维数和它的一个基.

**24.** 已知 $\mathbf{R}^3$ 的旧基 $\boldsymbol{\alpha}_1,\boldsymbol{\alpha}_2,\boldsymbol{\alpha}_3$ 和新基 $\boldsymbol{\beta}_1,\boldsymbol{\beta}_2,\boldsymbol{\beta}_3$ 分别为

$$\boldsymbol{\alpha}_1=\begin{pmatrix}1\\0\\0\end{pmatrix}, \boldsymbol{\alpha}_2=\begin{pmatrix}0\\1\\0\end{pmatrix}, \boldsymbol{\alpha}_3=\begin{pmatrix}0\\0\\1\end{pmatrix};$$

$$\boldsymbol{\beta}_1=\begin{pmatrix}3\\-2\\0\end{pmatrix}, \boldsymbol{\beta}_2=\begin{pmatrix}0\\5\\-1\end{pmatrix}, \boldsymbol{\beta}_3=\begin{pmatrix}6\\0\\-3\end{pmatrix}.$$

(1) 求从旧基到新基的过渡矩阵 $\boldsymbol{P}$;

(2) 已知向量 $\boldsymbol{\gamma}$ 在旧基下的坐标向量为 $\begin{pmatrix}2\\1\\4\end{pmatrix}$,求它在新基下的坐标向量;

(3) 已知向量 $\boldsymbol{\upsilon}$ 在新基下的坐标向量为 $\begin{pmatrix}1\\0\\1\end{pmatrix}$,求它在旧基下的坐标向量.

# 第4章

# 特征值、特征向量与二次型

方阵的特征值与特征向量是两个应用十分广泛的概念.工程技术中控制论的系统稳定性问题、解析几何中平面曲线以及空间曲面的化简、微分方程组以及差分方程组的求解问题、代数中矩阵的对角化等问题,都可以归结为求一方阵的特征值和特征向量的问题.

本章先介绍向量的正交性,然后给出方阵的特征值和特征向量的概念及性质,随后引入相似矩阵的概念,以及一般方阵和实对称矩阵在相似意义下化为对角矩阵的方法,最后介绍二次型的基本理论,其中包括二次型的化简和正定二次型的性质.

## 4.1 预备知识:向量的正交性

本节我们将解析几何中3维向量的数量积概念推广到 $n$ 维向量上,并给出向量内积的定义,向量的长度、夹角以及正交性.

### 4.1.1 向量的内积

在空间解析几何中,向量 $\boldsymbol{a}$ 和 $\boldsymbol{b}$ 的数量积(或称内积)定义为

$$\boldsymbol{a}\cdot\boldsymbol{b}=|\boldsymbol{a}||\boldsymbol{b}|\cos(\boldsymbol{a},\boldsymbol{b}),$$

其坐标表达式为

$$\boldsymbol{a}\cdot\boldsymbol{b}=a_1b_1+a_2b_2+a_3b_3,$$

其中 $\boldsymbol{a}$ 和 $\boldsymbol{b}$ 的坐标分别为

$$\boldsymbol{a}=(a_1,a_2,a_3),\ \boldsymbol{b}=(b_1,b_2,b_3).$$

由此可得

$$|\boldsymbol{a}|=\sqrt{\boldsymbol{a}\cdot\boldsymbol{a}}=\sqrt{a_1^2+a_2^2+a_3^2},\quad \cos(\boldsymbol{a},\boldsymbol{b})=\frac{\boldsymbol{a}\cdot\boldsymbol{b}}{|\boldsymbol{a}||\boldsymbol{b}|}.$$

现在将上面的概念推广到 $n$ 维向量.

**定义 4-1**　设 $n$ 维向量 $\boldsymbol{\alpha}=\begin{pmatrix}a_1\\a_2\\\vdots\\a_n\end{pmatrix}$，$\boldsymbol{\beta}=\begin{pmatrix}b_1\\b_2\\\vdots\\b_n\end{pmatrix}$，向量 $\boldsymbol{\alpha}$ 与 $\boldsymbol{\beta}$ 的**内积**记作 $(\boldsymbol{\alpha},\boldsymbol{\beta})$，规定

$$(\boldsymbol{\alpha},\boldsymbol{\beta})=a_1b_1+a_2b_2+\cdots+a_nb_n=\boldsymbol{\alpha}^{\mathrm{T}}\boldsymbol{\beta}.$$

内积是向量间的一种运算，其运算结果是一个实数.

根据定义，容易验证 $\boldsymbol{\alpha}$ 与 $\boldsymbol{\beta}$ 的内积具有以下性质：

(1)对称性　$(\boldsymbol{\alpha},\boldsymbol{\beta})=(\boldsymbol{\beta},\boldsymbol{\alpha})$；

(2)线性性　$(\boldsymbol{\alpha}+\boldsymbol{\beta},\boldsymbol{\gamma})=(\boldsymbol{\alpha},\boldsymbol{\gamma})+(\boldsymbol{\beta},\boldsymbol{\gamma})$；

$(\lambda\boldsymbol{\alpha},\boldsymbol{\beta})=(\boldsymbol{\alpha},\lambda\boldsymbol{\beta})=\lambda(\boldsymbol{\alpha},\boldsymbol{\beta})$；

(3)非负性　$(\boldsymbol{\alpha},\boldsymbol{\alpha})\geqslant 0$ 当且仅当 $\boldsymbol{\alpha}=\boldsymbol{0}$ 时 $(\boldsymbol{\alpha},\boldsymbol{\alpha})=0$.

其中 $\boldsymbol{\alpha},\boldsymbol{\beta},\boldsymbol{\gamma}$ 为 $n$ 维向量，$\lambda$ 为任意实数.

由向量 $\boldsymbol{\alpha}$ 与其自身内积的非负性，可以类似空间解析几何用内积来定义向量的长度(也称为范数).

**定义 4-2**　设 $n$ 维向量 $\boldsymbol{\alpha}=\begin{pmatrix}a_1\\a_2\\\vdots\\a_n\end{pmatrix}$，将向量 $\boldsymbol{\alpha}$ 的**长度**(也称作**范数**)定义为

$$\|\boldsymbol{\alpha}\|=\sqrt{(\boldsymbol{\alpha},\boldsymbol{\alpha})}=\sqrt{a_1^2+a_2^2+\cdots+a_n^2},$$

当 $\|\boldsymbol{\alpha}\|=1$ 时，称 $\boldsymbol{\alpha}$ 为**单位向量**；对非零向量 $\boldsymbol{\alpha}$，称 $\boldsymbol{\alpha}^0=\dfrac{\boldsymbol{\alpha}}{\|\boldsymbol{\alpha}\|}$ 为 $\boldsymbol{\alpha}$ 的单位向量，并称此过程为向量的**单位化**(**规范化**).

向量的长度具有如下性质：

(1)非负性 $\|\boldsymbol{\alpha}\|\geqslant 0$，当且仅当 $\boldsymbol{\alpha}=\boldsymbol{0}$ 时 $\|\boldsymbol{\alpha}\|=0$；

(2)齐次性 $\|\lambda\boldsymbol{\alpha}\|=|\lambda|\,\|\boldsymbol{\alpha}\|$；

(3)三角不等式 $\|\boldsymbol{\alpha}+\boldsymbol{\beta}\|\leqslant\|\boldsymbol{\alpha}\|+\|\boldsymbol{\beta}\|$；

(4) $|(\boldsymbol{\alpha},\boldsymbol{\beta})|\leqslant\|\boldsymbol{\alpha}\|\,\|\boldsymbol{\beta}\|$，等号当且仅当 $\boldsymbol{\alpha}$ 与 $\boldsymbol{\beta}$ 线性相关时才成立. 这个不等式称为 Cauchy-Schwarz 不等式(证明略).

由此不等式可知，

$$当\ \boldsymbol{\alpha}\neq\boldsymbol{0},\boldsymbol{\beta}\neq\boldsymbol{0}\ 时,\ \left|\frac{(\boldsymbol{\alpha},\boldsymbol{\beta})}{\|\boldsymbol{\alpha}\|\,\|\boldsymbol{\beta}\|}\right|\leqslant 1,$$

于是定义两向量的夹角如下：

**定义 4-3**　当 $\boldsymbol{\alpha}\neq\boldsymbol{0},\boldsymbol{\beta}\neq\boldsymbol{0}$ 时，规定

$$\theta=\arccos\frac{(\boldsymbol{\alpha},\boldsymbol{\beta})}{\|\boldsymbol{\alpha}\|\,\|\boldsymbol{\beta}\|}$$

称为向量 $\boldsymbol{\alpha}$ 与 $\boldsymbol{\beta}$ 的**夹角**.

当 $\theta=\dfrac{\pi}{2}$，即 $(\boldsymbol{\alpha},\boldsymbol{\beta})=0$ 时，称向量 $\boldsymbol{\alpha}$ 与 $\boldsymbol{\beta}$ **正交**或**垂直**.

显然零向量与任何向量均正交.

**【例 4-1】** 设 $\boldsymbol{\alpha}=\begin{pmatrix}-3\\2\\-1\\4\end{pmatrix}$,$\boldsymbol{\beta}=\begin{pmatrix}4\\1\\2\\3\end{pmatrix}$,问 $\boldsymbol{\alpha}$ 与 $\boldsymbol{\beta}$ 是否正交,并将 $\boldsymbol{\alpha},\boldsymbol{\beta}$ 单位化.

**解**

$$(\boldsymbol{\alpha},\boldsymbol{\beta})=\boldsymbol{\alpha}^{\mathrm{T}}\boldsymbol{\beta}=(-3,2,-1,4)\begin{pmatrix}4\\1\\2\\3\end{pmatrix}$$

$$=(-3)\times4+2\times1+(-1)\times2+4\times3=0,$$

则 $\boldsymbol{\alpha}$ 与 $\boldsymbol{\beta}$ 正交,又

$$\|\boldsymbol{\alpha}\|=\sqrt{(-3)^2+2^2+(-1)^2+4^2=}\sqrt{30},\quad \|\boldsymbol{\beta}\|=\sqrt{4^2+1^2+2^2+3^2=}\sqrt{30},$$

则

$$\boldsymbol{\alpha}^0=\frac{\boldsymbol{\alpha}}{\|\boldsymbol{\alpha}\|}=\begin{pmatrix}-\frac{3}{\sqrt{30}}\\\frac{2}{\sqrt{30}}\\-\frac{1}{\sqrt{30}}\\\frac{4}{\sqrt{30}}\end{pmatrix},\quad \boldsymbol{\beta}^0=\frac{\boldsymbol{\beta}}{\|\boldsymbol{\beta}\|}=\begin{pmatrix}\frac{4}{\sqrt{30}}\\\frac{1}{\sqrt{30}}\\\frac{2}{\sqrt{30}}\\\frac{3}{\sqrt{30}}\end{pmatrix}.$$

## 4.1.2 正交向量组

**定义 4-4** 由两两正交的非零向量组成的向量组称为**正交向量组**;由单位向量组成的正交向量组称为**标准正交向量组**.

下面介绍正交向量组与线性无关向量组之间的关系.

**定理 4-1** 若 $\boldsymbol{\alpha}_1,\boldsymbol{\alpha}_2,\cdots,\boldsymbol{\alpha}_r$ 是一组两两正交的非零向量,则 $\boldsymbol{\alpha}_1,\boldsymbol{\alpha}_2,\cdots,\boldsymbol{\alpha}_r$ 线性无关,即正交向量组必为线性无关向量组.

**证明** 设有数 $k_1,k_2,\cdots,k_r$ 使得

$$k_1\boldsymbol{\alpha}_1+k_2\boldsymbol{\alpha}_2+\cdots+k_r\boldsymbol{\alpha}_r=\mathbf{0}.$$

用 $\boldsymbol{\alpha}_1^{\mathrm{T}}$ 左乘上式可得

$$k_1\boldsymbol{\alpha}_1^{\mathrm{T}}\boldsymbol{\alpha}_1+k_2\boldsymbol{\alpha}_1^{\mathrm{T}}\boldsymbol{\alpha}_2+\cdots+k_r\boldsymbol{\alpha}_1^{\mathrm{T}}\boldsymbol{\alpha}_r=0,$$

由 $\boldsymbol{\alpha}_1,\boldsymbol{\alpha}_2,\cdots,\boldsymbol{\alpha}_r$ 是正交向量组可知

$$\boldsymbol{\alpha}_1^{\mathrm{T}}\boldsymbol{\alpha}_1=\|\boldsymbol{\alpha}_1\|^2\neq0,\quad \boldsymbol{\alpha}_1^{\mathrm{T}}\boldsymbol{\alpha}_j=0\quad(j=2,3,\cdots,r).$$

进而可得

$$k_1\boldsymbol{\alpha}_1^{\mathrm{T}}\boldsymbol{\alpha}_1=k_1\|\boldsymbol{\alpha}_1\|^2=0,$$

则

$$k_1=0.$$

同理可证 $k_2=k_3=\cdots=k_r=0$，于是 $\boldsymbol{\alpha}_1,\boldsymbol{\alpha}_2,\cdots,\boldsymbol{\alpha}_r$ 线性无关.

**注意**　定理 4-1 的逆命题不成立，即不能保证所有的线性无关向量组均为正交向量组，但是我们可以借助于下面的方法，将一个线性无关的向量组转化为等价的正交向量组.

## 4.1.3　施密特正交化

施密特正交化

**定理 4-2**　设 $\boldsymbol{\alpha}_1,\boldsymbol{\alpha}_2,\cdots,\boldsymbol{\alpha}_r$ 是一个线性无关向量组，令

$$\boldsymbol{\beta}_1=\boldsymbol{\alpha}_1,$$

$$\boldsymbol{\beta}_2=\boldsymbol{\alpha}_2-\frac{(\boldsymbol{\beta}_1,\boldsymbol{\alpha}_2)}{\|\boldsymbol{\beta}_1\|^2}\boldsymbol{\beta}_1,$$

$$\vdots$$

$$\boldsymbol{\beta}_r=\boldsymbol{\alpha}_r-\frac{(\boldsymbol{\beta}_1,\boldsymbol{\alpha}_r)}{\|\boldsymbol{\beta}_1\|^2}\boldsymbol{\beta}_1-\frac{(\boldsymbol{\beta}_2,\boldsymbol{\alpha}_r)}{\|\boldsymbol{\beta}_2\|^2}\boldsymbol{\beta}_2-\cdots-\frac{(\boldsymbol{\beta}_{r-1},\boldsymbol{\alpha}_r)}{\|\boldsymbol{\beta}_{r-1}\|^2}\boldsymbol{\beta}_{r-1}.$$

则 $\boldsymbol{\beta}_1,\boldsymbol{\beta}_2,\cdots,\boldsymbol{\beta}_r$ 为与 $\boldsymbol{\alpha}_1,\boldsymbol{\alpha}_2,\cdots,\boldsymbol{\alpha}_r$ 等价的正交向量组.

该方法称为**施密特(Schmidt)正交化方法**. 若再进一步，将 $\boldsymbol{\beta}_1,\boldsymbol{\beta}_2,\cdots,\boldsymbol{\beta}_r$ 单位化后，可得到一个与 $\boldsymbol{\alpha}_1,\boldsymbol{\alpha}_2,\cdots,\boldsymbol{\alpha}_r$ 等价的标准正交向量组.

下面以 3 维向量为例，用图示的方法，揭示施密特正交化方法的思路与过程.

可按图 4-1 来取 $\boldsymbol{\beta}_1$ 与 $\boldsymbol{\beta}_2$，由 $\boldsymbol{\beta}_1,\boldsymbol{\beta}_2$ 正交且与 $\boldsymbol{\alpha}_1,\boldsymbol{\alpha}_2$ 等价，即

$$(\boldsymbol{\beta}_1,\boldsymbol{\beta}_2)=0,$$

可求得

$$l=\frac{(\boldsymbol{\beta}_1,\boldsymbol{\alpha}_2)}{\|\boldsymbol{\beta}_1\|^2},\quad \boldsymbol{\beta}_2=\boldsymbol{\alpha}_2-\frac{(\boldsymbol{\beta}_1,\boldsymbol{\alpha}_2)}{\|\boldsymbol{\beta}_1\|^2}\boldsymbol{\beta}_1.$$

求得 $\boldsymbol{\beta}_1$ 与 $\boldsymbol{\beta}_2$ 后，再按图 4-2 取 $\boldsymbol{\beta}_3=\boldsymbol{\alpha}_3-(l_1\boldsymbol{\beta}_1+l_2\boldsymbol{\beta}_2)$，由

$$(\boldsymbol{\beta}_1,\boldsymbol{\beta}_3)=0,\quad (\boldsymbol{\beta}_2,\boldsymbol{\beta}_3)=0,$$

可类似求得 $l_1$ 和 $l_2$，即得到 $\boldsymbol{\beta}_3$，此时向量组 $\boldsymbol{\beta}_1,\boldsymbol{\beta}_2,\boldsymbol{\beta}_3$ 即为与 $\boldsymbol{\alpha}_1,\boldsymbol{\alpha}_2,\boldsymbol{\alpha}_3$ 等价的正交向量组.

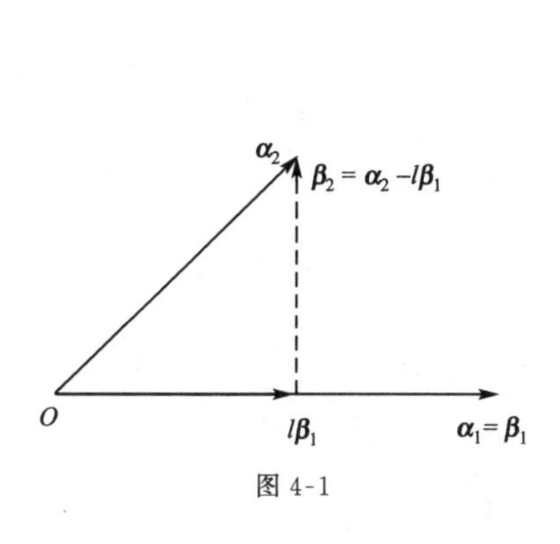

图 4-1

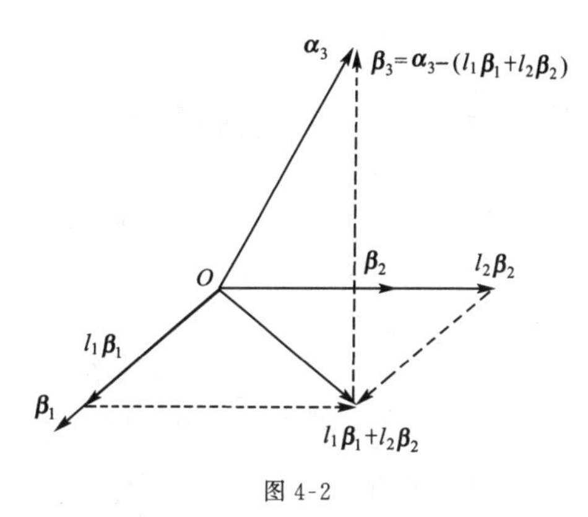

图 4-2

【例 4-2】 设 $\boldsymbol{\alpha}_1=\begin{pmatrix}1\\1\\0\end{pmatrix},\boldsymbol{\alpha}_2=\begin{pmatrix}1\\0\\1\end{pmatrix},\boldsymbol{\alpha}_3=\begin{pmatrix}-1\\0\\0\end{pmatrix}$,试将向量组 $\boldsymbol{\alpha}_1,\boldsymbol{\alpha}_2,\boldsymbol{\alpha}_3$ 标准正交化.

**解** 先采用施密特正交化方法将向量组正交化.取

$$\boldsymbol{\beta}_1=\boldsymbol{\alpha}_1=\begin{pmatrix}1\\1\\0\end{pmatrix};$$

$$\boldsymbol{\beta}_2=\boldsymbol{\alpha}_2-\frac{(\boldsymbol{\beta}_1,\boldsymbol{\alpha}_2)}{\|\boldsymbol{\beta}_1\|^2}\boldsymbol{\beta}_1=\begin{pmatrix}1\\0\\1\end{pmatrix}-\frac{1}{2}\begin{pmatrix}1\\1\\0\end{pmatrix}=\frac{1}{2}\begin{pmatrix}1\\-1\\2\end{pmatrix};$$

$$\begin{aligned}\boldsymbol{\beta}_3&=\boldsymbol{\alpha}_3-\frac{(\boldsymbol{\beta}_1,\boldsymbol{\alpha}_3)}{\|\boldsymbol{\beta}_1\|^2}\boldsymbol{\beta}_1-\frac{(\boldsymbol{\beta}_2,\boldsymbol{\alpha}_3)}{\|\boldsymbol{\beta}_2\|^2}\boldsymbol{\beta}_2\\&=\begin{pmatrix}-1\\0\\0\end{pmatrix}-\frac{-1}{2}\begin{pmatrix}1\\1\\0\end{pmatrix}-\frac{-\frac{1}{2}}{\left(\frac{1}{2}\sqrt{6}\right)^2}\times\frac{1}{2}\begin{pmatrix}1\\-1\\2\end{pmatrix}\\&=\frac{1}{3}\begin{pmatrix}-1\\1\\1\end{pmatrix},\end{aligned}$$

再将向量组 $\boldsymbol{\beta}_1,\boldsymbol{\beta}_2,\boldsymbol{\beta}_3$ 单位化,得

$$\boldsymbol{\xi}_1=\frac{\boldsymbol{\beta}_1}{\|\boldsymbol{\beta}_1\|}=\begin{bmatrix}\frac{1}{\sqrt{2}}\\\frac{1}{\sqrt{2}}\\0\end{bmatrix},\quad\boldsymbol{\xi}_2=\frac{\boldsymbol{\beta}_2}{\|\boldsymbol{\beta}_2\|}=\begin{bmatrix}\frac{1}{\sqrt{6}}\\-\frac{1}{\sqrt{6}}\\\frac{2}{\sqrt{6}}\end{bmatrix},\quad\boldsymbol{\xi}_3=\frac{\boldsymbol{\beta}_3}{\|\boldsymbol{\beta}_3\|}=\begin{bmatrix}-\frac{1}{\sqrt{3}}\\\frac{1}{\sqrt{3}}\\\frac{1}{\sqrt{3}}\end{bmatrix},$$

则向量组 $\boldsymbol{\xi}_1,\boldsymbol{\xi}_2,\boldsymbol{\xi}_3$ 即为与 $\boldsymbol{\alpha}_1,\boldsymbol{\alpha}_2,\boldsymbol{\alpha}_3$ 等价的标准正交向量组.

【例 4-3】 已知 $\boldsymbol{\alpha}_1=\begin{pmatrix}1\\1\\1\end{pmatrix}$,求非零向量 $\boldsymbol{\alpha}_2,\boldsymbol{\alpha}_3$,使得 $\boldsymbol{\alpha}_1,\boldsymbol{\alpha}_2,\boldsymbol{\alpha}_3$ 两两正交.

**解** 设 $\boldsymbol{\alpha}=\begin{pmatrix}x_1\\x_2\\x_3\end{pmatrix}$与 $\boldsymbol{\alpha}_1$ 正交,则有

$$(\boldsymbol{\alpha}_1,\boldsymbol{\alpha})=\boldsymbol{\alpha}_1^{\mathrm{T}}\boldsymbol{\alpha}=0,$$

即

$$x_1+x_2+x_3=0,$$

进而

$$x_1=-x_2-x_3,$$

其中 $x_2,x_3$ 为自由未知量.

由此得到该齐次线性方程组的通解

$$\begin{cases} x_1 = -x_2 - x_3 \\ x_2 = x_2 \\ x_3 = x_3 \end{cases},$$

$$\boldsymbol{x} = \begin{pmatrix} x_1 \\ x_2 \\ x_3 \end{pmatrix} = k_1 \begin{pmatrix} -1 \\ 1 \\ 0 \end{pmatrix} + k_2 \begin{pmatrix} -1 \\ 0 \\ 1 \end{pmatrix},$$

对其基础解系

$$\boldsymbol{\xi}_1 = \begin{pmatrix} -1 \\ 1 \\ 0 \end{pmatrix}, \boldsymbol{\xi}_2 = \begin{pmatrix} -1 \\ 0 \\ 1 \end{pmatrix},$$

采用施密特正交化的方法，可得

$$\boldsymbol{\alpha}_2 = \boldsymbol{\xi}_1 = \begin{pmatrix} -1 \\ 1 \\ 0 \end{pmatrix},$$

$$\boldsymbol{\alpha}_3 = \boldsymbol{\xi}_2 - \frac{(\boldsymbol{\alpha}_2, \boldsymbol{\xi}_2)}{\|\boldsymbol{\alpha}_2\|^2}\boldsymbol{\alpha}_2 = \begin{pmatrix} -1 \\ 0 \\ 1 \end{pmatrix} - \frac{1}{2}\begin{pmatrix} -1 \\ 1 \\ 0 \end{pmatrix} = \begin{pmatrix} -\frac{1}{2} \\ -\frac{1}{2} \\ 1 \end{pmatrix},$$

则 $\boldsymbol{\alpha}_2, \boldsymbol{\alpha}_3$ 即为所求.

### 4.1.4　正交矩阵及正交变换

**定义 4-5**　若 $n$ 阶方阵 $\boldsymbol{A}$ 满足 $\boldsymbol{A}^{\mathrm{T}}\boldsymbol{A} = \boldsymbol{E}(\boldsymbol{A}^{-1} = \boldsymbol{A}^{\mathrm{T}})$，则称 $\boldsymbol{A}$ 为**正交矩阵**.

由定义 4-5 不难得出正交矩阵具有下列性质：(设 $\boldsymbol{A}$ 与 $\boldsymbol{B}$ 为同阶正交矩阵)

(1) $\boldsymbol{A}$ 可逆，且 $\boldsymbol{A}^{-1} = \boldsymbol{A}^{\mathrm{T}}$；

(2) $\boldsymbol{A}^{\mathrm{T}}$ 与 $\boldsymbol{A}^{-1}$ 均为正交矩阵；

(3) $|\boldsymbol{A}| = 1$ 或 $|\boldsymbol{A}| = -1$；

(4) $\boldsymbol{AB}$ 也为正交矩阵.

**【例 4-4】**　设 $\boldsymbol{A} = \begin{pmatrix} \cos\theta & -\sin\theta \\ \sin\theta & \cos\theta \end{pmatrix}$，判断 $\boldsymbol{A}$ 是否为正交矩阵.

**解**

$$\boldsymbol{A}^{\mathrm{T}} = \begin{pmatrix} \cos\theta & \sin\theta \\ -\sin\theta & \cos\theta \end{pmatrix},$$

$$\boldsymbol{A}^{\mathrm{T}}\boldsymbol{A} = \begin{pmatrix} \cos\theta & \sin\theta \\ -\sin\theta & \cos\theta \end{pmatrix}\begin{pmatrix} \cos\theta & -\sin\theta \\ \sin\theta & \cos\theta \end{pmatrix} = \begin{pmatrix} 1 & 0 \\ 0 & 1 \end{pmatrix} = \boldsymbol{E},$$

则由定义 4-5 可知，$\boldsymbol{A}$ 是正交矩阵.

**【例 4-5】** 设 $A=\begin{pmatrix} \frac{1}{\sqrt{2}} & \frac{1}{\sqrt{6}} & -\frac{1}{\sqrt{3}} \\ \frac{1}{\sqrt{2}} & -\frac{1}{\sqrt{6}} & \frac{1}{\sqrt{3}} \\ 0 & \frac{2}{\sqrt{6}} & \frac{1}{\sqrt{3}} \end{pmatrix}$,验证 $A$ 为正交矩阵.

**证明**

$$A^{\mathrm{T}}=\begin{pmatrix} \frac{1}{\sqrt{2}} & \frac{1}{\sqrt{2}} & 0 \\ \frac{1}{\sqrt{6}} & -\frac{1}{\sqrt{6}} & \frac{2}{\sqrt{6}} \\ -\frac{1}{\sqrt{3}} & \frac{1}{\sqrt{3}} & \frac{1}{\sqrt{3}} \end{pmatrix},\quad A^{\mathrm{T}}A=\begin{pmatrix} 1 & 0 & 0 \\ 0 & 1 & 0 \\ 0 & 0 & 1 \end{pmatrix}=E,$$

可知 $A$ 是正交矩阵,还容易验证 $A$ 的列向量组

$$\boldsymbol{\alpha}_1=\begin{pmatrix} \frac{1}{\sqrt{2}} \\ \frac{1}{\sqrt{2}} \\ 0 \end{pmatrix},\quad \boldsymbol{\alpha}_2=\begin{pmatrix} \frac{1}{\sqrt{6}} \\ -\frac{1}{\sqrt{6}} \\ \frac{2}{\sqrt{6}} \end{pmatrix},\quad \boldsymbol{\alpha}_3=\begin{pmatrix} -\frac{1}{\sqrt{3}} \\ \frac{1}{\sqrt{3}} \\ \frac{1}{\sqrt{3}} \end{pmatrix}$$

为标准正交向量组.

进一步,有下面的结果.

**定理 4-3** 方阵 $A$ 为正交矩阵的充分必要条件是 $A$ 的列向量组为标准正交向量组.(证明略).

我们一般利用定义 4-5 或定理 4-3 来判别一个矩阵是否为正交矩阵.

**【例 4-6】** 设 $A=E-2\boldsymbol{\alpha}\boldsymbol{\alpha}^{\mathrm{T}}$,其中 $\boldsymbol{\alpha}$ 为 $n$ 维单位列向量,证明 $A$ 为正交矩阵.

**证明** 易知

$$A^{\mathrm{T}}=(E-2\boldsymbol{\alpha}\boldsymbol{\alpha}^{\mathrm{T}})^{\mathrm{T}}=E-2(\boldsymbol{\alpha}\boldsymbol{\alpha}^{\mathrm{T}})^{\mathrm{T}}=E-2\boldsymbol{\alpha}\boldsymbol{\alpha}^{\mathrm{T}}$$

由

$$\begin{aligned} A^{\mathrm{T}}A &=(E-2\boldsymbol{\alpha}\boldsymbol{\alpha}^{\mathrm{T}})(E-2\boldsymbol{\alpha}\boldsymbol{\alpha}^{\mathrm{T}})=E-4\boldsymbol{\alpha}\boldsymbol{\alpha}^{\mathrm{T}}+4(\boldsymbol{\alpha}\boldsymbol{\alpha}^{\mathrm{T}})(\boldsymbol{\alpha}\boldsymbol{\alpha}^{\mathrm{T}}) \\ &=E-4\boldsymbol{\alpha}\boldsymbol{\alpha}^{\mathrm{T}}+4\boldsymbol{\alpha}(\boldsymbol{\alpha}^{\mathrm{T}}\boldsymbol{\alpha})\boldsymbol{\alpha}^{\mathrm{T}}=E-4\boldsymbol{\alpha}\boldsymbol{\alpha}^{\mathrm{T}}+4\boldsymbol{\alpha}\|\boldsymbol{\alpha}\|^2\boldsymbol{\alpha}^{\mathrm{T}}, \end{aligned}$$

又 $\boldsymbol{\alpha}$ 为 $n$ 维单位列向量,可知 $\|\boldsymbol{\alpha}\|=1$,从而 $A^{\mathrm{T}}A=E$,因此 $A$ 为正交矩阵.

**【例 4-7】** 设 $A=\begin{pmatrix} 0 & a & \frac{1}{\sqrt{2}} \\ 1 & 0 & 0 \\ 0 & \frac{1}{\sqrt{2}} & b \end{pmatrix}$ 为正交矩阵,求 $a,b$.

**解** 因为 $A$ 为正交矩阵,由定理 4-3 可知,$A$ 的列向量组为标准正交向量组,即列向量均为单位向量,可得

$$\begin{cases} a^2+\left(\dfrac{1}{\sqrt{2}}\right)^2=1 \\ \left(\dfrac{1}{\sqrt{2}}\right)^2+b^2=1 \end{cases},$$

解得

$$a=\pm\frac{1}{\sqrt{2}},\quad b=\pm\frac{1}{\sqrt{2}}.$$

又正交矩阵的列向量两两正交，即

$$\frac{1}{\sqrt{2}}a+\frac{1}{\sqrt{2}}b=0,$$

可得

$$a=-b.$$

因此

$$\begin{cases} a=\dfrac{1}{\sqrt{2}} \\ b=-\dfrac{1}{\sqrt{2}} \end{cases} \text{或} \begin{cases} a=-\dfrac{1}{\sqrt{2}} \\ b=\dfrac{1}{\sqrt{2}} \end{cases},$$

相应的正交矩阵有下列两个：

$$\begin{pmatrix} 0 & \dfrac{1}{\sqrt{2}} & \dfrac{1}{\sqrt{2}} \\ 1 & 0 & 0 \\ 0 & \dfrac{1}{\sqrt{2}} & -\dfrac{1}{\sqrt{2}} \end{pmatrix},\quad \begin{pmatrix} 0 & -\dfrac{1}{\sqrt{2}} & \dfrac{1}{\sqrt{2}} \\ 1 & 0 & 0 \\ 0 & \dfrac{1}{\sqrt{2}} & \dfrac{1}{\sqrt{2}} \end{pmatrix}.$$

**定义 4-6**　若 $\boldsymbol{P}$ 为正交矩阵，则称线性变换 $\boldsymbol{y}=\boldsymbol{P}\boldsymbol{x}$ 为**正交变换**.

设 $\boldsymbol{y}=\boldsymbol{P}\boldsymbol{x}$ 为正交变换，$\boldsymbol{x}_1,\boldsymbol{x}_2$ 为 $n$ 维列向量，$\boldsymbol{y}_1=\boldsymbol{P}\boldsymbol{x}_1,\boldsymbol{y}_2=\boldsymbol{P}\boldsymbol{x}_2$，$\boldsymbol{x}_1,\boldsymbol{x}_2$ 的夹角为 $\theta$，$\boldsymbol{y}_1,\boldsymbol{y}_2$ 的夹角为 $\varphi$，由定义 4-6 可得，

$$\|\boldsymbol{y}\|=\sqrt{\boldsymbol{y}^{\mathrm{T}}\boldsymbol{y}}=\sqrt{\boldsymbol{x}^{\mathrm{T}}\boldsymbol{P}^{\mathrm{T}}\boldsymbol{P}\boldsymbol{x}}=\sqrt{\boldsymbol{x}^{\mathrm{T}}(\boldsymbol{P}^{\mathrm{T}}\boldsymbol{P})\boldsymbol{x}}=\sqrt{\boldsymbol{x}^{\mathrm{T}}\boldsymbol{x}}=\|\boldsymbol{x}\|,$$

$$(\boldsymbol{y}_1,\boldsymbol{y}_2)=\boldsymbol{y}_1^{\mathrm{T}}\boldsymbol{y}_2=(\boldsymbol{P}\boldsymbol{x}_1)^{\mathrm{T}}(\boldsymbol{P}\boldsymbol{x}_2)=\boldsymbol{x}_1^{\mathrm{T}}\boldsymbol{P}^{\mathrm{T}}\boldsymbol{P}\boldsymbol{x}_2=\boldsymbol{x}_1^{\mathrm{T}}\boldsymbol{x}_2=(\boldsymbol{x}_1,\boldsymbol{x}_2),$$

$$\varphi=\arccos\frac{(\boldsymbol{y}_1,\boldsymbol{y}_2)}{\|\boldsymbol{y}_1\|\|\boldsymbol{y}_2\|}=\arccos\frac{(\boldsymbol{x}_1,\boldsymbol{x}_2)}{\|\boldsymbol{x}_1\|\|\boldsymbol{x}_2\|}=\theta,$$

其中 $\|\boldsymbol{x}\|$ 表示向量的长度，这说明正交变换保持向量的内积、长度和夹角不变，因而在空间中保持几何图形不变，这正是正交变换的特性.

# 4.2　方阵的特征值与特征向量

## 4.2.1　方阵的特征值与特征向量的概念及计算

**【例 4-8】**　设矩阵 $\boldsymbol{A}=\begin{pmatrix} 1 & 5 \\ 2 & 4 \end{pmatrix}$，向量 $\boldsymbol{x}=\begin{pmatrix} 1 \\ 1 \end{pmatrix}$，求 $\boldsymbol{A}\boldsymbol{x}$.

**解** $$\boldsymbol{Ax}=\begin{pmatrix}1&5\\2&4\end{pmatrix}\begin{pmatrix}1\\1\end{pmatrix}=\begin{pmatrix}6\\6\end{pmatrix}=6\begin{pmatrix}1\\1\end{pmatrix}=6\boldsymbol{x}.$$

注意到方阵 $\boldsymbol{A}$ 与非零列向量 $\boldsymbol{x}$ 相乘相当于用数 6 乘以向量 $\boldsymbol{x}$，即向量 $\boldsymbol{Ax}$ 与 $\boldsymbol{x}$ 线性相关，但对于方阵 $\boldsymbol{A}$ 并非所有的非零列向量都具有类似的性质.

例如，对于向量 $\boldsymbol{\xi}=\begin{pmatrix}1\\2\end{pmatrix}$，

$$\begin{pmatrix}1&5\\2&4\end{pmatrix}\begin{pmatrix}1\\2\end{pmatrix}=\begin{pmatrix}11\\10\end{pmatrix}\neq k\begin{pmatrix}1\\2\end{pmatrix},$$

即 $\boldsymbol{A\xi}\neq k\boldsymbol{\xi}$，$\boldsymbol{A\xi}$ 与 $\boldsymbol{\xi}$ 线性无关.

在线性代数的许多应用问题中，都涉及方程 $\boldsymbol{Ax}=\lambda\boldsymbol{x}$，为此有下面的概念.

**定义 4-7** 设 $\boldsymbol{A}$ 是 $n$ 阶方阵，若存在数 $\lambda$ 和非零列向量 $\boldsymbol{x}$，使等式

$$\boldsymbol{Ax}=\lambda\boldsymbol{x}$$

成立，则称数 $\lambda$ 为方阵 $\boldsymbol{A}$ 的**特征值**，非零向量 $\boldsymbol{x}$ 称为 $\boldsymbol{A}$ 对应于特征值 $\lambda$ 的**特征向量**.

**注意** 特征值和特征向量问题是针对方阵而言的.

特征值 $\lambda$ 可以为 0 也可以不为 0，但特征向量必为非零向量.

零矩阵 $\boldsymbol{O}$ 只有零特征值.

不难看出等式

$$\boldsymbol{Ax}=\lambda\boldsymbol{x},$$

也可写成

$$(\boldsymbol{A}-\lambda\boldsymbol{E})\boldsymbol{x}=\boldsymbol{0},$$

这是 $n$ 个方程构成的 $n$ 元齐次线性方程组，其非零解即为 $\boldsymbol{A}$ 对应于特征值 $\lambda$ 的特征向量，而齐次线性方程组有非零解的充分必要条件是其系数行列式为零，即

$$|\boldsymbol{A}-\lambda\boldsymbol{E}|=0.$$

上式是以 $\lambda$ 为未知量的方程，称此方程为方阵 $\boldsymbol{A}$ 的**特征方程**，其左端 $|\boldsymbol{A}-\lambda\boldsymbol{E}|$ 是 $\lambda$ 的 $n$ 次多项式，记作 $f(\lambda)$，称为方阵 $\boldsymbol{A}$ 的特征多项式. 显然方阵 $\boldsymbol{A}$ 的特征值就是特征方程的根.

设 $\lambda=\lambda_i$ 为方阵 $\boldsymbol{A}$ 的特征值，则由齐次线性方程组

$$(\boldsymbol{A}-\lambda_i\boldsymbol{E})\boldsymbol{x}=\boldsymbol{0}$$

可求得非零解 $\boldsymbol{x}=\boldsymbol{p}_i$，则 $\boldsymbol{p}_i$ 便是 $\boldsymbol{A}$ 对应于特征值 $\lambda_i$ 的特征向量.

不难得出，若 $\boldsymbol{p}_i$ 是 $\boldsymbol{A}$ 对应于特征值 $\lambda_i$ 的特征向量，则 $k\boldsymbol{p}_i(k\neq 0)$ 也为 $\boldsymbol{A}$ 对应于特征值 $\lambda_i$ 的特征向量.

由此可得方阵 $\boldsymbol{A}$ 的特征值及特征向量的求法如下：

(1)令 $|\boldsymbol{A}-\lambda\boldsymbol{E}|=0$，求出特征值 $\lambda_i$；

(2)将特征值 $\lambda_i$ 代入 $(\boldsymbol{A}-\lambda_i\boldsymbol{E})\boldsymbol{x}=\boldsymbol{0}$，解相应的齐次线性方程组，其基础解系即为方阵 $\boldsymbol{A}$ 对应于特征值 $\lambda_i$ 的特征向量.

**【例 4-9】** 求 $\boldsymbol{A}=\begin{pmatrix}4&1\\1&4\end{pmatrix}$ 的特征值及特征向量.

**解** 令

$$|\boldsymbol{A}-\lambda\boldsymbol{E}|=0,$$

即

$$\begin{vmatrix} 4-\lambda & 1 \\ 1 & 4-\lambda \end{vmatrix}=(4-\lambda)^2-1=(3-\lambda)(5-\lambda)=0,$$

得 $\boldsymbol{A}$ 的特征值为 $\lambda_1=3,\lambda_2=5$.

当 $\lambda_1=3$ 时,解齐次线性方程组 $(\boldsymbol{A}-3\boldsymbol{E})\boldsymbol{x}=\boldsymbol{0}$,由

$$\boldsymbol{A}-3\boldsymbol{E}=\begin{pmatrix} 1 & 1 \\ 1 & 1 \end{pmatrix}\overset{r_2-r_1}{\sim}\begin{pmatrix} 1 & 1 \\ 0 & 0 \end{pmatrix}$$

可得基础解系

$$\boldsymbol{p}_1=\begin{pmatrix} 1 \\ -1 \end{pmatrix},$$

则 $\boldsymbol{p}_1$ 为 $\boldsymbol{A}$ 对应于 $\lambda_1=3$ 的特征向量,而 $k\boldsymbol{p}_1(k\neq 0)$ 为对应于 $\lambda_1=3$ 的全部特征向量;

当 $\lambda_2=5$ 时,解齐次线性方程组 $(\boldsymbol{A}-5\boldsymbol{E})\boldsymbol{x}=\boldsymbol{0}$,由

$$\boldsymbol{A}-5\boldsymbol{E}=\begin{pmatrix} -1 & 1 \\ 1 & -1 \end{pmatrix}\underset{r_1\leftrightarrow r_2}{\overset{r_1+r_2}{\sim}}\begin{pmatrix} 1 & -1 \\ 0 & 0 \end{pmatrix}$$

可得基础解系

$$\boldsymbol{p}_2=\begin{pmatrix} 1 \\ 1 \end{pmatrix},$$

则 $\boldsymbol{p}_2$ 为 $\boldsymbol{A}$ 对应于 $\lambda_2=5$ 的特征向量,而 $k\boldsymbol{p}_2(k\neq 0)$ 为对应于 $\lambda_2=5$ 的全部特征向量.

**【例 4-10】** 求 $\boldsymbol{A}=\begin{pmatrix} -1 & 4 & 0 \\ 1 & 2 & 0 \\ 1 & 0 & 3 \end{pmatrix}$ 的特征值及特征向量.

**解**　令

$$|\boldsymbol{A}-\lambda\boldsymbol{E}|=0,$$

即

$$\begin{vmatrix} -1-\lambda & 4 & 0 \\ 1 & 2-\lambda & 0 \\ 1 & 0 & 3-\lambda \end{vmatrix}=(3-\lambda)[(-1-\lambda)(2-\lambda)-4]$$
$$=-(\lambda-3)^2(\lambda+2)=0,$$

得 $\boldsymbol{A}$ 的特征值为 $\lambda_1=\lambda_2=3$(二重根),$\lambda_3=-2$.

当 $\lambda_1=\lambda_2=3$ 时,解齐次线性方程组 $(\boldsymbol{A}-3\boldsymbol{E})\boldsymbol{x}=\boldsymbol{0}$,由

$$\boldsymbol{A}-3\boldsymbol{E}=\begin{pmatrix} -4 & 4 & 0 \\ 1 & -1 & 0 \\ 1 & 0 & 0 \end{pmatrix}\underset{r_3+4r_2}{\overset{r_1\leftrightarrow r_3}{\sim}}\begin{pmatrix} 1 & 0 & 0 \\ 1 & -1 & 0 \\ 0 & 0 & 0 \end{pmatrix}\underset{-r_2}{\overset{r_2-r_1}{\sim}}\begin{pmatrix} 1 & 0 & 0 \\ 0 & 1 & 0 \\ 0 & 0 & 0 \end{pmatrix}$$

可得基础解系

$$\boldsymbol{p}_1=\begin{pmatrix} 0 \\ 0 \\ 1 \end{pmatrix},$$

则 $\boldsymbol{p}_1$ 为 $\boldsymbol{A}$ 对应于 $\lambda_1=\lambda_2=3$ 的特征向量，而 $k\boldsymbol{p}_1(k\neq0)$ 为对应于二重特征值 $\lambda_1=\lambda_2=3$ 的全部特征向量；

当 $\lambda_3=-2$ 时，解齐次线性方程组 $(\boldsymbol{A}+2\boldsymbol{E})\boldsymbol{x}=\boldsymbol{0}$，由

$$\boldsymbol{A}+2\boldsymbol{E}=\begin{pmatrix}1&4&0\\1&4&0\\1&0&5\end{pmatrix}\xrightarrow[r_3-r_2]{r_1\leftrightarrow r_3}\begin{pmatrix}1&0&5\\1&4&0\\0&0&0\end{pmatrix}\xrightarrow[\frac{1}{4}r_2]{r_2-r_1}\begin{pmatrix}1&0&5\\0&1&-\frac{5}{4}\\0&0&0\end{pmatrix}$$

可得基础解系

$$\boldsymbol{p}_2=\begin{pmatrix}-5\\\frac{5}{4}\\1\end{pmatrix},$$

则 $\boldsymbol{p}_2$ 为 $\boldsymbol{A}$ 对应于 $\lambda_3=-2$ 的特征向量，而 $k\boldsymbol{p}_2(k\neq0)$ 为对应于单特征值 $\lambda_3=-2$ 的全部特征向量.

**【例 4-11】** 求 $\boldsymbol{A}=\begin{pmatrix}1&2&2\\2&1&2\\2&2&1\end{pmatrix}$ 的特征值及特征向量.

**解** 令

$$|\boldsymbol{A}-\lambda\boldsymbol{E}|=0,$$

即

$$\begin{vmatrix}1-\lambda&2&2\\2&1-\lambda&2\\2&2&1-\lambda\end{vmatrix}\xlongequal{r_1+r_2+r_3}\begin{vmatrix}5-\lambda&5-\lambda&5-\lambda\\2&1-\lambda&2\\2&2&1-\lambda\end{vmatrix}=(5-\lambda)\begin{vmatrix}1&1&1\\2&1-\lambda&2\\2&2&1-\lambda\end{vmatrix}$$

$$\xlongequal[c_3-c_1]{c_2-c_1}(5-\lambda)\begin{vmatrix}1&0&0\\2&-1-\lambda&0\\2&0&-1-\lambda\end{vmatrix}=(5-\lambda)(1+\lambda)^2=0,$$

得 $\boldsymbol{A}$ 的特征值为 $\lambda_1=5,\lambda_2=\lambda_3=-1$(二重根).

当 $\lambda_1=5$ 时，解齐次线性方程组 $(\boldsymbol{A}-5\boldsymbol{E})\boldsymbol{x}=\boldsymbol{0}$，由

$$\boldsymbol{A}-5\boldsymbol{E}=\begin{pmatrix}-4&2&2\\2&-4&2\\2&2&-4\end{pmatrix}\xrightarrow[r_1\leftrightarrow r_3]{r_1+r_2+r_3}\begin{pmatrix}2&2&-4\\2&-4&2\\0&0&0\end{pmatrix}$$

$$\xrightarrow[\frac{1}{2}r_1]{r_2-r_1}\begin{pmatrix}1&1&-2\\0&-6&6\\0&0&0\end{pmatrix}\xrightarrow[r_1-r_2]{-\frac{1}{6}r_2}\begin{pmatrix}1&0&-1\\0&1&-1\\0&0&0\end{pmatrix}$$

可得基础解系

$$\boldsymbol{p}_1=\begin{pmatrix}1\\1\\1\end{pmatrix},$$

则 $\boldsymbol{p}_1$ 为 $\boldsymbol{A}$ 对应于 $\lambda_1=5$ 的特征向量，而 $k_1\boldsymbol{p}_1(k_1\neq0)$ 为 $\boldsymbol{A}$ 对应于特征值 $\lambda_1=5$ 的全部特征向量；

当 $\lambda_2=\lambda_3=-1$ 时，解 $(\boldsymbol{A}+\boldsymbol{E})\boldsymbol{x}=\boldsymbol{0}$，由

$$\boldsymbol{A}+\boldsymbol{E}=\begin{pmatrix}2&2&2\\2&2&2\\2&2&2\end{pmatrix}\xrightarrow[r_3-r_1]{r_2-r_1}\begin{pmatrix}2&2&2\\0&0&0\\0&0&0\end{pmatrix}\xrightarrow{\frac{1}{2}r_1}\begin{pmatrix}1&1&1\\0&0&0\\0&0&0\end{pmatrix}$$

可得基础解系

$$\boldsymbol{p}_2=\begin{pmatrix}-1\\0\\1\end{pmatrix},\quad \boldsymbol{p}_3=\begin{pmatrix}-1\\1\\0\end{pmatrix},$$

则 $\boldsymbol{p}_2,\boldsymbol{p}_3$ 均为 $\boldsymbol{A}$ 对应于 $\lambda_2=\lambda_3=-1$ 的特征向量，而 $k_2\boldsymbol{p}_2+k_3\boldsymbol{p}_3(k_2,k_3$ 不全为零$)$ 为 $\boldsymbol{A}$ 对应于二重特征值 $\lambda_2=\lambda_3=-1$ 的全部特征向量.

### 4.2.2 特征值及特征向量的性质

**【例 4-12】** 设 $\boldsymbol{A}=\begin{pmatrix}a_{11}&a_{12}\\a_{21}&a_{22}\end{pmatrix}$ 的两个特征值为 $\lambda_1,\lambda_2$，求 $\lambda_1+\lambda_2$ 及 $\lambda_1\cdot\lambda_2$.

**解**　令

$$|\boldsymbol{A}-\lambda\boldsymbol{E}|=0,$$

即

$$\begin{vmatrix}a_{11}-\lambda&a_{12}\\a_{21}&a_{22}-\lambda\end{vmatrix}=\lambda^2-(a_{11}+a_{22})\lambda+a_{11}a_{22}-a_{12}a_{21}=0,$$

根据一元二次方程根与系数的关系，有

$$\lambda_1+\lambda_2=a_{11}+a_{22},\quad \lambda_1\cdot\lambda_2=a_{11}a_{22}-a_{12}a_{21}=|\boldsymbol{A}|.$$

更一般地，利用 $n$ 次多项式方程根与系数的关系，可得

**性质 1**　设 $\lambda_1,\lambda_2,\cdots,\lambda_n$ 为 $n$ 阶方阵 $\boldsymbol{A}$ 的 $n$ 个特征值，则

$$\lambda_1+\lambda_2+\cdots+\lambda_n=a_{11}+a_{22}+\cdots+a_{nn},\quad \lambda_1\lambda_2\cdots\lambda_n=|\boldsymbol{A}|,$$

其中 $a_{11}+a_{22}+\cdots+a_{nn}$ 即 $\boldsymbol{A}$ 的主对角元素之和，称为方阵 $\boldsymbol{A}$ 的**迹**，记作

$$\mathrm{tr}(\boldsymbol{A})=a_{11}+a_{22}+\cdots+a_{nn}.$$

**推论**　方阵 $\boldsymbol{A}$ 可逆的充分必要条件是 $\boldsymbol{A}$ 的特征值均不为零.

**证明**　设 $\lambda_1,\lambda_2,\cdots,\lambda_n$ 为方阵 $\boldsymbol{A}$ 的 $n$ 个特征值，则由 $\boldsymbol{A}$ 可逆的充分必要条件

$$|\boldsymbol{A}|\neq0$$

并结合性质 1 可知，

$$|\boldsymbol{A}|=\lambda_1\lambda_2\cdots\lambda_n\neq0,$$

所以 $\boldsymbol{A}$ 的特征值均不为零.

此外，矩阵的特征值及特征向量还有以下性质：

**性质 2**　设 $\boldsymbol{A}$ 的特征值为 $\lambda$，$\boldsymbol{p}$ 为 $\boldsymbol{A}$ 对应于 $\lambda$ 的特征向量，则 $k\boldsymbol{p}(k\neq0)$ 也为 $\boldsymbol{A}$ 对应于 $\lambda$ 的特征向量.

**性质 3** 设 $\lambda$ 为 $\boldsymbol{A}$ 的特征值，$\boldsymbol{p}$ 是对应的特征向量，$k$ 是正整数，则 $\lambda^k$ 为 $\boldsymbol{A}^k$ 的特征值，$\boldsymbol{p}$ 仍是对应的特征向量.

**证明** 由已知条件可知，

$$\boldsymbol{A}\boldsymbol{p}=\lambda\boldsymbol{p},$$

$$\boldsymbol{A}^k\boldsymbol{p}=\boldsymbol{A}^{k-1}(\boldsymbol{A}\boldsymbol{p})=\lambda\boldsymbol{A}^{k-1}\boldsymbol{p}=\cdots=\lambda^k\boldsymbol{p},$$

因此 $\lambda^k$ 为 $\boldsymbol{A}^k$ 的特征值，$\boldsymbol{p}$ 仍是对应的特征向量.

**性质 4** 设 $\lambda$ 为 $\boldsymbol{A}$ 的特征值，$\boldsymbol{p}$ 是对应的特征向量，则

$$f(\lambda)=a_m\lambda^m+a_{m-1}\lambda^{m-1}+\cdots+a_1\lambda+a_0$$

为

$$f(\boldsymbol{A})=a_m\boldsymbol{A}^m+a_{m-1}\boldsymbol{A}^{m-1}+\cdots+a_1\boldsymbol{A}+a_0\boldsymbol{E}$$

的特征值，$\boldsymbol{p}$ 仍是对应的特征向量.(读者可自行证明).

**【例 4-13】** 设方阵 $\boldsymbol{A}^2=\boldsymbol{A}$，证明 $\boldsymbol{A}$ 的特征值为 0 或 1.

**证明** 设 $\lambda$ 是方阵 $\boldsymbol{A}$ 的特征值，令 $f(x)=x^2-x$，则 $f(\boldsymbol{A})=\boldsymbol{A}^2-\boldsymbol{A}$，由条件可知 $f(\boldsymbol{A})=\boldsymbol{O}$，而零矩阵只有零特征值. 又因为 $f(\lambda)=\lambda^2-\lambda$ 为 $f(\boldsymbol{A})$ 的特征值，所以

$$\lambda^2-\lambda=0,$$

解得 $\lambda=1$ 或 0.

**性质 5** 方阵 $\boldsymbol{A}$ 与 $\boldsymbol{A}^{\mathrm{T}}$ 具有相同的特征值.

**证明** 由行列式的性质可知，

$$|\boldsymbol{A}^{\mathrm{T}}-\lambda\boldsymbol{E}|=|(\boldsymbol{A}-\lambda\boldsymbol{E})^{\mathrm{T}}|=|\boldsymbol{A}-\lambda\boldsymbol{E}|,$$

即 $\boldsymbol{A}$ 与 $\boldsymbol{A}^{\mathrm{T}}$ 具有相同的特征多项式，因此 $\boldsymbol{A}$ 与 $\boldsymbol{A}^{\mathrm{T}}$ 的特征方程具有相同的根，也即 $\boldsymbol{A}$ 与 $\boldsymbol{A}^{\mathrm{T}}$ 具有相同的特征值.

**性质 6** 设 $\boldsymbol{A}$ 为可逆矩阵，$\lambda$ 为 $\boldsymbol{A}$ 的特征值，$\boldsymbol{p}$ 是对应的特征向量，则 $\lambda^{-1}$ 和 $|\boldsymbol{A}|\lambda^{-1}$ 分别是 $\boldsymbol{A}^{-1}$ 和 $\boldsymbol{A}^*$ 的特征值，$\boldsymbol{p}$ 仍是对应的特征向量.

**证明** 由条件知，

$$\boldsymbol{A}\boldsymbol{p}=\lambda\boldsymbol{p}.$$

又由 $\boldsymbol{A}$ 为可逆矩阵知，

$$\lambda\neq0,$$

用 $\lambda^{-1}\boldsymbol{A}^{-1}$ 左乘上式两端可得

$$\lambda^{-1}\boldsymbol{A}^{-1}(\boldsymbol{A}\boldsymbol{p})=\lambda^{-1}\boldsymbol{A}^{-1}(\lambda\boldsymbol{p}),$$

即

$$\lambda^{-1}\boldsymbol{p}=\boldsymbol{A}^{-1}\boldsymbol{p}.$$

又由于

$$\boldsymbol{A}^{-1}=\frac{1}{|\boldsymbol{A}|}\boldsymbol{A}^*,$$

即

$$\boldsymbol{A}^*=|\boldsymbol{A}|\boldsymbol{A}^{-1},$$

可得

$$\boldsymbol{A}^*\boldsymbol{p}=|\boldsymbol{A}|\boldsymbol{A}^{-1}\boldsymbol{p}=|\boldsymbol{A}|\lambda^{-1}\boldsymbol{p},$$

因此结论成立.

【例 4-14】 设 $\lambda_1,\lambda_2$ 为 $\boldsymbol{A}$ 的互不相同的特征值,它们所对应的特征向量分别为 $\boldsymbol{p}_1$, $\boldsymbol{p}_2$,求证 $\boldsymbol{p}_1,\boldsymbol{p}_2$ 线性无关.

**证明　反证法**　假设 $\boldsymbol{p}_1,\boldsymbol{p}_2$ 线性相关,则 $\boldsymbol{p}_2=k\boldsymbol{p}_1,k\neq 0$,所以 $\boldsymbol{p}_2$ 也为 $\boldsymbol{A}$ 对应于 $\lambda_1$ 的特征向量,与已知条件矛盾,故 $\boldsymbol{p}_1,\boldsymbol{p}_2$ 线性无关.

更一般地,有下面的性质.

**性质 7**　设 $\lambda_1,\lambda_2,\cdots,\lambda_m$ 为方阵 $\boldsymbol{A}$ 的互不相同的特征值,所对应的特征向量分别为 $\boldsymbol{p}_1,\boldsymbol{p}_2,\cdots,\boldsymbol{p}_m$,则 $\boldsymbol{p}_1,\boldsymbol{p}_2,\cdots,\boldsymbol{p}_m$ 线性无关.

【例 4-15】 设 $\boldsymbol{\alpha},\boldsymbol{\beta}$ 分别是矩阵 $\boldsymbol{A}$ 的对应于 $\lambda_1,\lambda_2$ 的特征向量,且 $\lambda_1\neq\lambda_2$,求证 $\boldsymbol{\alpha}+\boldsymbol{\beta}$ 一定不是 $\boldsymbol{A}$ 的特征向量.

**证明　反证法**　假设 $\boldsymbol{\alpha}+\boldsymbol{\beta}$ 是 $\boldsymbol{A}$ 的特征向量,则有

$$\boldsymbol{A}(\boldsymbol{\alpha}+\boldsymbol{\beta})=\lambda_3(\boldsymbol{\alpha}+\boldsymbol{\beta}),$$

即

$$\boldsymbol{A\alpha}+\boldsymbol{A\beta}=\lambda_3\boldsymbol{\alpha}+\lambda_3\boldsymbol{\beta},$$

进而可得

$$\lambda_1\boldsymbol{\alpha}+\lambda_2\boldsymbol{\beta}=\lambda_3\boldsymbol{\alpha}+\lambda_3\boldsymbol{\beta},$$

整理可得

$$(\lambda_1-\lambda_3)\boldsymbol{\alpha}+(\lambda_2-\lambda_3)\boldsymbol{\beta}=\boldsymbol{0}.$$

由已知条件 $\lambda_1\neq\lambda_2$,可得 $\boldsymbol{\alpha},\boldsymbol{\beta}$ 线性无关,则易知 $\lambda_1=\lambda_2=\lambda_3$,与已知矛盾,故 $\boldsymbol{\alpha}+\boldsymbol{\beta}$ 一定不是 $\boldsymbol{A}$ 的特征向量.

# 4.3　相似矩阵与矩阵的对角化

本节将介绍矩阵的另一类变换——相似变换和矩阵的可对角化问题.我们将看到,相似变换是不改变矩阵特征值的变换,所谓对角化指的是矩阵与对角矩阵相似.

方阵可对角化定义及判定

## 4.3.1　相似矩阵与相似变换的概念及性质

**定义 4-8**　设 $\boldsymbol{A}$ 与 $\boldsymbol{B}$ 为 $n$ 阶方阵,若存在 $n$ 阶可逆矩阵 $\boldsymbol{P}$ 使得等式

$$\boldsymbol{P}^{-1}\boldsymbol{AP}=\boldsymbol{B}$$

成立,则称矩阵 $\boldsymbol{A}$ 与 $\boldsymbol{B}$ **相似**或称矩阵 $\boldsymbol{B}$ 是 $\boldsymbol{A}$ 的**相似矩阵**,对 $\boldsymbol{A}$ 进行 $\boldsymbol{P}^{-1}\boldsymbol{AP}$ 运算称为对 $\boldsymbol{A}$ 进行**相似变换**,可逆矩阵 $\boldsymbol{P}$ 称为把 $\boldsymbol{A}$ 变成 $\boldsymbol{B}$ 的**相似变换矩阵**.

若相似变换矩阵 $\boldsymbol{P}$ 是正交矩阵,则称 $\boldsymbol{A}$ 与 $\boldsymbol{B}$ **正交相似**,$\boldsymbol{P}^{-1}\boldsymbol{AP}$ 称为对 $\boldsymbol{A}$ 进行**正交相似变换**.

**注意**　若 $\boldsymbol{P}$ 是正交矩阵,则 $\boldsymbol{P}^{-1}=\boldsymbol{P}^{\mathrm{T}}$,因此正交相似变换 $\boldsymbol{P}^{-1}\boldsymbol{AP}=\boldsymbol{P}^{\mathrm{T}}\boldsymbol{AP}$.

相似矩阵具有下列性质:

(1)反身性　$A$ 与 $A$ 相似；

(2)对称性　若 $A$ 与 $B$ 相似，则 $B$ 与 $A$ 相似；

(3)传递性　若 $A$ 与 $B$ 相似，$B$ 与 $C$ 相似，则 $A$ 与 $C$ 相似；

(4)若 $A$ 与 $B$ 相似，则 $A^k$ 与 $B^k$ 相似；

(5)若 $A$ 与 $B$ 相似，则 $A$ 与 $B$ 具有相同的特征多项式，从而 $A$ 与 $B$ 具有相同的特征值、行列式及迹.

下面给出(5)的证明.

**证明**　设 $A$ 与 $B$ 相似，则存在可逆矩阵 $P$ 使 $P^{-1}AP=B$ 成立，则有

$$\begin{aligned}|B-\lambda E|&=|P^{-1}AP-P^{-1}(\lambda E)P|=|P^{-1}(A-\lambda E)P|\\&=|P^{-1}||A-\lambda E||P|=|A-\lambda E|,\end{aligned}$$

故 $A$ 与 $B$ 具有相同的特征值.

又由 4.2 节的性质 1 可知，

$$|A|=|B|,\quad \mathrm{tr}(A)=\mathrm{tr}(B).$$

因此和 $A$ 特征值有关的问题，都可以通过相似变换把 $A$ 变成最简单的形式后再来解决，而最简单的矩阵形式就是对角矩阵.

## 4.3.2　方阵的对角化

**定义 4-9**　若方阵 $A$ 与对角矩阵 $\Lambda$ 相似，则称方阵 $A$ **可对角化**.

**【例 4-16】**　设 $P^{-1}AP=\Lambda$，其中 $P=\begin{pmatrix}1&1\\1&2\end{pmatrix}$，$\Lambda=\begin{pmatrix}-1&0\\0&2\end{pmatrix}$，求 $A^{10}$.

**解**　由条件

$$P^{-1}AP=\Lambda$$

可得

$$A=P\Lambda P^{-1},$$

则有

$$\begin{gathered}A^2=(P\Lambda P^{-1})(P\Lambda P^{-1})=P\Lambda^2P^{-1},\\A^3=(P\Lambda P^{-1})(P\Lambda P^{-1})(P\Lambda P^{-1})=P\Lambda^3P^{-1},\\\vdots\\A^{10}=P\Lambda^{10}P^{-1},\end{gathered}$$

进而

$$\begin{aligned}A^{10}&=\begin{pmatrix}1&1\\1&2\end{pmatrix}\begin{pmatrix}-1&0\\0&2\end{pmatrix}^{10}\begin{pmatrix}1&1\\1&2\end{pmatrix}^{-1}=\begin{pmatrix}1&1\\1&2\end{pmatrix}\begin{pmatrix}(-1)^{10}&0\\0&2^{10}\end{pmatrix}\begin{pmatrix}2&-1\\-1&1\end{pmatrix}\\&=\begin{pmatrix}(-1)^{10}&2^{10}\\(-1)^{10}&2\times2^{10}\end{pmatrix}\begin{pmatrix}2&-1\\-1&1\end{pmatrix}=\begin{pmatrix}2-2^{10}&2^{10}-1\\2-2^{11}&-1+2^{11}\end{pmatrix}.\end{aligned}$$

本例表明通过对角化可简化烦琐的矩阵高次幂运算.

**定理 4-4**　若方阵 $A$ 相似于对角矩阵 $\Lambda=\begin{pmatrix}\lambda_1&&\\&\ddots&\\&&\lambda_n\end{pmatrix}$，则 $\lambda_1,\lambda_2,\cdots,\lambda_n$ 必为 $A$ 的特

征值.

**证明**　由于$\lambda_1,\lambda_2,\cdots,\lambda_n$为$\boldsymbol{\Lambda}$的特征值,且方阵$\boldsymbol{A}$与$\boldsymbol{\Lambda}$相似,则由性质(5)可得$\lambda_1,\lambda_2,\cdots,\lambda_n$为$\boldsymbol{A}$的特征值.

根据性质我们不难得出,若$\boldsymbol{A}$相似于对角矩阵,则对角矩阵的对角元必定为$\boldsymbol{A}$的全部特征值.但是并非所有方阵都可相似对角化.

**【例 4-17】**　判断$\boldsymbol{A}=\begin{pmatrix}1 & 2\\0 & 1\end{pmatrix}$是否可对角化.

**解**　显然$\boldsymbol{A}$的特征值为$\lambda_1=\lambda_2=1$.假设$\boldsymbol{A}$可对角化,则存在可逆矩阵$\boldsymbol{P}$,使得$\boldsymbol{P}^{-1}\boldsymbol{AP}=\boldsymbol{\Lambda}$为对角矩阵.由定理 4-4 可知,$\boldsymbol{\Lambda}$的对角元全为 1,即

$$\boldsymbol{\Lambda}=\boldsymbol{E}.$$

进而可得

$$\boldsymbol{A}=\boldsymbol{P\Lambda P}^{-1}=\boldsymbol{PEP}^{-1}=\boldsymbol{E},$$

与已知条件矛盾.假设不成立,因此$\boldsymbol{A}$不可对角化.

下面讨论方阵可对角化的条件.

**定理 4-5**　$n$阶方阵$\boldsymbol{A}$可对角化的充分必要条件是$\boldsymbol{A}$有$n$个线性无关的特征向量.

**证明**　**必要性**　由于$n$阶方阵$\boldsymbol{A}$可对角化,即存在$n$阶可逆矩阵$\boldsymbol{P}$,使得

$$\boldsymbol{P}^{-1}\boldsymbol{AP}=\boldsymbol{\Lambda}=\begin{pmatrix}\lambda_1 & & & \\ & \lambda_2 & & \\ & & \ddots & \\ & & & \lambda_n\end{pmatrix},$$

则有

$$\boldsymbol{AP}=\boldsymbol{P\Lambda}=\boldsymbol{P}\begin{pmatrix}\lambda_1 & & & \\ & \lambda_2 & & \\ & & \ddots & \\ & & & \lambda_n\end{pmatrix}.$$

将$\boldsymbol{P}$用其列向量表示为

$$\boldsymbol{P}=(\boldsymbol{p}_1,\boldsymbol{p}_2,\cdots,\boldsymbol{p}_n),$$

则有

$$\boldsymbol{A}(\boldsymbol{p}_1,\boldsymbol{p}_2,\cdots,\boldsymbol{p}_n)=(\boldsymbol{p}_1,\boldsymbol{p}_2,\cdots,\boldsymbol{p}_n)\begin{pmatrix}\lambda_1 & & & \\ & \lambda_2 & & \\ & & \ddots & \\ & & & \lambda_n\end{pmatrix},$$

即

$$(\boldsymbol{Ap}_1,\boldsymbol{Ap}_2,\cdots,\boldsymbol{Ap}_n)=(\lambda_1\boldsymbol{p}_1,\lambda_2\boldsymbol{p}_2,\cdots,\lambda_n\boldsymbol{p}_n),$$

于是有

$$\boldsymbol{Ap}_i=\lambda_i\boldsymbol{p}_i\quad(i=1,2,\cdots,n).$$

可见$\lambda_i$为$\boldsymbol{A}$的特征值,而可逆矩阵$\boldsymbol{P}$的列向量$\boldsymbol{p}_i$就是$\boldsymbol{A}$对应于特征值$\lambda_i$的特征向量.由于矩阵$\boldsymbol{P}=(\boldsymbol{p}_1,\boldsymbol{p}_2,\cdots,\boldsymbol{p}_n)$可逆,故$R(\boldsymbol{P})=R(\boldsymbol{p}_1,\boldsymbol{p}_2,\cdots,\boldsymbol{p}_n)=n$,因此向量组$\boldsymbol{p}_1$,

$\boldsymbol{p}_2,\cdots,\boldsymbol{p}_n$ 线性无关，即 $\boldsymbol{A}$ 有 $n$ 个线性无关的特征向量.

**充分性** 设 $\boldsymbol{A}$ 有 $n$ 个线性无关的特征向量 $\boldsymbol{p}_1,\boldsymbol{p}_2,\cdots,\boldsymbol{p}_n$，所对应的特征值分别为 $\lambda_1,\lambda_2,\cdots,\lambda_n$，则有

$$\boldsymbol{A}\boldsymbol{p}_i=\lambda_i\boldsymbol{p}_i \quad (i=1,2,\cdots,n).$$

构造矩阵 $\boldsymbol{P}=(\boldsymbol{p}_1,\boldsymbol{p}_2,\cdots,\boldsymbol{p}_n)$，使得

$$(\boldsymbol{A}\boldsymbol{p}_1,\boldsymbol{A}\boldsymbol{p}_2,\cdots,\boldsymbol{A}\boldsymbol{p}_n)=(\lambda_1\boldsymbol{p}_1,\lambda_2\boldsymbol{p}_2,\cdots,\lambda_n\boldsymbol{p}_n),$$

即

$$\boldsymbol{A}(\boldsymbol{p}_1,\boldsymbol{p}_2,\cdots,\boldsymbol{p}_n)=(\boldsymbol{p}_1,\boldsymbol{p}_2,\cdots,\boldsymbol{p}_n)\begin{pmatrix}\lambda_1&&&\\&\lambda_2&&\\&&\ddots&\\&&&\lambda_n\end{pmatrix},$$

则有

$$\boldsymbol{AP}=\boldsymbol{P\Lambda}=\boldsymbol{P}\begin{pmatrix}\lambda_1&&&\\&\lambda_2&&\\&&\ddots&\\&&&\lambda_n\end{pmatrix},$$

由 $\boldsymbol{p}_1,\boldsymbol{p}_2,\cdots,\boldsymbol{p}_n$ 线性无关可知，矩阵 $\boldsymbol{P}$ 可逆，于是可得

$$\boldsymbol{P}^{-1}\boldsymbol{AP}=\boldsymbol{\Lambda}=\begin{pmatrix}\lambda_1&&&\\&\lambda_2&&\\&&\ddots&\\&&&\lambda_n\end{pmatrix},$$

因此方阵 $\boldsymbol{A}$ 可对角化.

可用此定理来判断任一方阵能否对角化.

**注意** 若方阵 $\boldsymbol{A}$ 可对角化，则相似变换矩阵 $\boldsymbol{P}$ 的列向量恰为 $\boldsymbol{A}$ 的 $n$ 个线性无关的特征向量，对角阵 $\boldsymbol{\Lambda}$ 的对角元恰好为 $\boldsymbol{A}$ 的 $n$ 个特征值，并且特征值在 $\boldsymbol{\Lambda}$ 中的排列次序与特征向量在 $\boldsymbol{P}$ 中的排列次序相对应.

用此定理判别方阵能否对角化，需要求出属于每个特征值的特征向量，并且要验证特征向量的线性相关性. 由于对应不同特征值的特征向量线性无关，因而讨论具体矩阵时，下面的推论更为简便.

**推论** 若 $n$ 阶方阵 $\boldsymbol{A}$ 的特征值都是互不相同的，则 $\boldsymbol{A}$ 可对角化.

**注意** 推论的逆命题不成立，即 $\boldsymbol{A}$ 可对角化，$n$ 阶方阵 $\boldsymbol{A}$ 的特征值也可能有重根.

对于 $n$ 阶方阵 $\boldsymbol{A}$ 有重特征值的情况，我们不加证明地给出下列定理：

**定理 4-6** $n$ 阶方阵 $\boldsymbol{A}$ 可对角化的充分必要条件是 $\boldsymbol{A}$ 的每个特征值所对应的最多线性无关特征向量的个数恰好等于其重数.

由此定理知，例 4-9，例 4-11 中的方阵 $\boldsymbol{A}$ 均可对角化，而例 4-10 中的方阵 $\boldsymbol{A}$ 不能对角化.

**【例 4-18】** 设

$$A=\begin{pmatrix}1&0&-1\\0&2&0\\0&0&2\end{pmatrix},$$

求可逆矩阵 $P$，使得 $P^{-1}AP=\Lambda$ 为对角阵，并求出 $\Lambda$.

**解**　令

$$|A-\lambda E|=0,$$

即

$$\begin{vmatrix}1-\lambda&0&-1\\0&2-\lambda&0\\0&0&2-\lambda\end{vmatrix}=(2-\lambda)^2(1-\lambda)=0,$$

解得 $A$ 的特征值为 $\lambda_1=1,\lambda_2=\lambda_3=2$（二重根）.

当 $\lambda_1=1$ 时，解齐次线性方程组 $(A-E)x=0$，由

$$A-E=\begin{pmatrix}0&0&-1\\0&1&0\\0&0&1\end{pmatrix}\xrightarrow{r_1+r_3}\begin{pmatrix}0&0&0\\0&1&0\\0&0&1\end{pmatrix}\xrightarrow[r_1\leftrightarrow r_2]{r_1\leftrightarrow r_3}\begin{pmatrix}0&1&0\\0&0&1\\0&0&0\end{pmatrix}$$

可得基础解系

$$p_1=\begin{pmatrix}1\\0\\0\end{pmatrix};$$

当 $\lambda_2=\lambda_3=2$ 时，解齐次线性方程组 $(A-2E)x=0$，由

$$A-2E=\begin{pmatrix}-1&0&-1\\0&0&0\\0&0&0\end{pmatrix}\xrightarrow{-r_1}\begin{pmatrix}1&0&1\\0&0&0\\0&0&0\end{pmatrix}$$

可得基础解系

$$p_2=\begin{pmatrix}-1\\0\\1\end{pmatrix},\quad p_3=\begin{pmatrix}0\\1\\0\end{pmatrix},$$

令

$$P=(p_1,p_2,p_3)=\begin{pmatrix}1&-1&0\\0&0&1\\0&1&0\end{pmatrix},$$

则 $P$ 可逆，且

$$P^{-1}AP=\Lambda=\begin{pmatrix}1&0&0\\0&2&0\\0&0&2\end{pmatrix}.$$

**【例 4-19】**　设 2 阶方阵 $A$ 的特征值为 1，−5，相对应的特征向量分别为 $\begin{pmatrix}1\\1\end{pmatrix}$，$\begin{pmatrix}2\\-1\end{pmatrix}$，求 $A$.

**解** 由已知条件可得相似变换矩阵为

$$P=\begin{pmatrix}1 & 2\\1 & -1\end{pmatrix},$$

对角矩阵为

$$\boldsymbol{\Lambda}=\begin{pmatrix}1 & 0\\0 & -5\end{pmatrix},$$

且

$$P^{-1}AP=\boldsymbol{\Lambda},$$

则

$$A=P\boldsymbol{\Lambda}P^{-1}.$$

注意到

$$P^{-1}=\begin{pmatrix}\frac{1}{3} & \frac{2}{3}\\ \frac{1}{3} & -\frac{1}{3}\end{pmatrix},$$

于是

$$A=P\boldsymbol{\Lambda}P^{-1}=\begin{pmatrix}1 & 2\\1 & -1\end{pmatrix}\begin{pmatrix}1 & 0\\0 & -5\end{pmatrix}\begin{pmatrix}\frac{1}{3} & \frac{2}{3}\\ \frac{1}{3} & -\frac{1}{3}\end{pmatrix}=\begin{pmatrix}-3 & 4\\2 & -1\end{pmatrix}.$$

**【例 4-20】** 已知 $A=\begin{pmatrix}1 & 0 & 0\\0 & x & 1\\0 & 1 & 3\end{pmatrix}$与 $B=\begin{pmatrix}y & 0 & 0\\0 & 2 & 0\\0 & 0 & 4\end{pmatrix}$相似,求 $x,y$.

**解** 由于 $A$ 与 $B$ 相似,且 $B$ 为对角矩阵,可知 $A$ 的特征值分别为

$$\lambda_1=y,\quad \lambda_2=2,\quad \lambda_3=4.$$

将 $\lambda_2=2$ 代入 $A$ 的特征方程,

$$|A-2E|=\begin{vmatrix}1-2 & 0 & 0\\0 & x-2 & 1\\0 & 1 & 3-2\end{vmatrix}=\begin{vmatrix}-1 & 0 & 0\\0 & x-2 & 1\\0 & 1 & 1\end{vmatrix}=(-1)(x-2-1)=0,$$

解得

$$x=3.$$

再由特征值的性质

$$\lambda_1+\lambda_2+\lambda_3=1+x+3=2+4+y$$

可得

$$y=1,$$

故

$$\begin{cases}x=3\\y=1\end{cases}.$$

通过以上讨论可知,若 $A$ 与对角矩阵 $\boldsymbol{\Lambda}$ 相似,则 $\boldsymbol{\Lambda}$ 的主对角元素都是 $A$ 的特征值. 若

不计 $\lambda_i$ 的排列顺序，则 $\boldsymbol{\Lambda}$ 具有唯一性，称 $\boldsymbol{\Lambda}$ 为 $\boldsymbol{A}$ 的**相似标准形**.

# 4.4　实对称矩阵的对角化

前面已经介绍过，并不是任何一个方阵都可以与一对角矩阵相似，但对于实对称矩阵 $\boldsymbol{A}$ 而言，一定可以对角化，而且存在正交矩阵 $\boldsymbol{Q}$，使得 $\boldsymbol{Q}^{-1}\boldsymbol{A}\boldsymbol{Q}$ 为对角矩阵. 本节主要介绍实对称矩阵的特征值、特征向量以及相似对角化的方法.

## 4.4.1　实对称矩阵的性质

**【例 4-21】** 设实对称矩阵 $\boldsymbol{A}=\begin{pmatrix}2&1&1\\1&2&1\\1&1&2\end{pmatrix}$，求其特征值及特征向量.

**解**　令

$$|\boldsymbol{A}-\lambda\boldsymbol{E}|=0,$$

即

$$\begin{vmatrix}2-\lambda&1&1\\1&2-\lambda&1\\1&1&2-\lambda\end{vmatrix}\xlongequal{r_1+r_2+r_3}\begin{vmatrix}4-\lambda&4-\lambda&4-\lambda\\1&2-\lambda&1\\1&1&2-\lambda\end{vmatrix}=(4-\lambda)\begin{vmatrix}1&1&1\\1&2-\lambda&1\\1&1&2-\lambda\end{vmatrix}$$

$$\xlongequal[r_3-r_1]{r_2-r_1}(4-\lambda)\begin{vmatrix}1&1&1\\0&1-\lambda&0\\0&0&1-\lambda\end{vmatrix}=(4-\lambda)(1-\lambda)^2=0,$$

得 $\boldsymbol{A}$ 的特征值为 $\lambda_1=4,\lambda_2=\lambda_3=1$（二重根）.

当 $\lambda_1=4$ 时，解齐次线性方程组 $(\boldsymbol{A}-4\boldsymbol{E})\boldsymbol{x}=\boldsymbol{0}$，由

$$\boldsymbol{A}-4\boldsymbol{E}=\begin{pmatrix}-2&1&1\\1&-2&1\\1&1&-2\end{pmatrix}\xrightarrow[r_3+r_2+r_1]{r_1\leftrightarrow r_3}\begin{pmatrix}1&1&-2\\1&-2&1\\0&0&0\end{pmatrix}$$

$$\xrightarrow[-\frac{1}{3}r_2]{r_2-r_1}\begin{pmatrix}1&1&-2\\0&1&-1\\0&0&0\end{pmatrix}\xrightarrow{r_1-r_2}\begin{pmatrix}1&0&-1\\0&1&-1\\0&0&0\end{pmatrix}$$

可得基础解系

$$\boldsymbol{p}_1=\begin{pmatrix}1\\1\\1\end{pmatrix};$$

当 $\lambda_2=\lambda_3=1$ 时，解齐次线性方程组 $(\boldsymbol{A}-\boldsymbol{E})\boldsymbol{x}=\boldsymbol{0}$，由

$$\boldsymbol{A}-\boldsymbol{E}=\begin{pmatrix}1&1&1\\1&1&1\\1&1&1\end{pmatrix}\xrightarrow[r_3-r_1]{r_2-r_1}\begin{pmatrix}1&1&1\\0&0&0\\0&0&0\end{pmatrix}$$

得基础解系

$$p_2=\begin{pmatrix}-1\\1\\0\end{pmatrix},\quad p_3=\begin{pmatrix}-1\\0\\1\end{pmatrix}.$$

由此可知,单特征值 $\lambda_1=4$ 对应的特征向量为 $p_1=\begin{pmatrix}1\\1\\1\end{pmatrix}$;

二重特征值 $\lambda_2=\lambda_3=1$ 对应的特征向量为

$$p_2=\begin{pmatrix}-1\\1\\0\end{pmatrix},\quad p_3=\begin{pmatrix}-1\\0\\1\end{pmatrix}.$$

因为

$$(p_1,p_2)=p_1^{\mathrm{T}}p_2=(1,1,1)\begin{pmatrix}-1\\1\\0\end{pmatrix}=0;$$

$$(p_1,p_3)=p_1^{\mathrm{T}}p_3=(1,1,1)\begin{pmatrix}-1\\0\\1\end{pmatrix}=0;$$

$$(p_2,p_3)=p_2^{\mathrm{T}}p_3=(-1,1,0)\begin{pmatrix}-1\\0\\1\end{pmatrix}=1\neq0,$$

所以,特征向量 $p_1$ 和 $p_2$ 正交,$p_1$ 和 $p_3$ 正交,而 $p_2$ 和 $p_3$ 不正交.

本例表明实对称矩阵 $A$ 的特征值均为实数,对应于不同特征值的特征向量均正交,然而对应于同一特征值的特征向量虽然线性无关,但未必正交.

更一般地有下面的结果.

**定理 4-7** 实对称矩阵的特征值均为实数.(证明略)

**定理 4-8** 实对称矩阵 $A$ 对应于不同特征值 $\lambda_1,\lambda_2$ 的特征向量 $p_1,p_2$ 是正交的.

**证明** 由 $A$ 对称知,

$$A^{\mathrm{T}}=A,$$

根据特征值的定义知,

$$Ap_1=\lambda_1p_1,\quad Ap_2=\lambda_2p_2,\quad \lambda_1\neq\lambda_2.$$

取转置,可得

$$(Ap_1)^{\mathrm{T}}=(\lambda_1p_1)^{\mathrm{T}},$$

即

$$p_1^{\mathrm{T}}A^{\mathrm{T}}=\lambda_1p_1^{\mathrm{T}},$$

又方阵 $A$ 对称,可知

$$p_1^{\mathrm{T}}A=\lambda_1p_1^{\mathrm{T}}.$$

等式两边右乘 $p_2$,得

$$p_1^T A p_2 = \lambda_1 p_1^T p_2,$$

即

$$\lambda_2 p_1^T p_2 = \lambda_1 p_1^T p_2,$$
$$(\lambda_2 - \lambda_1) p_1^T p_2 = 0.$$

因为 $\lambda_1 \neq \lambda_2$，所以 $p_1^T p_2 = 0$，即 $p_1, p_2$ 正交.

下面的定理告诉我们，实对称矩阵都可以对角化，而且可用正交相似变换将其对角化，这是实对称矩阵不同于其他方阵的独特性质.

**定理 4-9**　设 $A$ 为 $n$ 阶对称矩阵，则必有正交矩阵 $Q$，使得

$$Q^{-1}AQ = Q^T AQ = \Lambda,$$

其中 $\Lambda$ 是以 $A$ 的 $n$ 个特征值为主对角元素的对角矩阵.（证明略）

**推论**　实对称矩阵的每个特征值对应的线性无关特征向量的个数恰好等于其重数.

## 4.4.2　实对称矩阵的对角化

上一节介绍了一般方阵对角化的方法，相似变换矩阵 $P$ 的列向量是 $A$ 的 $n$ 个线性无关的特征向量，所化为的对角矩阵 $\Lambda$ 的对角元素，恰好为 $A$ 的 $n$ 个特征值.

对于实对称矩阵，构造的正交相似变换矩阵 $P$，要求其列向量组为标准正交向量组. 分下面两种情况：

1. 若实对称矩阵 $A$ 的 $n$ 个特征值都是互不相同的，只需求出每个特征值的特征向量，然后将其单位化，即可得到 $A$ 的两两正交的单位特征向量，从而得到正交相似变换矩阵 $Q$.

**【例 4-22】**　设 $A = \begin{pmatrix} 1 & 0 & 0 \\ 0 & 3 & 1 \\ 0 & 1 & 3 \end{pmatrix}$，求正交矩阵 $Q$，使得 $Q^{-1}AQ = Q^T AQ$ 为对角矩阵.

**解**　令

$$|A - \lambda E| = 0,$$

即

$$\begin{vmatrix} 1-\lambda & 0 & 0 \\ 0 & 3-\lambda & 1 \\ 0 & 1 & 3-\lambda \end{vmatrix} = (\lambda-2)(\lambda-4)(1-\lambda) = 0,$$

得 $A$ 的特征值为 $\lambda_1 = 4, \lambda_2 = 1, \lambda_3 = 2$.

当 $\lambda_1 = 4$ 时，解齐次线性方程组 $(A - 4E)x = 0$，可得特征向量

$$p_1 = \begin{pmatrix} 0 \\ 1 \\ 1 \end{pmatrix};$$

当 $\lambda_2 = 1$ 时，解齐次线性方程组 $(A - E)x = 0$，可得特征向量

$$p_2 = \begin{pmatrix} 1 \\ 0 \\ 0 \end{pmatrix};$$

当 $\lambda_3=2$ 时，解齐次线性方程组 $(\boldsymbol{A}-2\boldsymbol{E})\boldsymbol{x}=\boldsymbol{0}$，可得特征向量

$$\boldsymbol{p}_3=\begin{pmatrix}0\\-1\\0\end{pmatrix};$$

由于 $\boldsymbol{A}$ 的特征值 $\lambda_1,\lambda_2,\lambda_3$ 互不相同，则 $\boldsymbol{p}_1,\boldsymbol{p}_2,\boldsymbol{p}_3$ 两两正交，故只需进行单位化即可，记

$$\boldsymbol{\xi}_1=\frac{\boldsymbol{p}_1}{\|\boldsymbol{p}_1\|}=\begin{pmatrix}0\\\frac{1}{\sqrt{2}}\\\frac{1}{\sqrt{2}}\end{pmatrix},\quad \boldsymbol{\xi}_2=\frac{\boldsymbol{p}_2}{\|\boldsymbol{p}_2\|}=\begin{pmatrix}1\\0\\0\end{pmatrix},\quad \boldsymbol{\xi}_3=\frac{\boldsymbol{p}_3}{\|\boldsymbol{p}_3\|}=\begin{pmatrix}0\\-\frac{1}{\sqrt{2}}\\\frac{1}{\sqrt{2}}\end{pmatrix},$$

令

$$\boldsymbol{Q}=(\boldsymbol{\xi}_1,\boldsymbol{\xi}_2,\boldsymbol{\xi}_3)=\begin{pmatrix}0&1&0\\\frac{1}{\sqrt{2}}&0&-\frac{1}{\sqrt{2}}\\\frac{1}{\sqrt{2}}&0&\frac{1}{\sqrt{2}}\end{pmatrix},$$

则 $\boldsymbol{Q}$ 为正交矩阵，且

$$\boldsymbol{Q}^{-1}\boldsymbol{A}\boldsymbol{Q}=\boldsymbol{Q}^{\mathrm{T}}\boldsymbol{A}\boldsymbol{Q}=\boldsymbol{\Lambda}=\begin{pmatrix}4&0&0\\0&1&0\\0&0&2\end{pmatrix}.$$

2. 当实对称矩阵 $\boldsymbol{A}$ 有相同特征值时，其特征向量虽然线性无关，但未必正交，则可用施密特正交化方法，求得仍对应于该特征值的正交特征向量.

**【例 4-23】** 设 $\boldsymbol{A}=\begin{pmatrix}1&-2&2\\-2&-2&4\\2&4&-2\end{pmatrix}$，求正交矩阵 $\boldsymbol{Q}$，使得 $\boldsymbol{Q}^{\mathrm{T}}\boldsymbol{A}\boldsymbol{Q}$ 为对角矩阵.

**解** 令

$$|\boldsymbol{A}-\lambda\boldsymbol{E}|=0,$$

即

$$\begin{vmatrix}1-\lambda&-2&2\\-2&-2-\lambda&4\\2&4&-2-\lambda\end{vmatrix}\xlongequal[c_2-c_3]{r_3+r_2}\begin{vmatrix}1-\lambda&-4&2\\-2&-6-\lambda&4\\0&0&2-\lambda\end{vmatrix}=(2-\lambda)\begin{vmatrix}1-\lambda&-4\\-2&-6-\lambda\end{vmatrix}$$

$$=-(\lambda-2)^2(\lambda+7)=0,$$

得 $\boldsymbol{A}$ 的特征值为 $\lambda_1=\lambda_2=2,\lambda_3=-7$.

当 $\lambda_1=\lambda_2=2$ 时，解齐次线性方程组 $(\boldsymbol{A}-2\boldsymbol{E})\boldsymbol{x}=\boldsymbol{0}$，由

$$\boldsymbol{A}-2\boldsymbol{E}=\begin{pmatrix}-1 & -2 & 2\\ -2 & -4 & 4\\ 2 & 4 & -4\end{pmatrix}\xrightarrow[r_3+2r_1]{r_2-2r_1}\begin{pmatrix}-1 & -2 & 2\\ 0 & 0 & 0\\ 0 & 0 & 0\end{pmatrix}\xrightarrow{-r_1}\begin{pmatrix}1 & 2 & -2\\ 0 & 0 & 0\\ 0 & 0 & 0\end{pmatrix}$$

得特征向量为

$$\boldsymbol{p}_1=\begin{pmatrix}2\\0\\1\end{pmatrix},\quad \boldsymbol{p}_2=\begin{pmatrix}-2\\1\\0\end{pmatrix},$$

将 $\boldsymbol{p}_1,\boldsymbol{p}_2$ 正交化可得

$$\boldsymbol{\beta}_1=\boldsymbol{p}_1=\begin{pmatrix}2\\0\\1\end{pmatrix},\quad \boldsymbol{\beta}_2=\boldsymbol{p}_2-\frac{(\boldsymbol{p}_2,\boldsymbol{\beta}_1)}{\|\boldsymbol{\beta}_1\|^2}\boldsymbol{\beta}_1=\begin{pmatrix}-2\\1\\0\end{pmatrix}-\frac{-4}{5}\begin{pmatrix}2\\0\\1\end{pmatrix}=\begin{pmatrix}-\frac{2}{5}\\1\\\frac{4}{5}\end{pmatrix},$$

再将 $\boldsymbol{\beta}_1,\boldsymbol{\beta}_2$ 单位化可得

$$\boldsymbol{\xi}_1=\frac{\boldsymbol{\beta}_1}{\|\boldsymbol{\beta}_1\|}=\begin{pmatrix}\frac{2}{\sqrt{5}}\\0\\\frac{1}{\sqrt{5}}\end{pmatrix},\quad \boldsymbol{\xi}_2=\frac{\boldsymbol{\beta}_2}{\|\boldsymbol{\beta}_2\|}=\begin{pmatrix}-\frac{2}{3\sqrt{5}}\\\frac{\sqrt{5}}{3}\\\frac{4}{3\sqrt{5}}\end{pmatrix};$$

当 $\boldsymbol{\lambda}_3=-7$ 时，解齐次线性方程组 $(\boldsymbol{A}+7\boldsymbol{E})\boldsymbol{x}=\boldsymbol{0}$，由

$$\boldsymbol{A}+7\boldsymbol{E}=\begin{pmatrix}8 & -2 & 2\\ -2 & 5 & 4\\ 2 & 4 & 5\end{pmatrix}\xrightarrow[\frac{1}{9}r_2]{r_2+r_3}\begin{pmatrix}8 & -2 & 2\\ 0 & 1 & 1\\ 2 & 4 & 5\end{pmatrix}$$

$$\xrightarrow[r_3-4r_2]{r_1+2r_2}\begin{pmatrix}8 & 0 & 4\\ 0 & 1 & 1\\ 2 & 0 & 1\end{pmatrix}\xrightarrow[r_3-2r_1]{\frac{1}{8}r_1}\begin{pmatrix}1 & 0 & \frac{1}{2}\\ 0 & 1 & 1\\ 0 & 0 & 0\end{pmatrix}$$

得特征向量为

$$\boldsymbol{p}_3=\begin{pmatrix}-1\\-2\\2\end{pmatrix},$$

将 $\boldsymbol{p}_3$ 单位化可得

$$\boldsymbol{\xi}_3=\frac{\boldsymbol{p}_3}{\|\boldsymbol{p}_3\|}=\begin{pmatrix}-\frac{1}{3}\\-\frac{2}{3}\\\frac{2}{3}\end{pmatrix},$$

令

$$Q(\boldsymbol{\xi}_1,\boldsymbol{\xi}_2,\boldsymbol{\xi}_3)=\begin{pmatrix}\frac{2}{\sqrt{5}} & -\frac{2}{3\sqrt{5}} & -\frac{1}{3}\\ 0 & \frac{\sqrt{5}}{3} & -\frac{2}{3}\\ \frac{1}{\sqrt{5}} & \frac{4}{3\sqrt{5}} & \frac{2}{3}\end{pmatrix},$$

则 $\boldsymbol{Q}$ 为正交矩阵，且

$$\boldsymbol{Q}^{-1}\boldsymbol{A}\boldsymbol{Q}=\boldsymbol{Q}^{\mathrm{T}}\boldsymbol{A}\boldsymbol{Q}=\boldsymbol{\Lambda}=\begin{pmatrix}2 & 0 & 0\\ 0 & 2 & 0\\ 0 & 0 & -7\end{pmatrix}.$$

# 4.5 二次型及正定二次型

二次型就是二次齐次多项式，有关二次型的理论起源于对解析几何中二次曲线的研究. 解析几何中有心二次曲线，当中心与坐标原点重合时，其一般方程为

$$ax^2+bxy+cy^2=1.$$

为了方便研究这条二次曲线的几何性质，可以作适当的坐标旋转变换（逆时针旋转 $\theta$）

$$\begin{cases}x=x'\cos\theta-y'\sin\theta\\ y=x'\sin\theta+y'\cos\theta\end{cases},$$

将曲线方程消去 $xy$ 项，化为标准形

$$mx'^2+ny'^2=1.$$

类似的问题不仅在几何中出现，在数学的其他分支以及物理、力学和网络计算中也会遇到.

现将此类问题一般化，讨论如何化简二次齐次多项式，也就是接下来要讨论的二次型问题. 本节将讨论二次型的一般理论，包括二次型的化简以及正定二次型的性质等.

## 4.5.1 二次型的概念及其矩阵表示

**定义 4-10** 含有 $n$ 个变量 $x_1,x_2,\cdots,x_n$ 的二次齐次多项式

$$f(x_1,x_2,\cdots,x_n)=a_{11}x_1^2+a_{22}x_2^2+\cdots+a_{nn}x_n^2+2a_{12}x_1x_2+2a_{13}x_1x_3+\cdots+2a_{1n}x_1x_n+\cdots+2a_{n-1,n}x_{n-1}x_n$$

称为 **$n$ 元二次型**，简称**二次型**.

二次型可以表示为矩阵乘积的形式.

由于 $x_ix_j=x_jx_i$ 具有对称性，记 $a_{ji}=a_{ij}\,(i<j)$，则

$$2a_{ij}x_ix_j=a_{ij}x_ix_j+a_{ji}x_jx_i\quad(i<j),$$

于是二次型可写成

$$f(x_1,x_2,\cdots,x_n)=a_{11}x_1^2+a_{12}x_1x_2+\cdots+a_{1n}x_1x_n+$$

$$
\begin{aligned}
& a_{21}x_2x_1+a_{22}x_2^2+\cdots+a_{2n}x_2x_n+ \\
& \cdots+a_{n1}x_nx_1+a_{n2}x_nx_2+\cdots+a_{nn}x_n^2 \\
= & x_1(a_{11}x_1+a_{12}x_2+\cdots+a_{1n}x_n)+ \\
& x_2(a_{21}x_1+a_{22}x_2+\cdots+a_{2n}x_n)+ \\
& \cdots+x_n(a_{n1}x_1+a_{n2}x_2+\cdots+a_{nn}x_n) \\
= & (x_1,x_2,\cdots,x_n)\begin{pmatrix} a_{11}x_1+a_{12}x_2+\cdots+a_{1n}x_n \\ a_{21}x_1+a_{22}x_2+\cdots+a_{2n}x_n \\ \vdots \\ a_{n1}x_1+a_{n2}x_2+\cdots+a_{nn}x_n \end{pmatrix} \\
= & (x_1,x_2,\cdots,x_n)\begin{pmatrix} a_{11} & a_{12} & \cdots & a_{1n} \\ a_{21} & a_{22} & \cdots & a_{2n} \\ \vdots & \vdots & & \vdots \\ a_{n1} & a_{n2} & \cdots & a_{nn} \end{pmatrix}\begin{pmatrix} x_1 \\ x_2 \\ \vdots \\ x_n \end{pmatrix}.
\end{aligned}
$$

记

$$
\boldsymbol{x}=\begin{pmatrix} x_1 \\ x_2 \\ \vdots \\ x_n \end{pmatrix},\quad \boldsymbol{A}=\begin{pmatrix} a_{11} & a_{12} & \cdots & a_{1n} \\ a_{21} & a_{22} & \cdots & a_{2n} \\ \vdots & \vdots & & \vdots \\ a_{n1} & a_{n2} & \cdots & a_{nn} \end{pmatrix},
$$

其中 $\boldsymbol{A}$ 为对称矩阵，称 $\boldsymbol{A}$ 为**二次型 $f$ 的矩阵**，$f$ 为**对称矩阵 $\boldsymbol{A}$ 的二次型**，并称 $\boldsymbol{A}$ 的秩 $R(\boldsymbol{A})$ 为**二次型 $f$ 的秩**.

**注意**　二次型的矩阵形式 $f(\boldsymbol{x})=\boldsymbol{x}^{\mathrm{T}}\boldsymbol{A}\boldsymbol{x}$ 中的 $\boldsymbol{A}$ 必为对称矩阵，且 $\boldsymbol{A}$ 的主对角元素 $a_{ii}$ 为 $x_i^2$ 的系数，$\boldsymbol{A}$ 的非主对角元素 $a_{ij}(i\neq j)$ 为 $x_ix_j$ 的系数的一半.

例如，二元二次型 $f(x_1,x_2)=x_1^2+3x_2^2+4x_1x_2$，有

$$
f(x_1,x_2)=(x_1,x_2)\begin{pmatrix} 1 & 2 \\ 2 & 3 \end{pmatrix}\begin{pmatrix} x_1 \\ x_2 \end{pmatrix}=\boldsymbol{x}^{\mathrm{T}}\boldsymbol{A}\boldsymbol{x}
$$

为二次型的矩阵表示.

**【例 4-24】**　求二次型 $f(x_1,x_2,x_3)=x_1^2+2x_2^2+3x_3^2+x_1x_2+2x_1x_3-x_2x_3$ 的矩阵及二次型的秩，并把它写成矩阵形式.

**解**　二次型矩阵

$$
\boldsymbol{A}=\begin{pmatrix} 1 & \frac{1}{2} & 1 \\ \frac{1}{2} & 2 & -\frac{1}{2} \\ 1 & -\frac{1}{2} & 3 \end{pmatrix},
$$

又

$$|\boldsymbol{A}|=\begin{vmatrix}1 & \frac{1}{2} & 1\\ \frac{1}{2} & 2 & -\frac{1}{2}\\ 1 & -\frac{1}{2} & 3\end{vmatrix}\xlongequal{r_3-r_1}\begin{vmatrix}1 & \frac{1}{2} & 1\\ \frac{1}{2} & 2 & -\frac{1}{2}\\ 0 & -1 & 2\end{vmatrix}\xlongequal{c_3+2c_2}\begin{vmatrix}1 & \frac{1}{2} & 2\\ \frac{1}{2} & 2 & \frac{7}{2}\\ 0 & -1 & 0\end{vmatrix}=\frac{5}{2}\neq 0,$$

故二次型的秩 $R(\boldsymbol{A})=3$.

$$\begin{aligned}f(x_1,x_2,x_3)&=x_1^2+2x_2^2+3x_3^2+x_1x_2+2x_1x_3-x_2x_3\\&=(x_1,x_2,x_3)\begin{pmatrix}1 & \frac{1}{2} & 1\\ \frac{1}{2} & 2 & -\frac{1}{2}\\ 1 & -\frac{1}{2} & 3\end{pmatrix}\begin{pmatrix}x_1\\x_2\\x_3\end{pmatrix}\\&=\boldsymbol{x}^{\mathrm{T}}\boldsymbol{A}\boldsymbol{x}.\end{aligned}$$

其中

$$\boldsymbol{x}=\begin{pmatrix}x_1\\x_2\\x_3\end{pmatrix}.$$

**定义 4-11** 若二次型中只含有平方项,所有混合项 $x_ix_j(i\neq j)$ 的系数均为零,即

$$\boldsymbol{x}^{\mathrm{T}}\boldsymbol{A}\boldsymbol{x}=d_1x_1^2+d_2x_2^2+\cdots+d_nx_n^2,$$

这样的二次型称为二次型的**标准形**,或**标准二次型**.

在标准形中,形如

$$\boldsymbol{x}^{\mathrm{T}}\boldsymbol{A}\boldsymbol{x}=x_1^2+x_2^2+\cdots+x_p^2-x_{p+1}^2-\cdots-x_{p+q}^2$$

的二次型称为**规范二次型**.

**定义 4-12** 在二次型 $\boldsymbol{x}^{\mathrm{T}}\boldsymbol{A}\boldsymbol{x}$ 的标准形中正平方项的项数 $p$ 称为该二次型的**正惯性指数**,负平方项的项数 $q$ 称为二次型的**负惯性指数**.

## 4.5.2 使用正交变换化二次型为标准形

在二次型的讨论中,一个重要的问题是,通过变量代换把二次型化简为只含平方项的标准形.为此先引入可逆变换的概念.

**定义 4-13** 设可逆矩阵 $\boldsymbol{P}=(p_{ij})_{n\times n}$ 及

$$\boldsymbol{x}=\begin{pmatrix}x_1\\x_2\\\vdots\\x_n\end{pmatrix},$$

称变换

$$\boldsymbol{x}=\boldsymbol{P}\boldsymbol{y}$$

为由 $\boldsymbol{x}$ 到 $\boldsymbol{y}$ 的**可逆变换**，其中

$$\boldsymbol{y}=\begin{pmatrix} y_1 \\ y_2 \\ \vdots \\ y_n \end{pmatrix}.$$

特别地，若 $\boldsymbol{P}$ 为正交矩阵，则称上述变换为**正交变换**.

当二次型 $f=\boldsymbol{x}^{\mathrm{T}}\boldsymbol{A}\boldsymbol{x}$ 进行可逆变换 $\boldsymbol{x}=\boldsymbol{P}\boldsymbol{y}$ 时，可得

$$f=(\boldsymbol{P}\boldsymbol{y})^{\mathrm{T}}\boldsymbol{A}(\boldsymbol{P}\boldsymbol{y})=\boldsymbol{y}^{\mathrm{T}}(\boldsymbol{P}^{\mathrm{T}}\boldsymbol{A}\boldsymbol{P})\boldsymbol{y}.$$

根据上式中体现的规律，给出如下定义：

**定义 4-14**　设 $n$ 阶实对称方阵 $\boldsymbol{A}$ 与 $\boldsymbol{B}$，若存在可逆矩阵 $\boldsymbol{P}$，使得

$$\boldsymbol{P}^{\mathrm{T}}\boldsymbol{A}\boldsymbol{P}=\boldsymbol{B},$$

则称矩阵 $\boldsymbol{A}$ 与 $\boldsymbol{B}$ **合同**，变换 $\boldsymbol{P}^{\mathrm{T}}\boldsymbol{A}\boldsymbol{P}$ 称为 $\boldsymbol{A}$ 到 $\boldsymbol{B}$ 的**合同变换**，称 $\boldsymbol{P}$ 为**合同变换的矩阵**.

**注意**　对二次型 $f=\boldsymbol{x}^{\mathrm{T}}\boldsymbol{A}\boldsymbol{x}$ 进行可逆变换 $\boldsymbol{x}=\boldsymbol{P}\boldsymbol{y}$，得到一个新的二次型

$$g(\boldsymbol{y})=\boldsymbol{y}^{\mathrm{T}}\boldsymbol{B}\boldsymbol{y},$$

其中

$$\boldsymbol{B}=\boldsymbol{P}^{\mathrm{T}}\boldsymbol{A}\boldsymbol{P},$$

可见，对二次型进行可逆变换的实质就是对其所对应的矩阵进行合同变换.

特别地，若 $\boldsymbol{P}$ 为正交矩阵，则有

$$\boldsymbol{B}=\boldsymbol{P}^{\mathrm{T}}\boldsymbol{A}\boldsymbol{P}=\boldsymbol{P}^{-1}\boldsymbol{A}\boldsymbol{P},$$

即经过正交变换，两矩阵不但合同而且相似.

根据 4.1 节的内容可知，作为特殊的可逆变换，正交变换具有保持向量内积、长度、夹角不变的特性，因此正交变换应用到解析几何中，可保持几何图形不变.

下面讨论的主要问题是：寻找正交变换 $\boldsymbol{x}=\boldsymbol{Q}\boldsymbol{y}$，将二次型 $f=\boldsymbol{x}^{\mathrm{T}}\boldsymbol{A}\boldsymbol{x}$ 化为标准形

$$f=d_1y_1^2+d_2y_2^2+\cdots+d_ny_n^2=\boldsymbol{y}^{\mathrm{T}}\boldsymbol{\Lambda}\boldsymbol{y},$$

其中

$$\boldsymbol{\Lambda}=\begin{pmatrix} d_1 & & & \\ & d_2 & & \\ & & \ddots & \\ & & & d_n \end{pmatrix},\quad \boldsymbol{y}=\begin{pmatrix} y_1 \\ y_2 \\ \vdots \\ y_n \end{pmatrix}.$$

根据 4.4 节的内容知，总有正交矩阵 $\boldsymbol{Q}$，使得

$$\boldsymbol{Q}^{\mathrm{T}}\boldsymbol{A}\boldsymbol{Q}=\boldsymbol{Q}^{-1}\boldsymbol{A}\boldsymbol{Q}=\boldsymbol{\Lambda}.$$

将此应用于二次型，即任给二次型 $f=\boldsymbol{x}^{\mathrm{T}}\boldsymbol{A}\boldsymbol{x}$，总存在正交变换 $\boldsymbol{x}=\boldsymbol{Q}\boldsymbol{y}$，使 $f$ 化为标准形

$$f=\lambda_1y_1^2+\lambda_2y_2^2+\cdots+\lambda_ny_n^2,$$

其中 $\lambda_1,\lambda_2,\cdots,\lambda_n$ 是二次型 $f$ 的矩阵 $\boldsymbol{A}$ 的特征值.

下面我们通过实例来介绍将二次型标准化的具体方法.

**【例 4-25】**　求一正交变换 $\boldsymbol{x}=\boldsymbol{Q}\boldsymbol{y}$ 将二次型

$$f(x_1,x_2,x_3)=4x_1^2+2x_2^2+2x_3^2+2x_2x_3$$

化为标准形.

**解** (1)二次型的矩阵

$$A=\begin{pmatrix}4&0&0\\0&2&1\\0&1&2\end{pmatrix}.$$

(2)令$|A-\lambda E|=0$,即

$$\begin{vmatrix}4-\lambda&0&0\\0&2-\lambda&1\\0&1&2-\lambda\end{vmatrix}=(4-\lambda)(1-\lambda)(3-\lambda)=0,$$

得$A$的特征值为$\lambda_1=4,\lambda_2=1,\lambda_3=3$.

当$\lambda_1=4$时,解齐次线性方程组$(A-4E)x=0$,可得特征向量

$$p_1=\begin{pmatrix}1\\0\\0\end{pmatrix};$$

当$\lambda_2=1$时,解齐次线性方程组$(A-E)x=0$,可得特征向量

$$p_2=\begin{pmatrix}0\\-1\\1\end{pmatrix};$$

当$\lambda_3=3$时,解齐次线性方程组$(A-3E)x=0$,可得特征向量

$$p_3=\begin{pmatrix}0\\1\\1\end{pmatrix};$$

由于特征值互不相同,所以对应的特征向量两两正交,只需单位化,令

$$\xi_1=\frac{p_1}{\|p_1\|}=\begin{pmatrix}1\\0\\0\end{pmatrix},\quad \xi_2=\frac{p_2}{\|p_2\|}=\begin{pmatrix}0\\-\frac{1}{\sqrt{2}}\\\frac{1}{\sqrt{2}}\end{pmatrix},\quad \xi_3=\frac{p_3}{\|p_3\|}=\begin{pmatrix}0\\\frac{1}{\sqrt{2}}\\\frac{1}{\sqrt{2}}\end{pmatrix}.$$

(3)取正交矩阵

$$Q=(\xi_1,\xi_2,\xi_3)=\begin{pmatrix}1&0&0\\0&-\frac{1}{\sqrt{2}}&\frac{1}{\sqrt{2}}\\0&\frac{1}{\sqrt{2}}&\frac{1}{\sqrt{2}}\end{pmatrix},$$

且

$$Q^{T}AQ=\Lambda=\begin{pmatrix}4&0&0\\0&1&0\\0&0&3\end{pmatrix},$$

则在正交变换 $\boldsymbol{x}=\boldsymbol{Q}\boldsymbol{y}$ 下，将二次型化为标准形

$$f=\boldsymbol{y}^{\mathrm{T}}\begin{pmatrix}4&0&0\\0&1&0\\0&0&3\end{pmatrix}\boldsymbol{y}=4y_1^2+y_2^2+3y_3^2.$$

通过此例可得到用正交变换将二次型化为标准形的一般步骤：

(1)写出二次型的矩阵 $\boldsymbol{A}$；

(2)求出矩阵 $\boldsymbol{A}$ 的特征值及相应的特征向量；

(3)将所得特征向量转化为等价的两两正交的单位特征向量 $\boldsymbol{\xi}_1,\boldsymbol{\xi}_2,\cdots,\boldsymbol{\xi}_n$；

(4)构造正交矩阵 $\boldsymbol{Q}=(\boldsymbol{\xi}_1,\boldsymbol{\xi}_2,\cdots,\boldsymbol{\xi}_n)$；

(5)经正交变换 $\boldsymbol{x}=\boldsymbol{Q}\boldsymbol{y}$ 可得

$$f=\boldsymbol{x}^{\mathrm{T}}\boldsymbol{A}\boldsymbol{x}=\boldsymbol{y}^{\mathrm{T}}\boldsymbol{\Lambda}\boldsymbol{y}=\lambda_1y_1^2+\lambda_2y_2^2+\cdots+\lambda_ny_n^2,$$

其中 $\lambda_1,\lambda_2,\cdots,\lambda_n$ 为矩阵 $\boldsymbol{A}$ 的特征值.

**【例 4-26】** 用正交变换化二次型

$$f(x_1,x_2,x_3)=2x_1x_2+2x_1x_3+2x_2x_3$$

为标准形.

**解**　(1)二次型矩阵

$$\boldsymbol{A}=\begin{pmatrix}0&1&1\\1&0&1\\1&1&0\end{pmatrix}.$$

(2)令 $|\boldsymbol{A}-\lambda\boldsymbol{E}|=0$，即

$$\begin{vmatrix}-\lambda&1&1\\1&-\lambda&1\\1&1&-\lambda\end{vmatrix}\xlongequal{r_1+r_2+r_3}\begin{vmatrix}2-\lambda&2-\lambda&2-\lambda\\1&-\lambda&1\\1&1&-\lambda\end{vmatrix}=(2-\lambda)\begin{vmatrix}1&1&1\\1&-\lambda&1\\1&1&-\lambda\end{vmatrix}$$

$$\xlongequal[r_3-r_1]{r_2-r_1}(2-\lambda)\begin{vmatrix}1&1&1\\0&-\lambda-1&0\\0&0&-\lambda-1\end{vmatrix}=(2-\lambda)(\lambda+1)^2=0,$$

得 $\boldsymbol{A}$ 的特征值为 $\lambda_1=2,\lambda_2=\lambda_3=-1$.

当 $\lambda_1=2$ 时，解齐次线性方程组 $(\boldsymbol{A}-2\boldsymbol{E})\boldsymbol{x}=\boldsymbol{0}$，可得特征向量

$$\boldsymbol{p}_1=\begin{pmatrix}1\\1\\1\end{pmatrix},$$

将其单位化得

$$\boldsymbol{\xi}_1=\frac{\boldsymbol{p}_1}{\|\boldsymbol{p}_1\|}=\begin{pmatrix}\frac{1}{\sqrt{3}}\\\frac{1}{\sqrt{3}}\\\frac{1}{\sqrt{3}}\end{pmatrix};$$

当 $\lambda_2=\lambda_3=-1$ 时，解齐次线性方程组 $(\boldsymbol{A}+\boldsymbol{E})\boldsymbol{x}=\boldsymbol{0}$，可得两线性无关特征向量

$$\boldsymbol{p}_2=\begin{pmatrix}-1\\1\\0\end{pmatrix},\quad \boldsymbol{p}_3=\begin{pmatrix}-1\\0\\1\end{pmatrix},$$

将 $\boldsymbol{p}_2,\boldsymbol{p}_3$ 正交化可得

$$\boldsymbol{\beta}_2=\boldsymbol{p}_2=\begin{pmatrix}-1\\1\\0\end{pmatrix},\quad \boldsymbol{\beta}_3=\boldsymbol{p}_3-\frac{(\boldsymbol{p}_3,\boldsymbol{\beta}_2)}{\|\boldsymbol{\beta}_2\|^2}\boldsymbol{\beta}_2=\begin{pmatrix}-1\\0\\1\end{pmatrix}-\frac{1}{2}\begin{pmatrix}-1\\1\\0\end{pmatrix}=\begin{pmatrix}-\frac{1}{2}\\-\frac{1}{2}\\1\end{pmatrix},$$

再将 $\boldsymbol{\beta}_2,\boldsymbol{\beta}_3$ 单位化可得

$$\boldsymbol{\xi}_2=\frac{\boldsymbol{\beta}_2}{\|\boldsymbol{\beta}_2\|}=\begin{pmatrix}-\frac{1}{\sqrt{2}}\\\frac{1}{\sqrt{2}}\\0\end{pmatrix},\quad \boldsymbol{\xi}_3=\frac{\boldsymbol{\beta}_3}{\|\boldsymbol{\beta}_3\|}=\begin{pmatrix}-\frac{1}{\sqrt{6}}\\-\frac{1}{\sqrt{6}}\\\frac{2}{\sqrt{6}}\end{pmatrix}.$$

(3)取正交矩阵

$$\boldsymbol{Q}=(\boldsymbol{\xi}_1,\boldsymbol{\xi}_2,\boldsymbol{\xi}_3)=\begin{pmatrix}\frac{1}{\sqrt{3}}&-\frac{1}{\sqrt{2}}&-\frac{1}{\sqrt{6}}\\\frac{1}{\sqrt{3}}&\frac{1}{\sqrt{2}}&-\frac{1}{\sqrt{6}}\\\frac{1}{\sqrt{3}}&0&\frac{2}{\sqrt{6}}\end{pmatrix},$$

且

$$\boldsymbol{Q}^{\mathrm{T}}\boldsymbol{A}\boldsymbol{Q}=\boldsymbol{\Lambda}=\begin{pmatrix}2&0&0\\0&-1&0\\0&0&-1\end{pmatrix},$$

则在正交变换 $\boldsymbol{x}=\boldsymbol{Q}\boldsymbol{y}$ 下，将二次型化为标准型

$$f=\boldsymbol{y}^{\mathrm{T}}\begin{pmatrix}2&0&0\\0&-1&0\\0&0&-1\end{pmatrix}\boldsymbol{y}=2y_1^2-y_2^2-y_3^2.$$

由于正交变换的特点是保持二次型几何图形不变，故将正交变换应用到二次曲面方程的标准化上，可以判断二次曲面的几何性质.

**【例 4-27】** 将二次曲面方程

$$2x^2+5y^2+5z^2+4xy-4xz-8yz=1$$

化为标准方程，并判断曲面类型.

**解** 设 $f(x,y,z)=2x^2+5y^2+5z^2+4xy-4xz-8yz$，易知 $f$ 的矩阵为

$$A=\begin{pmatrix}2&2&-2\\2&5&-4\\-2&-4&5\end{pmatrix}.$$

令

$$|A-\lambda E|=0,$$

即

$$\begin{vmatrix}2-\lambda&2&-2\\2&5-\lambda&-4\\-2&-4&5-\lambda\end{vmatrix}\xlongequal{r_2+r_3}\begin{vmatrix}2-\lambda&2&-2\\0&1-\lambda&1-\lambda\\-2&-4&5-\lambda\end{vmatrix}\xlongequal{c_3-c_2}\begin{vmatrix}2-\lambda&2&-4\\0&1-\lambda&0\\-2&-4&9-\lambda\end{vmatrix}$$

$$=(1-\lambda)\begin{vmatrix}2-\lambda&-4\\-2&9-\lambda\end{vmatrix}=-(\lambda-1)^2(\lambda-10)=0,$$

得 $\boldsymbol{A}$ 的特征值为 $\lambda_1=10,\lambda_2=\lambda_3=1$.

当 $\lambda_1=10$ 时,解齐次线性方程组 $(\boldsymbol{A}-10\boldsymbol{E})\boldsymbol{x}=\boldsymbol{0}$,可得特征向量

$$\boldsymbol{p}_1=\begin{pmatrix}1\\2\\-2\end{pmatrix},$$

将其单位化得

$$\boldsymbol{\xi}_1=\frac{\boldsymbol{p}_1}{\|\boldsymbol{p}_1\|}=\begin{pmatrix}\frac{1}{3}\\\frac{2}{3}\\-\frac{2}{3}\end{pmatrix};$$

当 $\lambda_2=\lambda_3=1$ 时,解齐次线性方程组 $(\boldsymbol{A}-\boldsymbol{E})\boldsymbol{x}=\boldsymbol{0}$,可得两线性无关特征向量

$$\boldsymbol{p}_2=\begin{pmatrix}-2\\1\\0\end{pmatrix},\quad \boldsymbol{p}_3=\begin{pmatrix}2\\0\\1\end{pmatrix},$$

将 $\boldsymbol{p}_2,\boldsymbol{p}_3$ 正交化可得

$$\boldsymbol{\beta}_2=\boldsymbol{p}_2=\begin{pmatrix}-2\\1\\0\end{pmatrix},\quad \boldsymbol{\beta}_3=\boldsymbol{p}_3-\frac{(\boldsymbol{p}_3,\boldsymbol{\beta}_2)}{\|\boldsymbol{\beta}_2\|^2}\boldsymbol{\beta}_2=\begin{pmatrix}2\\0\\1\end{pmatrix}-\frac{-4}{5}\begin{pmatrix}-2\\1\\0\end{pmatrix}=\begin{pmatrix}\frac{2}{5}\\\frac{4}{5}\\1\end{pmatrix},$$

再将 $\boldsymbol{\beta}_2,\boldsymbol{\beta}_3$ 单位化可得

$$\boldsymbol{\xi}_2=\frac{\boldsymbol{\beta}_2}{\|\boldsymbol{\beta}_2\|}=\begin{pmatrix}-\frac{2}{\sqrt{5}}\\\frac{1}{\sqrt{5}}\\0\end{pmatrix},\quad \boldsymbol{\xi}_3=\frac{\boldsymbol{\beta}_3}{\|\boldsymbol{\beta}_3\|}=\begin{pmatrix}\frac{2}{3\sqrt{5}}\\\frac{4}{3\sqrt{5}}\\\frac{5}{3\sqrt{5}}\end{pmatrix},$$

取正交矩阵

$$Q=(\boldsymbol{\xi}_1,\boldsymbol{\xi}_2,\boldsymbol{\xi}_3)=\begin{pmatrix}\frac{1}{3} & -\frac{2}{\sqrt{5}} & \frac{2}{3\sqrt{5}}\\ \frac{2}{3} & \frac{1}{\sqrt{5}} & \frac{4}{3\sqrt{5}}\\ -\frac{2}{3} & 0 & \frac{\sqrt{5}}{3}\end{pmatrix},$$

记

$$\boldsymbol{y}=\begin{pmatrix}x'\\ y'\\ z'\end{pmatrix},\ \boldsymbol{x}=\begin{pmatrix}x\\ y\\ z\end{pmatrix},$$

则在正交变换 $\boldsymbol{x}=\boldsymbol{Q}\boldsymbol{y}$ 下，将原方程化为标准方程

$$10x'^2+y'^2+z'^2=1,$$

由此可以判断该曲面为旋转椭球面.

## 4.5.3 用配方法化二次型为标准形

利用正交变换化简二次型，具有保持几何图形不变的良好特性，是二次型化简的重要方法.但二次型化简并非只有正交变换一种方法，除了正交变换，也可以采用配方法，将二次型化简为标准形.下面通过实例说明这种方法.

**【例 4-28】** 用配方法化二次型

$$f(x_1,x_2,x_3)=x_1^2+5x_2^2+6x_3^2+2x_1x_2-4x_1x_3$$

为标准形，并写出所用的可逆变换.

**解** 由于该二次型中含有变量 $x_1$ 的平方项，因此将含 $x_1$ 的项集中起来，

$$f(x_1,x_2,x_3)=x_1^2+2x_1(x_2-2x_3)+(x_2-2x_3)^2+5x_2^2+6x_3^2-(x_2-2x_3)^2,$$

将上式中的前三项配方结合并整理可得

$$f(x_1,x_2,x_3)=(x_1+x_2-2x_3)^2+4x_2^2+2x_3^2+4x_2x_3,$$

再次将含有 $x_2$ 的项集中起来，配方可得

$$f(x_1,x_2,x_3)=(x_1+x_2-2x_3)^2+(2x_2+x_3)^2+x_3^2,$$

令

$$\begin{cases}y_1=x_1+x_2-2x_3\\ y_2=2x_2+x_3\\ y_3=x_3\end{cases},$$

即

$$\begin{cases}x_1=y_1-\frac{1}{2}y_2+\frac{5}{2}y_3\\ x_2=\frac{1}{2}y_2-\frac{1}{2}y_3\\ x_3=y_3\end{cases},$$

则所给二次型化为标准型

$$f=y_1^2+y_2^2+y_3^2.$$

化简过程中所使用的可逆变换为

$$\boldsymbol{x}=\boldsymbol{P}\boldsymbol{y},$$

其中

$$\boldsymbol{x}=\begin{pmatrix}x_1\\x_2\\x_3\end{pmatrix},\quad \boldsymbol{y}=\begin{pmatrix}y_1\\y_2\\y_3\end{pmatrix},\quad \boldsymbol{P}=\begin{pmatrix}1 & -\frac{1}{2} & \frac{5}{2}\\0 & \frac{1}{2} & -\frac{1}{2}\\0 & 0 & 1\end{pmatrix}.$$

**【例 4-29】** 用配方法化二次型

$$f(x_1,x_2,x_3)=2x_1x_2+2x_1x_3+2x_2x_3$$

为标准形，并写出所用的可逆变换.

**解**　由于该二次型中不含平方项，但含有混合项 $x_1x_2$，故令

$$\begin{cases}x_1=y_1+y_2\\x_2=y_1-y_2\\x_3=y_3\end{cases},$$

可作出平方项，得

$$\begin{aligned}f&=2(y_1+y_2)(y_1-y_2)+2(y_1+y_2)y_3+2(y_1-y_2)y_3\\&=2y_1^2-2y_2^2+4y_1y_3,\end{aligned}$$

对上式配方可得

$$f=2(y_1^2+2y_1y_3+y_3^2)-2y_3^2-2y_2^2,$$

整理化简可得

$$f=2(y_1+y_3)^2-2y_2^2-2y_3^2,$$

再令

$$\begin{cases}z_1=y_1+y_3\\z_2=y_2\\z_3=y_3\end{cases},$$

即

$$\begin{cases}y_1=z_1-z_3\\y_2=z_2\\y_3=z_3\end{cases},$$

则经过可逆变换

$$\begin{cases}x_1=z_1+z_2-z_3\\x_2=z_1-z_2-z_3\\x_3=z_3\end{cases},$$

即

$$\boldsymbol{x}=\boldsymbol{P}\boldsymbol{z},$$

其中

$$\boldsymbol{x}=\begin{pmatrix}x_1\\x_2\\x_3\end{pmatrix},\quad \boldsymbol{z}=\begin{pmatrix}z_1\\z_2\\z_3\end{pmatrix},\quad \boldsymbol{P}=\begin{pmatrix}1&1&-1\\1&-1&-1\\0&0&1\end{pmatrix},$$

可将该二次型化为标准形

$$f=2z_1^2-2z_2^2-2z_3^2.$$

通过上面两个例子可以看出，如果一个二次型含有 $x_i$ 的平方项，可先将 $x_i$ 的项集中起来进行配方，对于剩下的二次型，仍照此方法进行，如此反复下去，就可将二次型化为标准形；如果二次型仅含有混合项而不含有平方项，可先利用平方差的性质构造出平方项，再依照上面的方法配方化简即可. 对于多次变换，需要将多次变换合并起来，求出最终的可逆变换，以及对应的可逆变换矩阵.

## 4.5.4 惯性定理

由例 4-26 和例 4-29 可以看到，采用不同的方法对二次型进行化简，所得的标准形一般是不同的，但不同标准形中所含有的正平方项的项数和负平方项的项数是对应相同的.

如例 4-26 和例 4-29 中所得的标准形都含有 1 个正平方项和 2 个负平方项. 这不是偶然的巧合，而是必然结果. 这就是下面的惯性定理.

**定理 4-10(惯性定理)** 设 $n$ 元二次型 $f=\boldsymbol{x}^{\mathrm{T}}\boldsymbol{A}\boldsymbol{x}$，无论选取何种可逆变换将该二次型化为仅含平方项的标准形，其中正平方项的个数 $p$，负平方项的个数 $q$ 均不变.

惯性定理表明，无论在何种可逆变换下，二次型的标准形中所含正负平方项的个数都不变，即该二次型的正、负惯性指数不变. 进而有如下的推论：

**推论** 设二次型 $f=\boldsymbol{x}^{\mathrm{T}}\boldsymbol{A}\boldsymbol{x}$ 的正、负惯性指数分别为 $p$ 和 $q$，则存在可逆变换 $\boldsymbol{x}=\boldsymbol{P}\boldsymbol{y}$，将该二次型化为规范标准形

$$f=y_1^2+y_2^2+\cdots+y_p^2-y_{p+1}^2-\cdots-y_{p+q}^2.$$

## 4.5.5 正定二次型

有一类重要的二次型，它们的标准型中系数全为正或全为负，这类二次型在工程技术和优化等问题中有着广泛的应用.

**定义 4-15** 设二次型 $f=\boldsymbol{x}^{\mathrm{T}}\boldsymbol{A}\boldsymbol{x}$，若对任意 $\boldsymbol{x}\neq\boldsymbol{0}$ 都有 $f(\boldsymbol{x})>0$(或 $f(\boldsymbol{x})<0$)，则称二次型 $f$ 为**正定二次型**(或负定二次型)，所对应的矩阵 $\boldsymbol{A}$ 称为**正定矩阵**(或负定矩阵).

如 $f=x_1^2+2x_2^2+3x_3^2$ 为正定二次型；$f=-x_1^2-3x_2^2-4x_3^2$ 为负定二次型.

下面不加证明地介绍几个判定正定二次型的方法.

**定理 4-11** $n$ 元实二次型 $f=\boldsymbol{x}^{\mathrm{T}}\boldsymbol{A}\boldsymbol{x}$ 正定的充分必要条件是：

(1)$\boldsymbol{A}$ 的正惯性指数等于 $n$；

(2)$\boldsymbol{A}$ 的特征值全为正数；

(3)$\boldsymbol{A}$ 与 $n$ 阶单位矩阵 $\boldsymbol{E}$ 合同(存在可逆矩阵 $\boldsymbol{P}$，使得 $\boldsymbol{P}^{\mathrm{T}}\boldsymbol{A}\boldsymbol{P}=\boldsymbol{E}$).

**推论**　$n$ 元实二次型 $f=\boldsymbol{x}^{\mathrm{T}}\boldsymbol{A}\boldsymbol{x}$ 负定的充分必要条件是：

(1)$\boldsymbol{A}$ 的负惯性指数等于 $n$；

(2)$\boldsymbol{A}$ 的特征值全为负数；

(3)$\boldsymbol{A}$ 与 $n$ 阶负单位矩阵 $-\boldsymbol{E}$ 合同.

对于具体的实对称矩阵 $\boldsymbol{A}$ 的正定性，用方阵的顺序主子式判断往往更为简便. 设 $\boldsymbol{A}=(a_{ij})_{n\times n}$，所谓 $\boldsymbol{A}$ 的 $k$ **阶顺序主子式**即为

$$\det(\boldsymbol{A}_k)=\begin{vmatrix} a_{11} & a_{12} & \cdots & a_{1k} \\ a_{21} & a_{22} & \cdots & a_{2k} \\ \vdots & \vdots & & \vdots \\ a_{k1} & a_{k2} & \cdots & a_{kk} \end{vmatrix}.$$

一般地，有下面的结果.

**定理 4-12**　对称矩阵 $\boldsymbol{A}$ 是正定矩阵的充分必要条件是 $\boldsymbol{A}$ 的各阶顺序主子式都为正，即

$$a_{11}>0,\begin{vmatrix} a_{11} & a_{12} \\ a_{21} & a_{22} \end{vmatrix}>0,\cdots,\begin{vmatrix} a_{11} & \cdots & a_{1n} \\ \vdots & & \vdots \\ a_{n1} & \cdots & a_{nn} \end{vmatrix}>0;$$

对称矩阵 $\boldsymbol{A}$ 是负定矩阵的充分必要条件是 $\boldsymbol{A}$ 的奇数阶顺序主子式都为负，偶数阶顺序主子式都为正.

**【例 4-30】**　判别二次型

$$f=-5x^2-6y^2-4z^2+4xy$$

的正定性.

**解**　二次型 $f$ 的矩阵为

$$\boldsymbol{A}=\begin{pmatrix} -5 & 2 & 0 \\ 2 & -6 & 0 \\ 0 & 0 & -4 \end{pmatrix},$$

$\boldsymbol{A}$ 的各阶顺序主子式

$$a_{11}=-5<0,\quad \begin{vmatrix} a_{11} & a_{12} \\ a_{21} & a_{22} \end{vmatrix}=\begin{vmatrix} -5 & 2 \\ 2 & -6 \end{vmatrix}=26>0,\quad |\boldsymbol{A}|=-104<0,$$

根据定理 4-12 知，二次型 $f$ 是负定的.

**【例 4-31】**　讨论 $t$ 取何值时，二次型

$$f=x^2+4y^2+2z^2+2txy+2xz$$

为正定二次型.

**解**　二次型 $f$ 的矩阵为

$$\boldsymbol{A}=\begin{pmatrix} 1 & t & 1 \\ t & 4 & 0 \\ 1 & 0 & 2 \end{pmatrix}.$$

由定理 4-12 可知，该二次型为正定二次型的充分必要条件是其各阶顺序主子式均为正数，即

$$a_{11}=1>0,\quad \begin{vmatrix} a_{11} & a_{12} \\ a_{21} & a_{22} \end{vmatrix}=4-t^2>0,\quad |\boldsymbol{A}|=4-2t^2>0,$$

解上面的不等式可得$-\sqrt{2}<t<\sqrt{2}$,故当$-\sqrt{2}<t<\sqrt{2}$时,该二次型为正定二次型.

# 4.6 应用实例阅读

**【实例 4-1】 污染问题**

发展与环境问题目前已成为大家共同关注的重点,下面定量分析污染与工业发展水平的关系,设 $a_0$ 为该地区的污染水平,$b_0$ 为目前该地区的工业发展水平. 以 10 年为一个周期,一个周期后的污染水平与工业发展水平分别记作 $a_1$,$b_1$,它们之间保持如下的关系:

$$\begin{cases} a_1=3a_0+b_0 \\ b_1=2a_0+2b_0 \end{cases},$$

记作

$$\boldsymbol{\alpha}_1=\boldsymbol{A}\boldsymbol{\alpha}_0,$$

其中

$$\boldsymbol{\alpha}_0=\begin{pmatrix} a_0 \\ b_0 \end{pmatrix},\quad \boldsymbol{\alpha}_1=\begin{pmatrix} a_1 \\ b_1 \end{pmatrix},\quad \boldsymbol{A}=\begin{pmatrix} 3 & 1 \\ 2 & 2 \end{pmatrix}.$$

由此可得 $n$ 个周期后该地区的污染水平与工业发展水平的关系模型为

$$\begin{cases} a_n=3a_{n-1}+b_{n-1} \\ b_n=2a_{n-1}+2b_{n-1} \end{cases},\quad n=1,2,\cdots$$

记作

$$\boldsymbol{\alpha}_n=\boldsymbol{A}\boldsymbol{\alpha}_{n-1},\quad n=1,2,\cdots,$$

其中

$$\boldsymbol{\alpha}_n=\begin{pmatrix} a_n \\ b_n \end{pmatrix},\quad \boldsymbol{\alpha}_{n-1}=\begin{pmatrix} a_{n-1} \\ b_{n-1} \end{pmatrix},\quad \boldsymbol{A}=\begin{pmatrix} 3 & 1 \\ 2 & 2 \end{pmatrix}.$$

根据递归表达式可得

$$\boldsymbol{\alpha}_1=\boldsymbol{A}\boldsymbol{\alpha}_0,\boldsymbol{\alpha}_2=\boldsymbol{A}\boldsymbol{\alpha}_1=\boldsymbol{A}^2\boldsymbol{\alpha}_0,\cdots,\boldsymbol{\alpha}_n=\boldsymbol{A}^n\boldsymbol{\alpha}_0.$$

为此只要求出 $\boldsymbol{A}^n$ 就可以知道 $n$ 个周期后污染水平与工业发展水平的关系. 为求出 $\boldsymbol{A}^n$,首先计算 $\boldsymbol{A}$ 的特征值.

令

$$|\boldsymbol{A}-\lambda\boldsymbol{E}|=0,$$

即

$$\begin{vmatrix} 3-\lambda & 1 \\ 2 & 2-\lambda \end{vmatrix}=(\lambda-1)(\lambda-4)=0,$$

得到 $\boldsymbol{A}$ 的特征值为 $\lambda_1=1,\lambda_2=4$.

当 $\lambda_1=1$ 时,解齐次线性方程组

$$(\boldsymbol{A}-\boldsymbol{E})\boldsymbol{x}=\boldsymbol{0},$$

得 $\boldsymbol{A}$ 对应于 $\lambda_1=1$ 的一个特征向量

$$\boldsymbol{p}_1=\begin{pmatrix}1\\-2\end{pmatrix};$$

当 $\lambda_1=4$ 时，解齐次线性方程组

$$(\boldsymbol{A}-4\boldsymbol{E})\boldsymbol{x}=\boldsymbol{0},$$

得 $\boldsymbol{A}$ 对应于 $\lambda_1=4$ 的一个特征向量

$$\boldsymbol{p}_2=\begin{pmatrix}1\\1\end{pmatrix},$$

且 $\boldsymbol{p}_1,\boldsymbol{p}_2$ 线性无关.

如果目前水平为 $a_0=b_0=1$，即

$$\boldsymbol{\alpha}_0=\begin{pmatrix}1\\1\end{pmatrix}=\boldsymbol{p}_2,$$

则第 $n$ 个周期后的水平

$$\boldsymbol{\alpha}_n=\boldsymbol{A}^n\boldsymbol{\alpha}_0=\boldsymbol{A}^n\boldsymbol{p}_2,$$

又由于 $\boldsymbol{A}^n$ 必有特征值 $4^n$，对应的特征向量仍是 $\boldsymbol{p}_2$，于是

$$\boldsymbol{\alpha}_n=\boldsymbol{A}^n\boldsymbol{\alpha}_0=\boldsymbol{A}^n\boldsymbol{p}_2=4^n\boldsymbol{p}_2=4^n\begin{pmatrix}1\\1\end{pmatrix}.$$

特别地，当 $n=100$ 时，可得

$$\boldsymbol{\alpha}_{100}=\begin{pmatrix}4^{100}\\4^{100}\end{pmatrix}.$$

这表明尽管工业发展水平可以达到相当高的程度，但照此发展下去，环境污染也将直接威胁人类的生存.

如果目前水平为 $a_0=1,b_0=7$，即

$$\boldsymbol{\alpha}_0=\begin{pmatrix}1\\7\end{pmatrix},$$

则不能直接应用上述方法分析，但是由于 $\boldsymbol{p}_1,\boldsymbol{p}_2$ 线性无关，又

$$\boldsymbol{\alpha}_0=-2\boldsymbol{p}_1+3\boldsymbol{p}_2,$$

于是有

$$\boldsymbol{\alpha}_n=\boldsymbol{A}^n\boldsymbol{\alpha}_0=\boldsymbol{A}^n(-2\boldsymbol{p}_1+3\boldsymbol{p}_2)=-2\lambda_1^n\boldsymbol{p}_1+3\lambda_2^n\boldsymbol{p}_2=\begin{pmatrix}-2+3\times4^n\\4+3\times4^n\end{pmatrix}.$$

特别地，当 $n=100$ 时，可得

$$\boldsymbol{\alpha}_{100}=\begin{pmatrix}-2+3\times4^{100}\\4+3\times4^{100}\end{pmatrix},$$

从中可以得到同样的结论.

**【实例 4-2】　基因遗传问题**

随着科学技术的进步，人们为了揭示生命的奥秘，越来越注重遗传学的研究，特别是遗传特征的逐代传播，引起了人们更多的注意. 无论是人还是动、植物，都会将本身的特征遗传给下一代，这主要是因为后代继承了双亲的基因，形成自己的基因对，基因对确定了

后代所表现的特征.很多生物采用常染色体遗传的方式,将亲体基因遗传给后代.

常染色体遗传的规律是,后代从每个亲体的基因对中各继承一个基因,形成自己的基因对(基因型).

如果考虑的遗传特征是由两个基因 A、a 控制的,则有三种基因型,分别记作 AA、Aa、aa.

例如,人类眼睛的颜色是通过常染色体来控制的,基因型为 AA 或 Aa 型的人眼睛颜色为棕色,而 aa 型的人眼睛颜色为蓝色.金鱼草花的颜色是由两个遗传因子构成的,基因型为 AA 的金鱼草开红花,Aa 型的开粉红色花,而 aa 型的开白花.

这里 AA、Aa 表示同一外部特征,通常认为基因 A 支配基因 a,即基因 a 对 A 而言是隐性基因.

下面通过实例来描述如何建立数学模型对总体的基因型分布进行逐代研究.

设某农业研究所植物园中某植物的基因型为 AA、Aa 和 aa.研究所采用 AA 型的植物与园中每一种基因型植物相结合培育后代.下图为后代基因型分布表,问经过若干年后,这种植物的三种基因型分布如何?

**表 4-1**

| 后代基因型 | 父体-母体的基因型 | | |
|---|---|---|---|
| | AA-AA | AA-Aa | AA-aa |
| AA | 1 | 1/2 | 0 |
| Aa | 0 | 1/2 | 1 |
| aa | 0 | 0 | 0 |

设植物基因型的初始分布为

$$\boldsymbol{\alpha}_0=\begin{pmatrix}a_0\\b_0\\c_0\end{pmatrix},$$

第 $n$ 代植物的基因型分布为

$$\boldsymbol{\alpha}_n=\begin{pmatrix}a_n\\b_n\\c_n\end{pmatrix}.$$

由表 4-1 可得第 $n$ 代基因型与第 $n-1$ 代基因型的关系式

$$\begin{cases}a_n=a_{n-1}+\dfrac{1}{2}b_{n-1}\\ b_n=\dfrac{1}{2}b_{n-1}+c_{n-1}\\ c_n=0\end{cases},$$

且满足

$$a_n+b_n+c_n=1,$$

上述关系式写成矩阵的形式为

$$\boldsymbol{\alpha}_n=\boldsymbol{A}\boldsymbol{\alpha}_{n-1},$$

其中

$$\boldsymbol{A}=\begin{pmatrix}1 & \frac{1}{2} & 0\\ 0 & \frac{1}{2} & 1\\ 0 & 0 & 0\end{pmatrix},$$

于是

$$\boldsymbol{\alpha}_1=\boldsymbol{A}\boldsymbol{\alpha}_0,\boldsymbol{\alpha}_2=\boldsymbol{A}\boldsymbol{\alpha}_1=\boldsymbol{A}^2\boldsymbol{\alpha}_0,\cdots,\boldsymbol{\alpha}_n=\boldsymbol{A}^n\boldsymbol{\alpha}_0.$$

因此本题关键是求方阵 $\boldsymbol{A}$ 的幂,为此先将方阵 $\boldsymbol{A}$ 对角化. 令

$$|\boldsymbol{A}-\lambda\boldsymbol{E}|=0,$$

计算解得 $\boldsymbol{A}$ 的特征值为

$$\lambda_1=1,\quad \lambda_2=\frac{1}{2},\quad \lambda_3=0.$$

当 $\lambda_1=1$ 时,解齐次线性方程组

$$(\boldsymbol{A}-\boldsymbol{E})\boldsymbol{x}=\boldsymbol{0},$$

可得 $\boldsymbol{A}$ 对应于 $\lambda_1=1$ 的特征向量

$$\boldsymbol{p}_1=\begin{pmatrix}1\\0\\0\end{pmatrix};$$

当 $\lambda_2=\frac{1}{2}$时,解齐次线性方程组

$$\left(\boldsymbol{A}-\frac{1}{2}\boldsymbol{E}\right)\boldsymbol{x}=\boldsymbol{0},$$

可得 $\boldsymbol{A}$ 对应于 $\lambda_2=\frac{1}{2}$的特征向量

$$\boldsymbol{p}_2=\begin{pmatrix}1\\-1\\0\end{pmatrix};$$

当 $\lambda_3=0$ 时,解齐次线性方程组

$$(\boldsymbol{A}-0\boldsymbol{E})\boldsymbol{x}=\boldsymbol{0},$$

可得 $\boldsymbol{A}$ 对应于 $\lambda_3=0$ 的特征向量

$$\boldsymbol{p}_3=\begin{pmatrix}1\\-2\\1\end{pmatrix}.$$

令

$$\boldsymbol{P}=(\boldsymbol{p}_1,\boldsymbol{p}_2,\boldsymbol{p}_3)=\begin{pmatrix}1 & 1 & 1\\ 0 & -1 & -2\\ 0 & 0 & 1\end{pmatrix},$$

则

$$P^{-1}AP=\Lambda=\begin{pmatrix}1&0&0\\0&\frac{1}{2}&0\\0&0&0\end{pmatrix}.$$

于是有

$$A=P\Lambda P^{-1}=P\begin{pmatrix}1&0&0\\0&\frac{1}{2}&0\\0&0&0\end{pmatrix}P^{-1},$$

从而有

$$\begin{aligned}\boldsymbol{\alpha}_n&=A^n\boldsymbol{\alpha}_0=P\Lambda^nP^{-1}\boldsymbol{\alpha}_0\\&=\begin{pmatrix}1&1&1\\0&-1&-2\\0&0&1\end{pmatrix}\begin{pmatrix}1&0&0\\0&\left(\frac{1}{2}\right)^n&0\\0&0&0\end{pmatrix}\begin{pmatrix}1&1&1\\0&-1&-2\\0&0&1\end{pmatrix}^{-1}\boldsymbol{\alpha}_0\\&=\begin{pmatrix}1&1-\left(\frac{1}{2}\right)^n&1-\left(\frac{1}{2}\right)^{n-1}\\0&\left(\frac{1}{2}\right)^n&\left(\frac{1}{2}\right)^{n-1}\\0&0&0\end{pmatrix}\begin{pmatrix}a_0\\b_0\\c_0\end{pmatrix}\\&=\begin{pmatrix}a_0+b_0+c_0-\left(\frac{1}{2}\right)^nb_0-\left(\frac{1}{2}\right)^{n-1}c_0\\\left(\frac{1}{2}\right)^nb_0+\left(\frac{1}{2}\right)^{n-1}c_0\\0\end{pmatrix}\\&=\begin{pmatrix}1-\left(\frac{1}{2}\right)^nb_0-\left(\frac{1}{2}\right)^{n-1}c_0\\\left(\frac{1}{2}\right)^nb_0+\left(\frac{1}{2}\right)^{n-1}c_0\\0\end{pmatrix},\end{aligned}$$

即

$$\begin{cases}a_n=1-\left(\frac{1}{2}\right)^nb_0-\left(\frac{1}{2}\right)^{n-1}c_0\\b_n=\left(\frac{1}{2}\right)^nb_0+\left(\frac{1}{2}\right)^{n-1}c_0\\c_n=0\end{cases}.$$

显然，当 $n\to\infty$ 时，$a_n\to1$，$b_n\to0$，$c_n\to0$. 也就是说，经过若干年之后，培育出来的植物基本上呈现 AA 型.

**【实例 4-3】 函数的最大值最小值问题**

在线性代数中，可以通过正交变换将二次型化为标准形. 由于正交变换不改变向量的长度，只是将坐标系进行适当的旋转来构造新的坐标系，在新坐标系下很容易掌握原有二次型图形的几何形状，从而解决一些几何问题.

求函数

$$F(x_1,x_2)=x_1^2+x_2^2$$

在条件

$$x_1^2+x_1x_2+x_2^2=16$$

下的最大值及最小值.

**解**　首先确定二次方程

$$x_1^2+x_1x_2+x_2^2=16$$

所代表的几何图形，可设 $f=x_1^2+x_1x_2+x_2^2$，其中

$$\boldsymbol{A}=\begin{pmatrix}1 & \frac{1}{2}\\ \frac{1}{2} & 1\end{pmatrix},\quad \boldsymbol{x}=\begin{pmatrix}x_1\\ x_2\end{pmatrix},$$

则

$$f=\boldsymbol{x}^{\mathrm{T}}\boldsymbol{A}\boldsymbol{x}.$$

令

$$|\boldsymbol{A}-\lambda\boldsymbol{E}|=0,$$

即

$$\begin{vmatrix}1-\lambda & \frac{1}{2}\\ \frac{1}{2} & 1-\lambda\end{vmatrix}=(1-\lambda)^2-\frac{1}{4}=\left(\frac{3}{2}-\lambda\right)\left(\frac{1}{2}-\lambda\right)=0,$$

可得 $\boldsymbol{A}$ 的特征值为 $\lambda_1=\frac{3}{2},\lambda_2=\frac{1}{2}$.

当 $\lambda_1=\frac{3}{2}$ 时，解齐次线性方程组

$$\left(\boldsymbol{A}-\frac{3}{2}\boldsymbol{E}\right)\boldsymbol{x}=\boldsymbol{0},$$

可得特征向量

$$\boldsymbol{p}_1=\begin{pmatrix}1\\ 1\end{pmatrix},$$

将其单位化得

$$\boldsymbol{\xi}_1=\frac{\boldsymbol{p}_1}{\|\boldsymbol{p}_1\|}=\frac{1}{\sqrt{2}}\begin{pmatrix}1\\ 1\end{pmatrix};$$

当 $\lambda_2=\frac{1}{2}$ 时，解齐次线性方程组

$$\left(\boldsymbol{A}-\frac{1}{2}\boldsymbol{E}\right)\boldsymbol{x}=\boldsymbol{0},$$

可得特征向量

$$\boldsymbol{p}_2=\begin{pmatrix}-1\\ 1\end{pmatrix}.$$

由于 $\boldsymbol{p}_1,\boldsymbol{p}_2$ 为矩阵 $\boldsymbol{A}$ 分别属于互不相同特征值的特征向量，故 $\boldsymbol{p}_1,\boldsymbol{p}_2$ 必正交，因此只需将特征向量 $\boldsymbol{p}_2$ 单位化即可，进而可得

$$\boldsymbol{\xi}_2=\frac{\boldsymbol{p}_2}{\|\boldsymbol{p}_2\|}=\frac{1}{\sqrt{2}}\begin{pmatrix}-1\\1\end{pmatrix},$$

取正交矩阵

$$\boldsymbol{Q}=(\boldsymbol{\xi}_1,\boldsymbol{\xi}_2)=\begin{pmatrix}\frac{1}{\sqrt{2}} & -\frac{1}{\sqrt{2}}\\ \frac{1}{\sqrt{2}} & \frac{1}{\sqrt{2}}\end{pmatrix},$$

且

$$\boldsymbol{Q}^{\mathrm{T}}\boldsymbol{A}\boldsymbol{Q}=\boldsymbol{\Lambda}=\begin{pmatrix}\frac{3}{2} & 0\\ 0 & \frac{1}{2}\end{pmatrix},$$

则在正交变换 $\boldsymbol{x}=\boldsymbol{Q}\boldsymbol{z}$ 下，将原方程化为标准方程

$$\frac{3}{2}z_1^2+\frac{1}{2}z_2^2=16,$$

即

$$\frac{z_1^2}{\frac{32}{3}}+\frac{z_2^2}{32}=1,$$

其中

$$\boldsymbol{z}=\begin{pmatrix}z_1\\z_2\end{pmatrix},$$

显然其图形为椭圆.

由于正交变换具有保持几何图形不变的特性，因此原方程所代表的几何图形是椭圆.

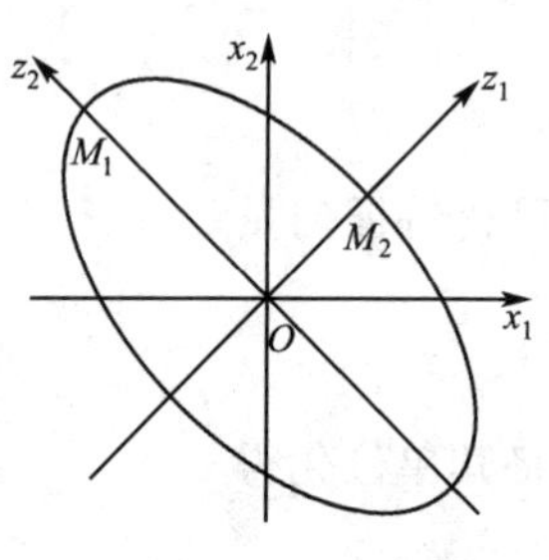

图 4-3

事实上，只要将 $x_1Ox_2$ 坐标系逆时针旋转 $\frac{\pi}{4}$，即得 $z_1Oz_2$ 坐标系，如图 4-3 所示.

在 $z_1Oz_2$ 坐标系中，取点 $M_1(0,\sqrt{32})$ 时，$F$ 取最大值 $F_{\max}$，又 $z_1Oz_2$ 坐标系中点 $M_1(0,\sqrt{32})$ 对应 $x_1Ox_2$ 坐标系中点 $M_1'(-4,4)$，且

$$F_{\max}=(-4)^2+4^2=32.$$

同理，在 $z_1Oz_2$ 坐标系中，取点 $M_2\left(\sqrt{\frac{32}{3}},0\right)$ 时，$F$ 取最小值 $F_{\min}$，又 $z_1Oz_2$ 坐标系中点 $M_2\left(\sqrt{\frac{32}{3}},0\right)$ 对应 $x_1Ox_2$ 坐标系中 $M_2'\left(\sqrt{\frac{16}{3}},\sqrt{\frac{16}{3}}\right)$，且

$$F_{\min}=\left(\sqrt{\frac{16}{3}}\right)^2+\left(\sqrt{\frac{16}{3}}\right)^2=\frac{32}{3}.$$

**【实例 4-4】　二元函数的极值问题**

我们可以利用二次型的正定性来研究二元函数的极值问题.

设二元函数 $z=f(x,y)$ 在点 $P_0(x_0,y_0)$ 的某邻域内连续且具有一阶及二阶连续偏导数,则称以一阶偏导数为分量的向量

$$\begin{pmatrix} f_x \\ f_y \end{pmatrix}$$

为函数 $f$ 的梯度,记作 $\mathbf{grad}f$. 若函数 $f$ 在点 $P_0(x_0,y_0)$ 处取得极值,则 $f$ 在 $P_0(x_0,y_0)$ 处关于各自变量的偏导数均为零,即

$$\mathbf{grad}f=\mathbf{0}.$$

根据微积分学的知识,可知极值点必为驻点,但驻点并非极值点. 所谓驻点就是 $f$ 对各自变量的偏导数均为零的点,也即使得梯度

$$\mathbf{grad}f=\mathbf{0}$$

的点,但如何区分满足什么条件的驻点才是极值点,我们需要讨论极值点的充分条件. 为此,我们构造矩阵

$$\boldsymbol{H}_f(P_0)=\begin{pmatrix} f_{xx}(P_0) & f_{xy}(P_0) \\ f_{yx}(P_0) & f_{yy}(P_0) \end{pmatrix},$$

称该矩阵为函数 $f$ 在点 $P_0(x_0,y_0)$ 处的海森(**Hessen**)矩阵. 由于 $f$ 具有二阶连续偏导数,则有

$$f_{xy}(P_0)=f_{yx}(P_0),$$

因此 $\boldsymbol{H}_f(P_0)$ 为实对阵矩阵. 于是,我们有如下结论:

设 $P_0(x_0,y_0)$ 为函数 $f$ 的驻点,则

(1)当 $\boldsymbol{H}_f(P_0)$ 正定时,$P_0(x_0,y_0)$ 为函数 $f$ 的极小值点;

(2)当 $\boldsymbol{H}_f(P_0)$ 负定时,$P_0(x_0,y_0)$ 为函数 $f$ 的极大值点;

(3)当 $\boldsymbol{H}_f(P_0)$ 不定时,$P_0(x_0,y_0)$ 非函数 $f$ 的极值点.

下面我们利用上述的结论来判定函数的极值问题.

求函数 $f(x,y)=x^3-y^3+3x^2+3y^2-9x$ 的极值.

**解**　令

$$\begin{cases} f_x=3x^2+6x-9=0 \\ f_y=-3y^2+6y=0 \end{cases},$$

求得驻点(1,0),(1,2),(−3,0),(−3,2).

下面讨论海森矩阵

$$\boldsymbol{H}_f=\begin{pmatrix} f_{xx} & f_{xy} \\ f_{yx} & f_{yy} \end{pmatrix}=\begin{pmatrix} 6x+6 & 0 \\ 0 & -6y+6 \end{pmatrix}.$$

在点(1,0)处,

$$\boldsymbol{H}_f\big|_{(1,0)}=\begin{pmatrix} f_{xx} & f_{xy} \\ f_{yx} & f_{yy} \end{pmatrix}\bigg|_{(1,0)}=\begin{pmatrix} 6x+6 & 0 \\ 0 & -6y+6 \end{pmatrix}\bigg|_{(1,0)}=\begin{pmatrix} 12 & 0 \\ 0 & 6 \end{pmatrix}$$

易知特征值全为正，故海森矩阵在点(1,0)处正定，$f$ 在点(1,0)处取得极小值，极小值为$f(1,0)=-5$；

在点(1,2)处，

$$\boldsymbol{H}_f\big|_{(1,2)}=\begin{pmatrix} f_{xx} & f_{xy} \\ f_{yx} & f_{yy} \end{pmatrix}\Bigg|_{(1,2)}=\begin{pmatrix} 6x+6 & 0 \\ 0 & -6y+6 \end{pmatrix}\Bigg|_{(1,2)}=\begin{pmatrix} 12 & 0 \\ 0 & -6 \end{pmatrix},$$

易知海森矩阵在点(1,2)处不定，$f(1,2)$不是极值；

在点(−3,0)处，

$$\boldsymbol{H}_f\big|_{(-3,0)}=\begin{pmatrix} f_{xx} & f_{xy} \\ f_{yx} & f_{yy} \end{pmatrix}\Bigg|_{(-3,0)}=\begin{pmatrix} 6x+6 & 0 \\ 0 & -6y+6 \end{pmatrix}\Bigg|_{(-3,0)}=\begin{pmatrix} -12 & 0 \\ 0 & 6 \end{pmatrix},$$

易知海森矩阵在点(−3,0)处不定，$f(-3,0)$不是极值；

在点(−3,2)处，

$$\boldsymbol{H}_f\big|_{(-3,2)}=\begin{pmatrix} f_{xx} & f_{xy} \\ f_{yx} & f_{yy} \end{pmatrix}\Bigg|_{(-3,2)}=\begin{pmatrix} 6x+6 & 0 \\ 0 & -6y+6 \end{pmatrix}\Bigg|_{(-3,2)}=\begin{pmatrix} -12 & 0 \\ 0 & -6 \end{pmatrix},$$

易知特征值全为负，故海森矩阵在点(−3,2)处负定，$f$ 在点(−3,2)处取得极大值，极大值为 $f(-3,2)=31$.

## 习题 4

**1.** 设 $\boldsymbol{\alpha}=\begin{pmatrix} 1 \\ 2 \\ -1 \end{pmatrix},\boldsymbol{\beta}=\begin{pmatrix} 1 \\ 1 \\ 3 \end{pmatrix},\boldsymbol{\gamma}=\begin{pmatrix} 0 \\ 1 \\ 2 \end{pmatrix}$,

(1)求$\|\boldsymbol{\alpha}\|,\|\boldsymbol{\beta}\|,\|\boldsymbol{\gamma}\|$及$(\boldsymbol{\alpha},\boldsymbol{\beta}),(\boldsymbol{\alpha},\boldsymbol{\gamma})$；

(2)问 $\boldsymbol{\alpha}$ 与 $\boldsymbol{\beta}$ 及 $\boldsymbol{\alpha}$ 与 $\boldsymbol{\gamma}$ 是否正交，并将 $\boldsymbol{\alpha},\boldsymbol{\beta},\boldsymbol{\gamma}$ 单位化.

**2.** 求与 $\boldsymbol{\alpha}=\begin{pmatrix} 1 \\ 1 \\ 1 \\ 1 \end{pmatrix},\boldsymbol{\beta}=\begin{pmatrix} 1 \\ 1 \\ -1 \\ 1 \end{pmatrix},\boldsymbol{\gamma}=\begin{pmatrix} 1 \\ -1 \\ 1 \\ 1 \end{pmatrix}$均正交的单位向量.

**3.** 试将下列向量组化为标准正交向量组.

(1)$\boldsymbol{\alpha}_1=\begin{pmatrix} 1 \\ 1 \\ 1 \end{pmatrix},\boldsymbol{\alpha}_2=\begin{pmatrix} 1 \\ 0 \\ -1 \end{pmatrix},\boldsymbol{\alpha}_3=\begin{pmatrix} 0 \\ -1 \\ 1 \end{pmatrix}$；

(2)$\boldsymbol{\alpha}_1=\begin{pmatrix} 1 \\ 1 \\ 1 \end{pmatrix},\boldsymbol{\alpha}_2=\begin{pmatrix} 0 \\ 1 \\ 1 \end{pmatrix},\boldsymbol{\alpha}_3=\begin{pmatrix} 1 \\ 0 \\ 1 \end{pmatrix}$；

(3)$\boldsymbol{\alpha}_1=\begin{pmatrix} 1 \\ -1 \\ 1 \end{pmatrix},\boldsymbol{\alpha}_2=\begin{pmatrix} -1 \\ 1 \\ 1 \end{pmatrix},\boldsymbol{\alpha}_3=\begin{pmatrix} 1 \\ 1 \\ -1 \end{pmatrix}$；

(4) $\boldsymbol{\alpha}_1=\begin{pmatrix}1\\1\\1\\1\end{pmatrix},\boldsymbol{\alpha}_2=\begin{pmatrix}1\\1\\-1\\1\end{pmatrix},\boldsymbol{\alpha}_3=\begin{pmatrix}1\\-1\\1\\1\end{pmatrix}$.

**4.** 试判断下列矩阵是否为正交矩阵.

(1) $\boldsymbol{A}=\begin{pmatrix}\frac{1}{\sqrt{3}} & -\frac{1}{\sqrt{2}} & \frac{1}{\sqrt{6}}\\ \frac{1}{\sqrt{3}} & \frac{1}{\sqrt{2}} & \frac{1}{\sqrt{6}}\\ \frac{1}{\sqrt{3}} & 0 & -\frac{2}{\sqrt{6}}\end{pmatrix}$；　　(2) $\boldsymbol{B}=\begin{pmatrix}-1 & -1 & 0\\ 1 & 0 & 1\\ 0 & 1 & 1\end{pmatrix}$.

**5.** 设向量组 $\boldsymbol{\alpha}_1,\boldsymbol{\alpha}_2,\boldsymbol{\alpha}_3$ 线性无关，非零向量 $\boldsymbol{\beta}$ 与 $\boldsymbol{\alpha}_1,\boldsymbol{\alpha}_2,\boldsymbol{\alpha}_3$ 均正交，试证明 $\boldsymbol{\alpha}_1,\boldsymbol{\alpha}_2,\boldsymbol{\alpha}_3,\boldsymbol{\beta}$ 线性无关.

**6.** 设

$$\boldsymbol{A}=\begin{pmatrix}1 & -1 & 1\\ 1 & 3 & -1\\ 1 & 1 & 1\end{pmatrix},$$

试证：向量 $\boldsymbol{\alpha}=\begin{pmatrix}-1\\1\\1\end{pmatrix}$ 为矩阵 $\boldsymbol{A}$ 对应于特征值 $\lambda=1$ 的特征向量.

**7.** 求下列矩阵的特征值及特征向量.

(1) $\boldsymbol{A}=\begin{pmatrix}2 & -3\\ -3 & 2\end{pmatrix}$；　　(2) $\boldsymbol{A}=\begin{pmatrix}1 & -1\\ 2 & 4\end{pmatrix}$；

(3) $\boldsymbol{A}=\begin{pmatrix}1 & -2 & 2\\ -2 & -2 & 4\\ 2 & 4 & -2\end{pmatrix}$；　　(4) $\boldsymbol{A}=\begin{pmatrix}3 & 0 & 0\\ 0 & 1 & 2\\ 0 & 2 & 1\end{pmatrix}$；

(5) $\boldsymbol{A}=\begin{pmatrix}2 & 0 & 0\\ 0 & 2 & 3\\ 0 & 3 & 2\end{pmatrix}$；　　(6) $\boldsymbol{A}=\begin{pmatrix}2 & 1 & 0\\ 0 & 1 & 0\\ -1 & 1 & 1\end{pmatrix}$；

(7) $\boldsymbol{A}=\begin{pmatrix}1 & 2 & 3 & 4\\ 0 & 1 & 2 & 3\\ 0 & 0 & 1 & 2\\ 0 & 0 & 0 & 1\end{pmatrix}$.

**8.** 若向量 $\boldsymbol{\alpha}=\begin{pmatrix}1\\1\\-1\end{pmatrix}$ 是矩阵 $\boldsymbol{A}=\begin{pmatrix}2 & -1 & 2\\ 5 & a & 3\\ -1 & b & -2\end{pmatrix}$ 的一个特征向量，求 $a,b$ 的值以及特征向量 $\boldsymbol{\alpha}$ 所对应的特征值.

**9.** 设方阵 $\boldsymbol{A}$ 满足 $\boldsymbol{A}^2+\boldsymbol{A}-6\boldsymbol{E}=\boldsymbol{O}$，试确定 $\boldsymbol{A}$ 的特征值的可能取值.

**10.** 设 $\boldsymbol{A}$ 为 3 阶方阵，且 $|\boldsymbol{E}-\boldsymbol{A}|=0$，$|\boldsymbol{E}+\boldsymbol{A}|=0$，$|3\boldsymbol{E}-2\boldsymbol{A}|=0$，求：

(1)$\boldsymbol{A}$ 的特征值；(2)$\boldsymbol{A}$ 的行列式 $|\boldsymbol{A}|$.

**11.** 若矩阵 $\boldsymbol{A}$ 与 $\boldsymbol{B}$ 相似，试证：(1) $|\boldsymbol{A}|=|\boldsymbol{B}|$；(2)$R(\boldsymbol{A})=R(\boldsymbol{B})$.

**12.** 判断下列矩阵 $\boldsymbol{A}$ 是否可相似对角化？若能相似对角化，试求出可逆矩阵 $\boldsymbol{P}$，使得 $\boldsymbol{P}^{-1}\boldsymbol{A}\boldsymbol{P}$ 为对角矩阵.

(1)$\boldsymbol{A}=\begin{pmatrix}1 & 4\\ 2 & -1\end{pmatrix}$；　　(2) $\boldsymbol{A}=\begin{pmatrix}1 & -1\\ 1 & 3\end{pmatrix}$；

(3)$\boldsymbol{A}=\begin{pmatrix}2 & 0 & 0\\ 0 & 0 & 1\\ 0 & 1 & 0\end{pmatrix}$；　　(4)$\boldsymbol{A}=\begin{pmatrix}1 & 0 & 0\\ 0 & 2 & 1\\ 0 & 0 & 2\end{pmatrix}$；

(5)$\boldsymbol{A}=\begin{pmatrix}1 & 4 & 6\\ 0 & 2 & 5\\ 0 & 0 & 3\end{pmatrix}$；　　(6)$\boldsymbol{A}=\begin{pmatrix}5 & 0 & 0 & 0\\ 0 & 5 & 0 & 0\\ 1 & 4 & -3 & 0\\ -1 & -2 & 0 & -3\end{pmatrix}$.

**13.** 设 3 阶方阵 $\boldsymbol{A}$ 的特征值为 1,1,3，对应的特征向量分别为

$$\begin{pmatrix}2\\ 1\\ 0\end{pmatrix},\begin{pmatrix}-1\\ 0\\ 1\end{pmatrix},\begin{pmatrix}0\\ 1\\ 1\end{pmatrix},$$

求矩阵 $\boldsymbol{A}$.

**14.** 设方阵 $\boldsymbol{A}$ 满足 $\boldsymbol{A}\boldsymbol{\alpha}_1=\boldsymbol{\alpha}_1$，$\boldsymbol{A}\boldsymbol{\alpha}_2=\boldsymbol{0}$，$\boldsymbol{A}\boldsymbol{\alpha}_3=-\boldsymbol{\alpha}_3$，其中

$$\boldsymbol{\alpha}_1=\begin{pmatrix}1\\ 2\\ 2\end{pmatrix},\boldsymbol{\alpha}_2=\begin{pmatrix}0\\ -1\\ 1\end{pmatrix},\boldsymbol{\alpha}_3=\begin{pmatrix}0\\ 0\\ 1\end{pmatrix},$$

求矩阵 $\boldsymbol{A}$.

**15.** 若 4 阶矩阵 $\boldsymbol{A}$ 与 $\boldsymbol{B}$ 相似，矩阵 $\boldsymbol{A}$ 的特征值分别为 1，−1，2，3，计算：

(1) $|\boldsymbol{A}-3\boldsymbol{E}|$；　(2) $|\boldsymbol{B}-2\boldsymbol{E}|$；　(3) $\left|\boldsymbol{B}^{-1}-\frac{1}{3}\boldsymbol{E}\right|$；　(4) $|\boldsymbol{A}^3+\boldsymbol{E}|$.

**16.** 已知向量 $\boldsymbol{\alpha}=\begin{pmatrix}1\\ k\\ 1\end{pmatrix}$ 是 $\boldsymbol{A}=\begin{pmatrix}2 & 1 & 1\\ 1 & 2 & 1\\ 1 & 1 & 2\end{pmatrix}$ 的逆矩阵 $\boldsymbol{A}^{-1}$ 的特征向量，试求 $k$.

**17.** (1)设 $\boldsymbol{A}=\begin{pmatrix}2 & -1\\ -1 & 2\end{pmatrix}$，求 $\varphi(\boldsymbol{A})=\boldsymbol{A}^5-3\boldsymbol{A}^4$；

(2)设 $\boldsymbol{A}=\begin{pmatrix}1 & 1 & -1\\ 0 & 0 & 1\\ 0 & -2 & 3\end{pmatrix}$，求 $\varphi(\boldsymbol{A})=2\boldsymbol{A}^5+3\boldsymbol{E}$.

**18.** 已知矩阵 $\boldsymbol{A}=\begin{pmatrix}-2&0&0\\2&x&2\\3&1&1\end{pmatrix}$ 与矩阵 $\boldsymbol{\Lambda}=\begin{pmatrix}-1&0&0\\0&2&0\\0&0&y\end{pmatrix}$ 相似，求：

(1) $x,y$ 的值；(2) 可逆矩阵 $\boldsymbol{P}$ 使得 $\boldsymbol{P}^{-1}\boldsymbol{AP}=\boldsymbol{\Lambda}$.

**19.** 求正交矩阵 $\boldsymbol{P}$，使得 $\boldsymbol{P}^{-1}\boldsymbol{AP}=\boldsymbol{P}^{\mathrm{T}}\boldsymbol{AP}$ 为对角矩阵.

(1) $\boldsymbol{A}=\begin{pmatrix}1&-3\\-3&1\end{pmatrix}$；　(2) $\boldsymbol{A}=\begin{pmatrix}0&0&3\\0&3&0\\3&0&0\end{pmatrix}$；

(3) $\boldsymbol{A}=\begin{pmatrix}2&0&0\\0&3&2\\0&2&3\end{pmatrix}$；　(4) $\boldsymbol{A}=\begin{pmatrix}2&-2&0\\-2&1&-2\\0&-2&0\end{pmatrix}$；

(5) $\boldsymbol{A}=\begin{pmatrix}2&2&-2\\2&5&-4\\-2&-4&5\end{pmatrix}$.

**20.** 写出下列二次型的矩阵，并求出二次型的秩.

(1) $f=-2x^2-6y^2-4z^2+2xy+2yz$；

(2) $f=x^2+4y^2+z^2+4xy+4yz+2xz$；

(3) $f=x^2+y^2-7z^2-2xy-4yz+4xz$.

**21.** 写出下列实对称矩阵对应的二次型.

(1) $\boldsymbol{A}=\begin{pmatrix}1&-1\\-1&1\end{pmatrix}$；　(2) $\boldsymbol{A}=\begin{pmatrix}0&2\\2&0\end{pmatrix}$；

(3) $\boldsymbol{A}=\begin{pmatrix}1&0&0\\0&2&0\\0&0&3\end{pmatrix}$；　(4) $\boldsymbol{A}=\begin{pmatrix}0&-1&2\\-1&0&3\\2&3&0\end{pmatrix}$；

(5) $\boldsymbol{A}=\begin{pmatrix}2&3&0\\3&1&0\\0&0&0\end{pmatrix}$.

**22.** 已知二次型 $f=x_1^2+4x_1x_2+tx_2^2$ 的秩为 1，求 $t$ 的值.

**23.** 求一个正交变换将下列二次型化为标准形，并求出其正、负惯性指数及符号差.

(1) $f=x^2-6xy+y^2$；

(2) $f=2x^2+y^2-4xy-4yz$；

(3) $f=x_1^2-2x_2^2+x_3^2+2x_1x_2-4x_1x_3+2x_2x_3$；

(4) $f=2x_1^2+3x_2^2+3x_3^2+4x_2x_3$；

(5) $f=2x_1x_2-2x_3x_4$.

**24.** 用配方法将下列二次型化为标准形，并写出所用的可逆变换.

(1) $f=x_1^2+2x_2^2+2x_3^2+2x_1x_2+2x_1x_3$；

(2) $f=x_1x_2-2x_2x_3$.

**25.** 将二次曲面 $x^2+3y^2+3z^2+2yz=1$ 化为标准形,并指出曲面类型.

**26.** 试判别下列二次型的正定性.

(1) $f=-2x^2-6y^2-4z^2+2xy+2xz$;

(2) $f=x^2+5y^2+3z^2-4xy+2xz-2yz$;

(3) $f=x_1^2+2x_2^2+3x_3^2+2x_1x_2+2x_1x_3$.

**27.** 讨论 $k$ 取何值时,二次型

$$f(x_1,x_2,x_3)=x_1^2+x_2^2+5x_3^2+2kx_1x_2-2x_1x_3+4x_2x_3$$

为正定二次型.

**28.** 设 $\boldsymbol{A}=\begin{pmatrix}a & 2 & 2\\ 2 & a & 2\\ 2 & 2 & a\end{pmatrix}$ 为正定矩阵,求 $a$ 的取值范围.

# 第5章

# MATLAB 的应用

在前面的章节中，我们从理论上学习了线性代数的一些重要计算方法.但在实际问题中用传统的笔算方法往往费时费力，有时甚至是不可能的.在实际应用中，高效的方法应是将理论和计算机有效地结合起来.本章将介绍利用 MATLAB 软件解决线性代数中一些具体问题的方法.

## 5.1 MATLAB 的工作环境

MATLAB 源于 MATrix LABoratory 一词，原意为"矩阵实验室".它是一种以矩阵运算为基础的交互式程序语言，专门针对科学、工程计算和绘图的需求.与其他计算机语言相比，其特点是简洁和智能化.

启动 MATLAB 有多种形式.最常用的方法是双击系统桌面的 MATLAB 图标，也可以在开始菜单的程序选项中选择 MATLAB 快捷方式.初次启动 MATLAB 后，将进入 MATLAB 默认设置的桌面平台，如图 5-1 所示.MATLAB 的工作环境主要由命令窗口(Command Window)，图形窗口(Fingure Window)，文本编辑窗口(File Editor)组成.

### 5.1.1 命令窗口

图 5-1 是桌面系统的默认画面.其左上视窗为资源目录(Launch Pad)，可切换为工作空间(Workspace)；其左下视窗为历史命令(Command History)，可切换到当前目录(Current Directouy)；右半个视窗则为命令窗口(Command Window).命令窗口是用户与 MATLAB 做人机对话的主要环境."≫"为运算提示符，表示 MATLAB 正处在准备状态.当在提示符后输入一段运算式并按 Enter 键后，MATLAB 将给出计算结果，如输入

$$x1=\mathrm{sqrt}(5),x2=1.37,x_3=3/x2$$

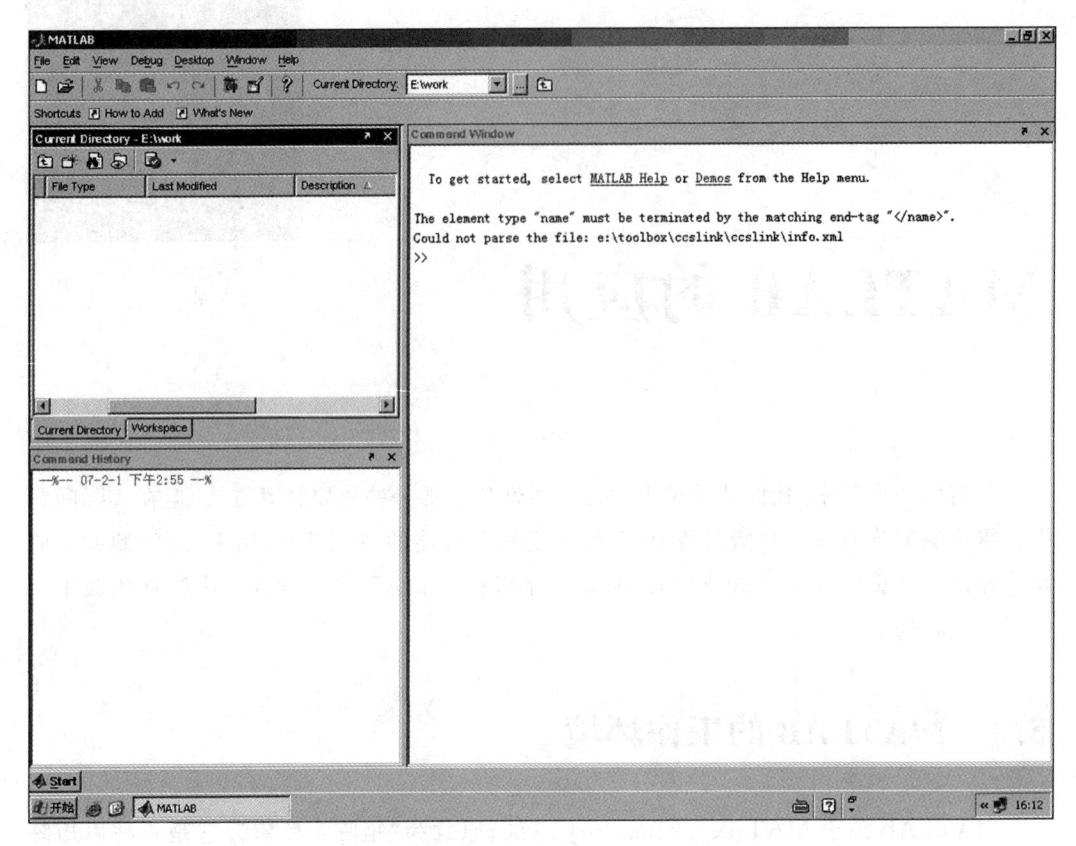


图 5-1

答案为：$x1=2.2361$，$x2=1.3700$，$x3=2.1898$.

在命令窗口中，键入和修改程序的方法与通常文字处理相仿. 特殊的功能键为：

ESC　恢复命令输入的空白状态；

↓　调出下一行命令；

↑　调出上一行(历史)命令.

此功能在程序调试时十分有用. 对于已执行过的命令，如要做修改后重新执行，就不必重新键入，用"↑"调出原命令做修改即可.

可以用方向键和控制键来编辑、修改已输入的命令. 如"↑"可以调出上一行的命令；"↓"可以调出下一行的命令.

主菜单中的编辑(Edit)项功能：用它可以把屏幕上选中了的文字裁剪(Cut)或复制(Copy)下来，放在剪贴板(Clip Board)上，然后粘贴(Past)到任一起跳视窗的任何位置上去，这是 MATLAB 与其他软件(如 Word)交换文件、数据和图形的重要方法.

主菜单中的视图(View)项功能：用它可以改变屏幕上显示的视窗布局. 例如，我们希望只显示命令窗，使它占整个屏幕，就可以如图 5-2 那样，依次引出 View 的下拉菜单，由【View】→【Desktop Layout】→【Command Window Only】.

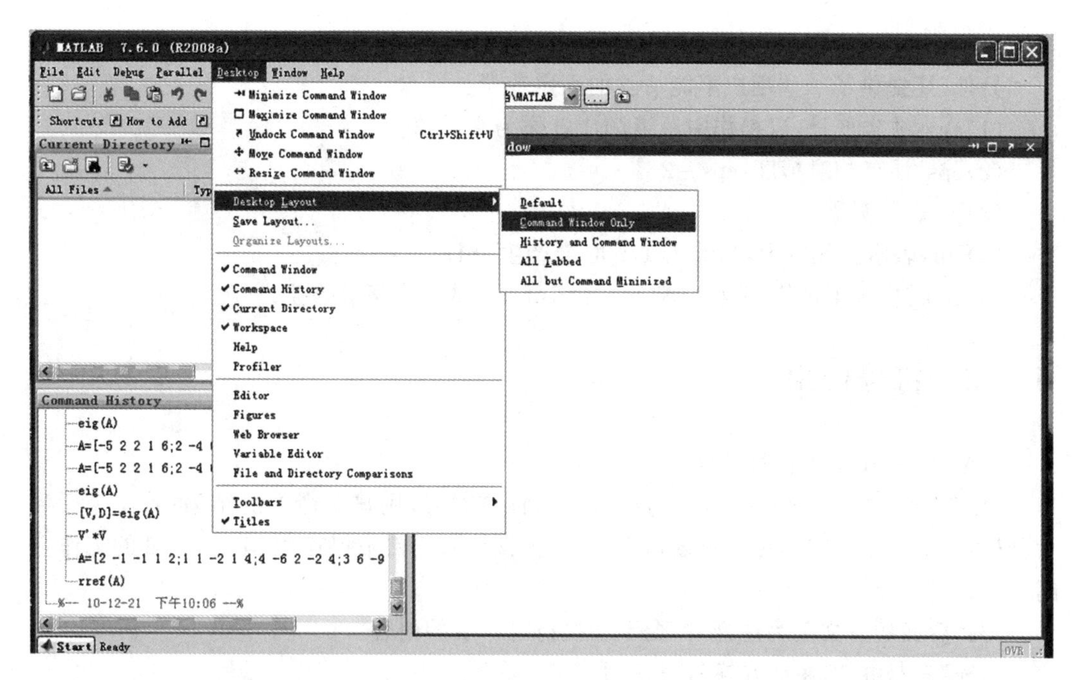


图 5-2

### 5.1.2　文本编辑窗口

MATLAB 程序编制有两种形式. 一种称为命令方式，就是在命令窗口中一行一行地输入程序，计算机每次对一行命令作出反应，像计算器那样. 这只能编简单的程序，在入门时可以用这种方式. 程序稍复杂一些，就应把程序写成一个有多行语句组成的文件，让 MATLAB 来执行这个文件. 编写和修改这种文件程序就要用到文本编辑器. 对文本编辑器，在这里就不作过多的介绍了.

命令窗口上方最左边的按钮是用来打开文本编辑器的空白页的，左边第二个按钮是用来打开原有程序文件的.

## 5.2　矩阵的输入

### 5.2.1　常量和变量

如 2.3、0.0023、3e+8、pi、1+2i 都是 MATLAB 的合法常量. 其中 3e+8 表示 $3\times10^8$，1+2i是复数常量.

MATLAB 中的变量无需事先定义，在遇到新的变量名时，MATLAB 会自动建立该变量并分配存储空间. 当遇到已存在的变量时，MATLAB 将改变它的内容，如 a=2.5 定义了一个变量 a 并给它赋值 2.5，如果再输入 a=4，则变量 a 的值就变为 4. 变量名由字母、数字或下划线构成，并且必须以字母开头，最长为 31 个字符. MATLAB 可以区分大小写.如 MY_NAME、MY_name、my_name 分别表示不同的变量.

另外,还提供了一些用户不能清除的固定变量:

(1)ans:缺省变量,以操作中最近的应答作为它的值;

(2)eps:浮点相对精度,eps$=2^{-52}$;

(3)pi:表示圆周率 $\pi$;

(4)Inf:表示正无穷大,当输入 1/0 时会产生 Inf;

(5)Nan:代表不定值(或称非数),它由 Inf/Inf 或 0/0 运算产生.

## 5.2.2 符号使用

MATLAB 中标点符号的含义:

MATLAB 的每条命令后,若为逗号或无标点符号,则显示命令的结果;若命令后为为分号,则执行结果就不在命令窗口中显示,但该结果仍然被保存在 MATLAB 的工作空间中.

"%"后面所有文字为注释,命令不会执行"%"后的内容.

"/…"表示继续,主要在换行时使用.

## 5.2.3 矩阵输入法

MATLAB 的所有数值功能都是以矩阵为基本单元进行的,因此 MATLAB 对矩阵运算可以说是最强大、最全面的.本节简要介绍它的矩阵表示和矩阵计算方法.

MATLAB 中矩阵输入可以有许多种方法,对于阶数较小的简单矩阵,可以用赋值语句直接输入它的每个元素,在赋值过程中,矩阵元素排列在方括号内,同行的元素之间用空格或逗号","隔开,不同行的元素之间用分号";"或回车键分隔.矩阵元素可以是数,也可以是矩阵表达式.

例如 输入一个三行四列的矩阵

```
>> A=[1 2 3 3;3 2 2 7;4 6 7 2]
```

按回车键后 MATLAB 在工作空间中建立矩阵 A 的同时显示输入矩阵

```
A=
    1    2    3    3
    3    2    2    7
    4    6    7    2
```

例如 输入一个列矩阵

```
>> B=[1;2;8;5]
B=
    1
    2
    8
```

```
    5
```

例如　输入一个行矩阵

```
>> C=[1 2 4 6]
C=
    1    2    4    6
```

此外,MATLAB 还提供了一些函数来构造某些特殊矩阵:

(1)函数 eye 产生单位矩阵 $\boldsymbol{E}$;

(2)函数 zeros 产生零矩阵 $\boldsymbol{O}$;

(3)函数 ones 产生元素全为 1 的矩阵;

具体作法如下:

```
>>O=zeros(m,n)   %产生一个 m 行 n 列的零矩阵 O;
>>A=ones(m,n)   %产生一个 m 行 n 列的元素全为 1 的矩阵;
>>E=eye(n)   %产生一个 n 阶的单位矩阵 E;
```

例如　输入一个 4 阶单位矩阵

```
>> E=eye(4)
E=
    1    0    0    0
    0    1    0    0
    0    0    1    0
    0    0    0    1
```

# 5.3　矩阵的基本运算

## 5.3.1　运算符号

**1. 矩阵的加减运算**

用"+"、"-"表示,同型矩阵作加减运算时,对应元素相加减.

**2. 矩阵的乘法运算**

矩阵的乘法运算用符号" * "表示,如 $\boldsymbol{A}*\boldsymbol{B}$,要求矩阵 $\boldsymbol{A}$ 的列数与 $\boldsymbol{B}$ 的行数相等,乘法运算才能进行,即满足矩阵乘法的条件.

**3. 矩阵的除法运算**

矩阵的除法运算有两种形式,即左除"\"和右除"/",若 $\boldsymbol{A}$、$\boldsymbol{B}$ 为 $n$ 阶方阵,且 $\boldsymbol{A}$ 为可逆矩阵,则 $\boldsymbol{A}\backslash\boldsymbol{B}=\boldsymbol{A}^{-1}\boldsymbol{B}$　$\boldsymbol{B}/\boldsymbol{A}=\boldsymbol{B}\boldsymbol{A}^{-1}$,并且利用左除运算符可以直接求解线性方程组.

**4. 矩阵的乘方运算**

矩阵的乘方运算用"^"表示,要求只有方阵才能进行乘方运算.

**5. 矩阵的转置运算**

矩阵的转置运算用"′"表示,即 $\boldsymbol{A}'$表示将矩阵 $\boldsymbol{A}$ 作转置运算.

**【例 5-1】** 设 $\boldsymbol{A}=\begin{pmatrix}1 & 0 & -1\\3 & 4 & -2\\4 & 6 & 9\end{pmatrix}$，$\boldsymbol{B}=\begin{pmatrix}3 & -2 & 0\\5 & 6 & -1\\4 & 0 & 6\end{pmatrix}$，求 $\boldsymbol{A}+\boldsymbol{B}$，$\boldsymbol{A}-\boldsymbol{B}$，$\boldsymbol{AB}$，$\boldsymbol{BA}^{-1}$，$\boldsymbol{A}^{-1}\boldsymbol{B}$，$\boldsymbol{A}^{\mathrm{T}}$，$\boldsymbol{A}^{3}$.

**解** 在 MATLAB 命令窗口中输入如下命令：

```
>> A=[1 0 -1;3 4 -2;4 6 9]
A=
     1     0    -1
     3     4    -2
     4     6     9
>> B=[3 -2 0;5 6 -1;4 0 6]
B=
     3    -2     0
     5     6    -1
     4     0     6
>> A+B  %矩阵的加法
ans=
     4    -2    -1
     8    10    -3
     8     6    15
>> A-B  %矩阵的减法
ans=
    -2     2    -1
    -2    -2    -1
     0     6     3
>> A*B  %矩阵的乘法
ans=
    -1    -2    -6
    21    18   -16
    78    28    48
>> B/A  %即B/A=BA^-1
ans=
    107/23      -22/23       7/23
     14/23       27/23       5/23
    102/23      -30/23      20/23
>> A\B  %即A\B=A^-1B
```

```
ans=
      65/23      -66/23      15/23
     -22/23       74/23     -19/46
      -4/23      -20/23      15/23
>>A'   %矩阵的转置
ans=
      1          3          4
      0          4          6
     -1         -2          9
>> A^3   %矩阵的方幂
ans=
     -61        -84        -75
     -97       -158       -276
     552        702        371
```

### 5.3.2 矩阵的基本函数

1. det——矩阵行列式的值；
2. inv——矩阵的逆；
3. rank——矩阵的秩；
4. eig——特征值；
5. [V,D]=eig——特征值及对应特征值的特征向量；
6. rref——矩阵的行最简形；
7. norm——向量的范数.

**【例 5-2】** 设 $\boldsymbol{A}=\begin{pmatrix} 1 & 2 & 5 & 6 & -7 & 8 \\ 6 & 4 & -10 & 0 & 7 & 5 \\ -7 & 5 & 8 & 9 & 4 & 6 \\ 1 & 9 & 6 & 8 & 6 & 4 \\ -8 & 6 & 0 & -6 & 5 & 4 \\ 8 & 5 & 4 & -1 & 2 & 4 \end{pmatrix}$，求矩阵 $\boldsymbol{A}$ 的行列式值、秩、逆及行最简形.

**解**　在 MATLAB 命令窗口中输入如下命令：

```
>> A=[1 2 5 6 -7 8;6 4 -10 0 7 5;-7 5 8 9 4 6;1 9 6 8 6 4;-8 6 0 -6 5 4;8 5 4 -1 2 4]
A=
```

```
    1   2    5    6   -7   8
    6   4   10    0    7   5
   -7   5    8    9    4   6
    1   9    6    8    6   4
   -8   6    0   -6    5   4
    8   5    4   -1    2   4
>> det(A)  %行列式的值
ans=
    910 323
>> rank(A)  %矩阵的秩
ans=
    6
>> rref(A)  %矩阵的行最简形
ans=
    1  0  0  0  0  0
    0  1  0  0  0  0
    0  0  1  0  0  0
    0  0  0  1  0  0
    0  0  0  0  1  0
    0  0  0  0  0  1
>> inv(A)  %矩阵的逆
ans=
   -0.010 7   0.011 7  -0.006 9  -0.008 2  -0.043 6   0.068 9
    0.072 9  -0.034 4  -0.205 4   0.226 8   0.085 0  -0.106 5
   -0.039 0  -0.051 9   0.075 9  -0.055 7  -0.016 2   0.100 9
    0.015 6   0.019 4   0.005 8   0.058 8  -0.052 1  -0.070 9
   -0.107 3   0.037 2   0.142 4  -0.095 8  -0.035 8   0.086 2
    0.026 8   0.057 6   0.125 1  -0.148 8   0.002 1   0.083 5
```

**【例 5-3】** 解线性方程组$\begin{cases} x_1+x_2+x_3+x_4=5 \\ x_1+2x_2-x_3+4x_4=-2 \\ 2x_1-3x_2-x_3-5x_4=-2 \\ 3x_1+x_2+2x_3+11x_4=0 \end{cases}$.

**解** 由于系数矩阵 $\boldsymbol{A}$ 为 $n$ 阶可逆矩阵,因而可使用下面方法求解. 在 MATLAB 命令窗口中输入如下命令:

```
>> A=[1 1 1 1;1 2 -1 4;2 -3 -1 -5;3 1 2 11]
A=
   1    1    1    1
   1    2   -1    4
```

```
    2      -3      -1      -5
    3       1       2      11
>> b=[5;-2;-2;0]
b=
       5
      -2
      -2
       0
>> x=inv(A)*b
x=
     1
     2
     3
    -1
```

或

```
>>x=A\b
x=
     1
     2
     3
    -1
```

**【例 5-4】** 求解线性方程组$\begin{cases}x_1+x_2-3x_3-x_4=1\\3x_1-x_2-3x_3+4x_4=4\\x_1+5x_2-9x_3-8x_4=0\end{cases}$.

**解** 由于系数矩阵 $\boldsymbol{A}$ 不是 $n$ 阶方阵,因而不能使用例 5-3 的求解方法,而要通过线性方程组的增广矩阵的行最简形来求解.

在 MATLAB 命令窗口中输入如下命令:

```
>> B=[1 1 -3 -1 1;3 -1 -3 4 4;1 5 -9 -8 0]
B=
     1      1     -3     -1      1
     3     -1     -3      4      4
     1      5     -9     -8      0
>> rref(B)
ans=
     1      0    -3/2     3/4     5/4
     0      1    -3/2    -7/4    -1/4
     0      0     0       0       0
```

由增广矩阵 $\boldsymbol{B}$ 的行最简形可得线性方程组的解为:

$$\begin{cases} x_1=\frac{3}{2}x_3-\frac{3}{4}x_4+\frac{5}{4} \\ x_2=\frac{3}{2}x_3+\frac{7}{4}x_4-\frac{1}{4} \\ x_3=x_3 \\ x_4=x_4 \end{cases},$$

即

$$\begin{pmatrix} x_1 \\ x_2 \\ x_3 \\ x_4 \end{pmatrix}=k_1\begin{pmatrix} \frac{3}{2} \\ \frac{3}{2} \\ 1 \\ 0 \end{pmatrix}+k_2\begin{pmatrix} -\frac{3}{4} \\ \frac{7}{4} \\ 0 \\ 1 \end{pmatrix}+\begin{pmatrix} \frac{5}{4} \\ -\frac{1}{4} \\ 0 \\ 0 \end{pmatrix} \quad (k_1,k_2\in\mathbf{R}).$$

**【例 5-5】** 求解非齐次线性方程组

$$\begin{cases} x_1-2x_2+3x_3-x_4=1 \\ 3x_1-x_2+5x_3-3x_4=2 \\ 2x_1+x_2+2x_3-2x_4=3 \end{cases}.$$

**解** 在 MATLAB 命令窗口中输入如下命令:

```
>> B=[1 -2 3 -1 1;3 -1 5 -3 2;2 1 2 -2 3]
B=
    1    -2     3    -1     1
    3    -1     5    -3     2
    2     1     2    -2     3
>> rref(B)
ans=
    1     0    7/5   -1     0
    0     1   -4/5    0     0
    0     0     0     0     1
```

可见系数矩阵的秩为 2,而 $R(\boldsymbol{B})=3$,故方程组无解.

**注意** 此题不可使用 $\boldsymbol{x}=\boldsymbol{A}\backslash\boldsymbol{b}$ 运算.有的同学会有这样的做法:

错误解法

```
>> A=[1 -2 3 -1 ;3 -1 5 -3 ;2 1 2 -2 ]
A=
    1    -2     3    -1
    3    -1     5    -3
    2     1     2    -2
>> b=[1;2;3]
b=
    1
```

```
    2
    3
>> x=A\b
```

回车后，就会出现

```
Warning: Rank deficient,rank=2,tol=5.4751e-015.
x=
    0
    19/21
    5/7
    0
```

可以看出，即使在这种情况下，MATLAB 也会输出结果. 其实任给一个方程组，不管是否有解，MATLAB 总会输出一个尽可能使各个方程成立的结果，而且即使方程组有无穷多组解，按这样的方法 MATLAB 也只能输出一组解，因而，使用 MATLAB 解方程组时，要和线性代数中的理论知识结合起来使用，必须先讨论方程组的解的情况，只有在解是唯一的情况下才可以直接使用 $\boldsymbol{x}=\boldsymbol{A}\backslash\boldsymbol{b}$ 求解方程组.

**【例 5-6】** 求向量组 $\boldsymbol{\alpha}_1=\begin{pmatrix}2\\1\\4\\3\end{pmatrix}$，$\boldsymbol{\alpha}_2=\begin{pmatrix}-1\\1\\-6\\6\end{pmatrix}$，$\boldsymbol{\alpha}_3=\begin{pmatrix}-1\\-2\\2\\-9\end{pmatrix}$，$\boldsymbol{\alpha}_4=\begin{pmatrix}1\\1\\-2\\7\end{pmatrix}$，$\boldsymbol{\alpha}_5=\begin{pmatrix}2\\4\\4\\9\end{pmatrix}$ 的一个最大无关组，并把不属于最大无关组的向量用最大无关组线性表示.

**解** 在 MATLAB 命令窗口中输入如下命令：

```
>> A=[2 -1 -1 1 2;1 1 -2 1 4;4 -6 2 -2 4;3 6 -9 7 9]
A=
    2    -1    -1    1    2
    1     1    -2    1    4
    4    -6     2   -2    4
    3     6    -9    7    9
>> rref(A)
ans=
1    0    -1    0    4
0    1    -1    0    3
0    0     0    1   -3
0    0     0    0    0
```

即 $\boldsymbol{\alpha}_1,\boldsymbol{\alpha}_2,\boldsymbol{\alpha}_4$ 构成了向量组的一个最大无关组，且

$$\boldsymbol{\alpha}_3=-\boldsymbol{\alpha}_1-\boldsymbol{\alpha}_2,\quad \boldsymbol{\alpha}_5=4\boldsymbol{\alpha}_1+3\boldsymbol{\alpha}_2-3\boldsymbol{\alpha}_4.$$

**【例 5-7】** 设矩阵$\boldsymbol{A}=\begin{pmatrix}1&0&2&0&4\\0&-2&-1&1&2\\2&-1&3&-1&3\\0&1&-1&4&6\\4&2&3&6&5\end{pmatrix}$，求一个正交矩阵$\boldsymbol{Q}$，使得$\boldsymbol{Q}^{\mathrm{T}}\boldsymbol{A}\boldsymbol{Q}$为对角矩阵.

**解** 在MATLAB命令窗口中输入如下命令：

```
>> A=[1 0 2 0 4;0 -2 -1 1 2;2 -1 3 -1 3;0 1 -1 4 6;4 2 3 6 5]
A=
     1     0     2     0     4
     0    -2    -1     1     2
     2    -1     3    -1     3
     0     1    -1     4     6
     4     2     3     6     5
>> [V,D]=eig(A)   %V 为正交矩阵,D 为以特征值为主对角线元素的对角矩阵
V=
    0.3628    0.3731    0.7013    0.3778   0.3076
    0.4740   -0.8244    0.2285   -0.1670   0.1251
    0.2785   -0.1101   -0.5781    0.7208   0.2378
    0.4248    0.3440   -0.3357   -0.5554   0.5292
   -0.6211   -0.2252    0.0952    0.0366   0.7437
D=
   -4.3121         0         0         0         0
         0   -2.0045         0         0         0
         0         0   -0.1055         0         0
         0         0         0    5.2030         0
         0         0         0         0   12.2191
>> V'*V   %验证 V 为正交矩阵
ans=
    1.0000   -0.0000    0.0000    0.0000    0.0000
   -0.0000    1.0000    0.0000   -0.0000    0.0000
    0.0000    0.0000    1.0000    0.0000         0
    0.0000   -0.0000    0.0000    1.0000    0.0000
    0.0000    0.0000         0    0.0000    1.0000
```

所以$\boldsymbol{V}$即为所求的正交矩阵$\boldsymbol{Q}$.

**【例 5-8】** 化二次型$f=2x_1x_2+2x_1x_3-2x_1x_4-2x_2x_3+2x_2x_4+2x_3x_4$为标准型.

**解** 在MATLAB命令窗口中输入如下命令：

```
>> A=[0 1 1 -1;1 0 -1 1;1 -1 0 1;-1 1 1 0]
```

```
A=
     0     1     1    -1
     1     0    -1     1
     1    -1     0     1
    -1     1     1     0
>> [V,D]=eig(A)
V=
   -0.5000    0.2887    0.7887    0.2113
    0.5000   -0.2887    0.2113    0.7887
    0.5000   -0.2887    0.5774   -0.5774
   -0.5000   -0.8660         0         0
D=
   -3.0000         0         0         0
         0    1.0000         0         0
         0         0    1.0000         0
         0         0         0    1.0000
```

**V** 就是所求的正交矩阵，令 $\boldsymbol{x}=\boldsymbol{V}\boldsymbol{y}$，则得二次型的标准型为 $f=-3y_1^2+y_2^2+y_3^2+y_4^2$.

上面的软件给我们运算带来了很大的方便，实例 1-2 减肥配方的实现问题中的方程组

$$\begin{cases}36x_1+51x_2+13x_3=33\\52x_1+34x_2+74x_3=45,\\0x_1+7x_2+1.1x_3=3\end{cases}$$

就可以借助 MATLAB 软件轻松完成.

在 MATLAB 命令窗口中输入如下命令：

```
>> A=[36 51 13;52 34 74;0 7 1.1]
A=
   36.0000   51.0000   13.0000
   52.0000   34.0000   74.0000
         0    7.0000    1.1000
>> b=[33;45;3]
b=
   33
   45
   3
>> inv(A) * b
ans=
   0.2772
   0.3919
```

0.233 2

在实例 1-3 中,抗拉强度 $y$ 和合金中含碳量 $x$ 满足 6 个插值条件 $p(x_i)=y_i, i=0,1,\cdots 5$,即满足下列线性方程组

$$\begin{cases} a_0+0.10a_1+0.10^2a_2+0.10^3a_3+0.10^4a_4+0.10^5a_5=420 \\ a_0+0.12a_1+0.12^2a_2+0.12^3a_3+0.12^4a_4+0.12^5a_5=450 \\ a_0+0.14a_1+0.14^2a_2+0.14^3a_3+0.14^4a_4+0.14^5a_5=455 \\ a_0+0.16a_1+0.16^2a_2+0.16^3a_3+0.16^4a_4+0.16^5a_5=490 \\ a_0+0.18a_1+0.18^2a_2+0.18^3a_3+0.18^4a_4+0.18^5a_5=500 \\ a_0+0.20a_1+0.20^2a_2+0.20^3a_3+0.20^4a_4+0.20^5a_5=550 \end{cases},$$

用克莱姆法则求解,需计算下列行列式的值,使用 MATLAB 可得到相应的结果:

$$D=\begin{vmatrix} 1 & 0.10 & 0.10^2 & 0.10^3 & 0.10^4 & 0.10^5 \\ 1 & 0.12 & 0.12^2 & 0.12^3 & 0.12^4 & 0.12^5 \\ 1 & 0.14 & 0.14^2 & 0.14^3 & 0.14^4 & 0.14^5 \\ 1 & 0.16 & 0.16^2 & 0.16^3 & 0.16^4 & 0.16^5 \\ 1 & 0.18 & 0.18^2 & 0.18^3 & 0.18^4 & 0.18^5 \\ 1 & 0.20 & 0.20^2 & 0.20^3 & 0.20^4 & 0.20^5 \end{vmatrix}=1.132\,5\text{e}-021,$$

$$D_0=\begin{vmatrix} 420 & 0.10 & 0.10^2 & 0.10^3 & 0.10^4 & 0.10^5 \\ 450 & 0.12 & 0.12^2 & 0.12^3 & 0.12^4 & 0.12^5 \\ 455 & 0.14 & 0.14^2 & 0.14^3 & 0.14^4 & 0.14^5 \\ 490 & 0.16 & 0.16^2 & 0.16^3 & 0.16^4 & 0.16^5 \\ 500 & 0.18 & 0.18^2 & 0.18^3 & 0.18^4 & 0.18^5 \\ 550 & 0.20 & 0.20^2 & 0.20^3 & 0.20^4 & 0.20^5 \end{vmatrix}=-4.383\,8\text{e}-017,$$

$$D_1=\begin{vmatrix} 1 & 420 & 0.10^2 & 0.10^3 & 0.10^4 & 0.10^5 \\ 1 & 450 & 0.12^2 & 0.12^3 & 0.12^4 & 0.12^5 \\ 1 & 455 & 0.14^2 & 0.14^3 & 0.14^4 & 0.14^5 \\ 1 & 490 & 0.16^2 & 0.16^3 & 0.16^4 & 0.16^5 \\ 1 & 500 & 0.18^2 & 0.18^3 & 0.18^4 & 0.18^5 \\ 1 & 550 & 0.20^2 & 0.20^3 & 0.20^4 & 0.20^5 \end{vmatrix}=1.565\,2\text{e}-015,$$

$$D_2=\begin{vmatrix} 1 & 0.10 & 420 & 0.10^3 & 0.10^4 & 0.10^5 \\ 1 & 0.12 & 450 & 0.12^3 & 0.12^4 & 0.12^5 \\ 1 & 0.14 & 455 & 0.14^3 & 0.14^4 & 0.14^5 \\ 1 & 0.16 & 490 & 0.16^3 & 0.16^4 & 0.16^5 \\ 1 & 0.18 & 500 & 0.18^3 & 0.18^4 & 0.18^5 \\ 1 & 0.20 & 550 & 0.20^3 & 0.20^4 & 0.20^5 \end{vmatrix}=-2.180\,2\text{e}-014,$$

$$D_3=\begin{vmatrix}1 & 0.10 & 0.10^2 & 420 & 0.10^4 & 0.10^5\\1 & 0.12 & 0.12^2 & 450 & 0.12^4 & 0.12^5\\1 & 0.14 & 0.14^2 & 455 & 0.14^4 & 0.14^5\\1 & 0.16 & 0.16^2 & 490 & 0.16^4 & 0.16^5\\1 & 0.18 & 0.18^2 & 500 & 0.18^4 & 0.18^5\\1 & 0.20 & 0.20^2 & 550 & 0.20^4 & 0.20^5\end{vmatrix}=1.497\,6\text{e}-013,$$

$$D_4=\begin{vmatrix}1 & 0.10 & 0.10^2 & 0.10^3 & 420 & 0.10^5\\1 & 0.12 & 0.12^2 & 0.12^3 & 450 & 0.12^5\\1 & 0.14 & 0.14^2 & 0.14^3 & 455 & 0.14^5\\1 & 0.16 & 0.16^2 & 0.16^3 & 490 & 0.16^5\\1 & 0.18 & 0.18^2 & 0.18^3 & 500 & 0.18^5\\1 & 0.20 & 0.20^2 & 0.20^3 & 550 & 0.20^5\end{vmatrix}=-5.072\,5\text{e}-013,$$

$$D_5=\begin{vmatrix}1 & 0.10 & 0.10^2 & 0.10^3 & 0.10^4 & 420\\1 & 0.12 & 0.12^2 & 0.12^3 & 0.12^4 & 450\\1 & 0.14 & 0.14^2 & 0.14^3 & 0.14^4 & 455\\1 & 0.16 & 0.16^2 & 0.16^3 & 0.16^4 & 490\\1 & 0.18 & 0.18^2 & 0.18^3 & 0.18^4 & 500\\1 & 0.20 & 0.20^2 & 0.20^3 & 0.20^4 & 550\end{vmatrix}=6.783\,0\text{e}-013.$$

从而有

$$\begin{aligned}a_0&=-3.871\,0\text{e}+004\\a_1&=1.382\,1\text{e}+006\\a_2&=-1.925\,1\text{e}+007\\a_3&=1.322\,4\text{e}+008\\a_4&=-4.479\,0\text{e}+008\\a_5&=5.989\,4\text{e}+008\end{aligned}$$

即

$$\begin{cases}a_0=-38\,710\\a_1=1\,382\,100\\a_2=-19\,251\,000\\a_3=132\,240\,000\\a_4=-447\,900\,000\\a_5=598\,940\,000\end{cases},$$

故，$x$ 和 $y$ 之间函数关系式的近似表达式为：

$$p_n(x)=-38\,710+1\,382\,100x-19\,251\,000x^2+132\,240\,000x^3-447\,900\,000x^4+598\,940\,000x^5.$$

再如第 3 章实例 3-1 配料问题中，将

$$M=\begin{pmatrix}60&15&45&75&90&90\\40&40&0&80&10&120\\20&20&0&40&20&60\\20&20&0&40&10&60\\10&10&0&20&20&30\\5&5&0&20&10&15\\10&10&0&20&20&30\end{pmatrix}$$

化为行最简形,在 MATLAB 下很快就可以完成.

在 MATLAB 命令窗口中输入如下命令:

```
>> A=[60 15 45 75 90 90;40 40 0 80 10 120;20 20 0 40 20 60;20 20 0 40 10 60;
10 10 0 20 20 30;5 5 0 20 10 15;10 10 0 20 20 30]
A=
    60  15  45  75  90   90
    40  40   0  80  10  120
    20  20   0  40  20   60
    20  20   0  40  10   60
    10  10   0  20  20   30
     5   5   0  20  10   15
    10  10   0  20  20   30
>> rref(A)
ans=
    1  0   1  0  0  1
    0  1  -1  0  0  2
    0  0   0  1  0  0
    0  0   0  0  1  0
    0  0   0  0  0  0
    0  0   0  0  0  0
    0  0   0  0  0  0
```

再使用实例 3-1 中的分析方法即可.

# 习题 5

使用 MATLAB 软件计算下列各题.

**1.** 计算下列各题.

设 $\boldsymbol{A}=\begin{pmatrix}12&-6&-9&34\\8&60&12&33\\7&10&15&8\\9&12&-9&-5\end{pmatrix}$, $\boldsymbol{B}=\begin{pmatrix}44&12&34&15\\4&-8&12&64\\-8&8&7&9\\21&5&23&-32\end{pmatrix}$, $\boldsymbol{C}=(22,-15,0,7)$, $\boldsymbol{D}$

$$=\begin{pmatrix}12\\-61\\8\\9\end{pmatrix},\boldsymbol{E}=\begin{pmatrix}11&65&9\\2&9&-7\\-8&0&4\\9&-3&3\end{pmatrix},\boldsymbol{F}=\begin{pmatrix}43&-6\\21&4\\5&-6\\8&4\end{pmatrix},$$

求：(1)矩阵 $\boldsymbol{A},\boldsymbol{B}$ 对应的行列式值；

(2)$\boldsymbol{A}+\boldsymbol{B},\boldsymbol{A}-\boldsymbol{B},3\boldsymbol{A}$；

(3)$\boldsymbol{AE},\boldsymbol{CD},\boldsymbol{CA},\boldsymbol{AD},\boldsymbol{AF}$；

(4)矩阵 $\boldsymbol{A},\boldsymbol{B},\boldsymbol{E},\boldsymbol{F}$ 的秩；

(5)$\boldsymbol{A},\boldsymbol{B}$ 的逆矩阵.

**2.** 求下列方程组的通解.

(1)$\begin{cases}x_1-2x_2+3x_3-x_4=1\\3x_1-x_2+5x_3-3x_4=2\\2x_1+x_2+2x_3-2x_4=3\end{cases}$；

(2)$\begin{cases}x_1+2x_2+2x_3+x_4=0\\2x_1+x_2-2x_3-2x_4=0\\x_1-x_2-4x_3-3x_4=0\end{cases}$；

(3)$\begin{cases}8x_1+8x_2+8x_3+8x_4=40\\x_1+2x_2-x_3+4x_4=-2\\2x_1-3x_2-x_3-5x_4=-2\\3x_1+x_2+2x_3+11x_4=0\end{cases}$；

(4)$\begin{cases}2x_1+2x_2+2x_3+2x_4+2x_5=-2\\3x_1+2x_2+x_3+x_4-5x_5=-5\\x_2+2x_3+2x_4+6x_5=2\\5x_1+4x_2+3x_3+3x_4-x_5=-7\end{cases}$；

(5)$\begin{cases}3x_1-6x_2-8x_3+x_4-4x_5=0\\2x_1-4x_2-7x_3-x_4-x_5=0\\3x_1-6x_2-9x_3-2x_5=0\\x_1-2x_2-3x_3-x_5=0\end{cases}$；

(6)$\begin{cases}2x_1+x_2-x_3-x_4+x_5=0\\x_1-x_2+x_3+x_4-2x_5=0\\9x_1+9x_2-9x_3-9x_4+36x_5=0\\4x_1+5x_2-5x_3-5x_4+7x_5=0\end{cases}$.

**3.** 设向量组(1)$\boldsymbol{\alpha}_1=\begin{pmatrix}1\\-9\\8\\4\end{pmatrix},\boldsymbol{\alpha}_2=\begin{pmatrix}0\\27\\4\\2\end{pmatrix},\boldsymbol{\alpha}_3=\begin{pmatrix}3\\0\\28\\14\end{pmatrix},\boldsymbol{\alpha}_4=\begin{pmatrix}1\\-9\\8\\0\end{pmatrix}$；

$$(2)\boldsymbol{\alpha}_1=\begin{pmatrix}1\\12\\3\\-7\end{pmatrix},\boldsymbol{\alpha}_2=\begin{pmatrix}2\\30\\4\\7\end{pmatrix},\boldsymbol{\alpha}_3=\begin{pmatrix}-1\\0\\1\\-7\end{pmatrix},\boldsymbol{\alpha}_4=\begin{pmatrix}4\\18\\2\\7\end{pmatrix},\boldsymbol{\alpha}_5=\begin{pmatrix}2\\42\\8\\-7\end{pmatrix},$$

分别求上面两个向量组的秩;向量组的一个最大无关组,并把不属于最大无关组中的向量用最大无关组线性表示.

**4.** 试判别下列二次型的正定性.

(1) $f=-2x^2-6y^2-4z^2+2xy+2xz$;

(2) $f=x^2+5y^2+3z^2-4xy+2xz-2yz$;

(3) $f=x_1^2+2x_2^2+3x_3^2+2x_1x_2+2x_1x_3$;

(4) $f=2x_1x_2-4x_3x_4$.

**5.** 求正交变换,将下列二次型化为标准型.

(1) $f=6x_1^2+8x_2^2+10x_3^2+20x_1x_2-48x_1x_3+12x_2x_3$;

(2) $f=22x_1^2+13x_2^2+31x_3^2+40x_2x_3$;

(3) $f=2x_1^2+9x_2^2+7x_3^2+10x_4^2-12x_5^2+20x_1x_2-14x_1x_3+24x_2x_3+2x_3x_5+2x_4x_5$;

(4) $f=7x_1^2-9x_2^2+x_3^2+11x_4^2+x_5^2-12x_1x_2-42x_1x_3+24x_2x_3+12x_1x_5+2x_3x_5$.

# 习题参考答案

## 习题 1

**1.** $M_{11}=1, M_{12}=-1, M_{13}=-2; A_{11}=1, A_{12}=1, A_{13}=-2$.

**2.** $M_{23}=-6, A_{23}=6$.

**3.** 0.

**4.** 4.

**5.** (1) $-a+1$； (2) 4； (3) 0； (4) 0； (5) $-2(b^3+a^3)$； (6) $(x-y)^3$.

**6.** (1) $-50$； (2) 0； (3) $(ab+1)(cd+1)+ad$； (4) 189； (5) 160； (6) $-3$；
(7) $a_4+a_3+a_2+a_1+1$； (8) 0.

**7.** (1) $(-1)^{n-1}\cdot\frac{(n+1)!}{2}$； (2) $[x+(n-1)a](x-a)^{n-1}$.

**8.** (1) $\lambda_1=4, \lambda_2=-2$； (2) $\lambda_1=\lambda_2=1, \lambda_3=2$； (3) $x_1=1, x_2=-1, x_3=2, x_4=-2$；
(4) $x_1=1, x_2=-1, x_3=2, x_4=-2$.

**9.** $\frac{1}{5}$.

**10.** 略.

**11.** (1) $\begin{cases}x_1=1\\x_2=1\\x_3=2\end{cases}$；(2) $\begin{cases}x_1=0\\x_2=0\\x_3=0\end{cases}$.

**12.** (1) $\lambda=1$ 或 $-1$； (2) $\lambda=0$ 或 1； (3) $\lambda=2$ 或 1.

**13.** $\mu=0$ 或 $\lambda=1$.

**14.** 略.

**15.** $f(x)=x^2-5x+3$.

**16.** 略.

## 习题 2

**1.** $\begin{pmatrix}3&-2&7\\3&2&3\end{pmatrix}$；$\begin{pmatrix}0&7&1\\-3&-7&-3\end{pmatrix}$；$\begin{pmatrix}1&11&4\\-4&-11&-4\end{pmatrix}$.

**2.** (1) $\begin{pmatrix}6&6\\-3&3\\11&1\end{pmatrix}$； (2) $\begin{pmatrix}4&0&4\\7&6&2\end{pmatrix}$；

(3) $-1$； (4) $\begin{pmatrix}-3&0&6\\0&0&0\\2&0&-4\end{pmatrix}$；

(5) $\begin{pmatrix}8&12&0&4\\-3&-1&7&2\\12&22&8&10\end{pmatrix}$； (6) $\begin{pmatrix}-2&2&1\\3&2&-4\\0&1&3\end{pmatrix}$.

**3.** (1) $\begin{pmatrix} 6 & 2 & 8 \\ -4 & 0 & 2 \\ 2 & 4 & 4 \end{pmatrix}$； (2) $\begin{pmatrix} 4 & 1 & 6 \\ -5 & 1 & 2 \\ 3 & -2 & 3 \end{pmatrix}$；

(3) $\begin{pmatrix} 3 & 2 & 2 \\ 5 & -3 & -1 \\ -4 & 16 & 1 \end{pmatrix}$； (4) $\begin{pmatrix} 3 & 5 & -4 \\ 2 & -3 & 16 \\ 2 & -1 & 1 \end{pmatrix}$；

(5) $\begin{pmatrix} 8 & -15 & 11 \\ 0 & -4 & -3 \\ -1 & -6 & 6 \end{pmatrix}$； (6) $\begin{pmatrix} 5 & 5 & 8 \\ -10 & -1 & -9 \\ 15 & 4 & 6 \end{pmatrix}$；

(7) $\begin{pmatrix} 5 & -10 & 15 \\ 5 & -1 & 4 \\ 8 & -9 & 6 \end{pmatrix}$； (8) $\begin{pmatrix} 5 & -10 & 15 \\ 5 & -1 & 4 \\ 8 & -9 & 6 \end{pmatrix}$.

**4.** $\begin{pmatrix} 7 & -3 & 7 \\ 0 & -12 & 6 \end{pmatrix}$；6.

**5.** (1) $\boldsymbol{A}=\begin{pmatrix} 1 & -1 \\ 1 & -1 \end{pmatrix}$，$\boldsymbol{A}^2=\boldsymbol{O}$，但 $\boldsymbol{A}\neq\boldsymbol{O}$；

(2) $\boldsymbol{A}=\begin{pmatrix} 0 & 1 \\ 0 & 1 \end{pmatrix}$，$\boldsymbol{A}^2=\begin{pmatrix} 0 & 1 \\ 0 & 1 \end{pmatrix}$，$\boldsymbol{A}^2=\boldsymbol{A}$，但 $\boldsymbol{A}\neq\boldsymbol{O}$，$\boldsymbol{A}\neq\boldsymbol{E}$；

(3) $\boldsymbol{A}=\begin{pmatrix} 2 & -2 \\ -2 & 2 \end{pmatrix}$，$\boldsymbol{X}=\begin{pmatrix} 2 & 2 \\ -2 & -2 \end{pmatrix}$，$\boldsymbol{Y}=\begin{pmatrix} 4 & 0 \\ 0 & -4 \end{pmatrix}$，$\boldsymbol{AX}=\begin{pmatrix} 8 & 8 \\ -8 & -8 \end{pmatrix}$，$\boldsymbol{AY}=\begin{pmatrix} 8 & 8 \\ -8 & -8 \end{pmatrix}$，即 $\boldsymbol{AX}=\boldsymbol{AY}$，但 $\boldsymbol{X}\neq\boldsymbol{Y}$，且 $\boldsymbol{A}\neq\boldsymbol{O}$.

**6.** 略.

**7.** 略.

**8.** $\begin{pmatrix} \frac{1}{2} & 2 \\ 1 & -\frac{5}{2} \\ -\frac{5}{2} & \frac{3}{2} \end{pmatrix}$.

**9.** $\begin{pmatrix} \frac{3}{2} & -\frac{3}{2} & 4 \\ 3 & 2 & -\frac{7}{2} \end{pmatrix}$.

**10.** $\begin{pmatrix} 12 & -3 \\ 0 & 0 \end{pmatrix}$.

**11.** 8.

**12.** $\begin{pmatrix} 2 & 2 \\ 2 & 2 \end{pmatrix}$，$\begin{pmatrix} 4 & 4 \\ 4 & 4 \end{pmatrix}$，$\begin{pmatrix} 2^{n-1} & 2^{n-1} \\ 2^{n-1} & 2^{n-1} \end{pmatrix}$.

**13.** (1)是； (2)不是； (3)是； (4)是； (5)是； (6)不是.

**14.** (1) $\begin{pmatrix} -2 & 0 \\ 0 & 1 \end{pmatrix}$； (2) $\begin{pmatrix} 1 & 0 & 0 \\ 0 & 0 & 1 \\ 0 & 1 & 0 \end{pmatrix}$； (3) $\begin{pmatrix} 1 & 0 & 0 \\ 0 & 1 & 0 \\ 0 & 2 & 1 \end{pmatrix}$.

**15.** (1)$\begin{pmatrix}0&0&1\\0&1&0\\1&0&0\end{pmatrix}$; (2)$\begin{pmatrix}1&-3\\0&1\end{pmatrix}$; (3)$\begin{pmatrix}\frac{1}{2}&0&0\\0&1&0\\0&0&1\end{pmatrix}$.

**16.** (1)$\begin{pmatrix}1&0&0\\0&1&0\\1&0&1\end{pmatrix}$; (2)$\begin{pmatrix}1&0&0\\0&1&-1\\0&0&1\end{pmatrix}$; (3)等价,因为$\boldsymbol{A}$可以经过初等变换化成$\boldsymbol{C}$.

**17.** (1)3,$\begin{vmatrix}1&0&1\\0&-1&1\\-1&1&1\end{vmatrix}=-3\neq0$,$\begin{vmatrix}1&0&1\\0&-1&1\\-1&1&1\end{vmatrix}$为矩阵$\boldsymbol{A}$的一个最高阶非零子式;

(2)3,$\begin{vmatrix}1&2&4\\0&1&2\\1&2&-1\end{vmatrix}=-5\neq0$,$\begin{vmatrix}1&2&4\\0&1&2\\1&2&-1\end{vmatrix}$为矩阵$\boldsymbol{A}$的一个最高阶非零子式;

(3)4,$\begin{vmatrix}1&-1&0&-1\\1&2&1&4\\0&0&0&-2\\-1&0&1&0\end{vmatrix}=8\neq0$,$\begin{vmatrix}1&-1&0&-1\\1&2&1&4\\0&0&0&-2\\-1&0&1&0\end{vmatrix}$为矩阵$\boldsymbol{A}$的一个最高阶非零子式;

(4)2,$\begin{vmatrix}1&1\\2&1\end{vmatrix}=-1\neq0$,$\begin{vmatrix}1&1\\2&1\end{vmatrix}$为矩阵$\boldsymbol{A}$的一个最高阶非零子式;

(5)2,$\begin{vmatrix}1&0\\-1&3\end{vmatrix}=3\neq0$,$\begin{vmatrix}1&0\\-1&3\end{vmatrix}$为矩阵$\boldsymbol{A}$的一个最高阶非零子式.

**18.** (1)$\begin{pmatrix}-2&0\\-3&1\end{pmatrix}$; (2)$\begin{pmatrix}0&0&8\\-1&3&-7\\-3&1&-5\end{pmatrix}$;

(3)$\begin{pmatrix}1&4&-1\\-3&-3&-6\\-2&1&2\end{pmatrix}$; (4)$\begin{pmatrix}-6&0&0\\-5&2&1\\3&0&-3\end{pmatrix}$;

(5)$\begin{pmatrix}2&-6&10\\-1&3&1\\-3&-3&3\end{pmatrix}$; (6)$\begin{pmatrix}0&0&11\\-1&3&-1\\-4&1&-4\end{pmatrix}$.

**19.** (1)$\begin{pmatrix}1&0&\frac{1}{2}&\frac{3}{2}\\0&1&\frac{1}{2}&\frac{1}{2}\\0&0&0&0\end{pmatrix}$; (2)$\begin{pmatrix}1&0&-\frac{7}{5}&\frac{2}{5}\\0&1&-\frac{1}{5}&\frac{1}{5}\\0&0&0&0\end{pmatrix}$;

(3)$\begin{pmatrix}1&0&0&0\\0&1&0&0\\0&0&1&0\\0&0&0&1\end{pmatrix}$; (4)$\begin{pmatrix}1&0&0\\0&1&0\\0&0&1\end{pmatrix}$.

**20.** (1)$\begin{pmatrix}1&\frac{1}{2}\\0&-\frac{1}{4}\end{pmatrix}$; (2)$\begin{pmatrix}3&-1&-1\\-4&2&1\\-1&0&1\end{pmatrix}$;

(3) $\begin{pmatrix} -\frac{1}{8} & \frac{9}{8} & -\frac{3}{8} \\ -\frac{1}{2} & -\frac{1}{2} & \frac{1}{2} \\ \frac{3}{8} & -\frac{3}{8} & \frac{1}{8} \end{pmatrix}$; (4) $\begin{pmatrix} -1 & -1 & -1 \\ 1 & 1 & 0 \\ 1 & 0 & 1 \end{pmatrix}$;

(5) $\begin{pmatrix} -2 & 2 & -1 \\ -4 & 3 & -2 \\ 1 & -1 & 1 \end{pmatrix}$; (6) $\begin{pmatrix} 7 & -2 & -1 \\ -2 & 1 & 0 \\ 4 & -1 & -1 \end{pmatrix}$;

(7) $\begin{pmatrix} 1 & 0 & -\frac{1}{3} \\ -2 & 1 & \frac{2}{3} \\ 0 & 0 & \frac{1}{3} \end{pmatrix}$; (8) $\begin{pmatrix} -5 & -2 & 0 & 0 \\ 2 & 1 & 0 & 0 \\ 0 & 0 & \frac{1}{10} & \frac{1}{5} \\ 0 & 0 & -\frac{3}{10} & \frac{2}{5} \end{pmatrix}$;

(9) $\begin{pmatrix} \frac{5}{4} & \frac{3}{4} & 0 & 0 \\ -\frac{3}{4} & -\frac{1}{4} & 0 & 0 \\ 0 & 0 & 1 & 3 \\ 0 & 0 & 1 & 2 \end{pmatrix}$; (10) $\begin{pmatrix} \frac{1}{4} & \frac{1}{4} & \frac{1}{4} & \frac{1}{4} \\ \frac{1}{4} & \frac{1}{4} & -\frac{1}{4} & -\frac{1}{4} \\ \frac{1}{4} & -\frac{1}{4} & \frac{1}{4} & -\frac{1}{4} \\ \frac{1}{4} & -\frac{1}{4} & -\frac{1}{4} & \frac{1}{4} \end{pmatrix}$.

**21.** 9.

**22.** $3^k$.

**23.** 81, $\frac{1}{3}$, 3, 27.

**24.** 略.

**25.** (1) $\begin{pmatrix} -1 & 8 & 3 \\ 1 & -6 & -3 \end{pmatrix}$; (2) $\begin{pmatrix} \frac{5}{2} & 1 & -2 \\ 3 & -1 & -2 \end{pmatrix}$;

(3) $\begin{pmatrix} \frac{1}{3} & \frac{2}{3} \\ -\frac{1}{3} & \frac{1}{3} \end{pmatrix}$; (4) $\begin{pmatrix} -3 & -1 \\ 0 & -\frac{1}{2} \end{pmatrix}$;

(5) $\begin{pmatrix} -\frac{4}{3} & \frac{5}{3} \\ -\frac{2}{3} & -\frac{2}{3} \\ 2 & -2 \end{pmatrix}$.

**26.** $\begin{pmatrix} 3 & 0 & 0 \\ 0 & 2 & 0 \\ 0 & 0 & 1 \end{pmatrix}$.

**27.** $\begin{pmatrix} 1 & 0 & 0 \\ 2 & 0 & 0 \\ 6 & -1 & -1 \end{pmatrix}$, $\begin{pmatrix} 1 & 0 & 0 \\ 2 & 0 & 0 \\ 6 & -1 & -1 \end{pmatrix}$.

**28.** $\boldsymbol{A}+2\boldsymbol{E}$.

**29.** $\begin{pmatrix} 1 & 0 & \cdots & 0 \\ 0 & 1 & \cdots & 0 \\ \vdots & \vdots & & \vdots \\ 0 & 0 & \cdots & 1 \end{pmatrix}$.

**30.** 略.

## 习题 3

**1.** $3\boldsymbol{\alpha}_2-\boldsymbol{\alpha}_1=\begin{pmatrix} 5 \\ 1 \\ 2 \end{pmatrix}$；$2\boldsymbol{\alpha}_1-\boldsymbol{\alpha}_2+3\boldsymbol{\alpha}_3=\begin{pmatrix} 6 \\ 7 \\ 1 \end{pmatrix}$.

**2.** $\boldsymbol{\alpha}=\begin{pmatrix} \frac{-12}{7} \\ \frac{6}{7} \\ 0 \\ \frac{13}{7} \end{pmatrix}$.

**3.** (1)可以线性表示；$\boldsymbol{\beta}=\boldsymbol{\alpha}_1+\boldsymbol{\alpha}_2-\boldsymbol{\alpha}_3$；

(2)$\boldsymbol{\beta}$ 不能由 $\boldsymbol{\alpha}_1,\boldsymbol{\alpha}_2,\boldsymbol{\alpha}_3$ 线性表示；

(3)可以线性表示；$\boldsymbol{\beta}=\frac{5}{4}\boldsymbol{\alpha}_1+\frac{1}{4}\boldsymbol{\alpha}_2-\frac{1}{4}\boldsymbol{\alpha}_3-\frac{1}{4}\boldsymbol{\alpha}_4$；

(4)可以线性表示；$\boldsymbol{\beta}=\boldsymbol{\alpha}_1-\boldsymbol{\alpha}_3$.

**4.** (1)线性无关； (2)线性相关； (3)线性相关； (4)线性无关；

(5)线性相关； (6)线性相关； (7)线性无关.

**5.** 略.

**6.** 线性无关.

**7.** (1)$\lambda\neq\frac{2}{5}$； (2)$\lambda=0$ 或 $\lambda=\pm 1$.

**8.** 当 $c=5$ 时，$\boldsymbol{\alpha}_1,\boldsymbol{\alpha}_2,\boldsymbol{\alpha}_3$ 线性相关；当 $c\neq 5$ 时，$\boldsymbol{\alpha}_1,\boldsymbol{\alpha}_2,\boldsymbol{\alpha}_3$ 线性无关.

**9.** 略.

**10.** (1)$R(\boldsymbol{\alpha}_1,\boldsymbol{\alpha}_2,\boldsymbol{\alpha}_3)=2$，$\boldsymbol{\alpha}_1,\boldsymbol{\alpha}_2$ 为一个最大无关组；

(2)$R(\boldsymbol{\alpha}_1,\boldsymbol{\alpha}_2,\boldsymbol{\alpha}_3,\boldsymbol{\alpha}_4,\boldsymbol{\alpha}_5)=3$，$\boldsymbol{\alpha}_1,\boldsymbol{\alpha}_2,\boldsymbol{\alpha}_4$ 为一个最大无关组；

(3)$R(\boldsymbol{\alpha}_1,\boldsymbol{\alpha}_2,\boldsymbol{\alpha}_3,\boldsymbol{\alpha}_4)=3$，$\boldsymbol{\alpha}_1,\boldsymbol{\alpha}_2,\boldsymbol{\alpha}_4$ 为一个最大无关组；

(4)$R(\boldsymbol{\alpha}_1,\boldsymbol{\alpha}_2,\boldsymbol{\alpha}_3,\boldsymbol{\alpha}_4)=3$，$\boldsymbol{\alpha}_1,\boldsymbol{\alpha}_2,\boldsymbol{\alpha}_3$ 为一个最大无关组.

**11.** (1)$R(\boldsymbol{\alpha}_1,\boldsymbol{\alpha}_2,\boldsymbol{\alpha}_3,\boldsymbol{\alpha}_4)=2$；

(2)$\boldsymbol{\alpha}_1,\boldsymbol{\alpha}_2$ 为一个最大无关组；

(3)$\boldsymbol{\alpha}_3=-3\boldsymbol{\alpha}_1+2\boldsymbol{\alpha}_2$，$\boldsymbol{\alpha}_4=-\boldsymbol{\alpha}_1+\boldsymbol{\alpha}_2$.

**12.** $\lambda=2$ 或 $\lambda=5$.

**13.** $a\neq 4$ 时方程组无解；$a=4$ 时方程组有解，通解为 $x=k_1\begin{pmatrix} -2 \\ 1 \\ 1 \\ 0 \end{pmatrix}+k_2\begin{pmatrix} -4 \\ 1 \\ 0 \\ 1 \end{pmatrix}+\begin{pmatrix} -1 \\ 2 \\ 0 \\ 0 \end{pmatrix}$，$k_1,k_2\in\mathbf{R}$..

**14.** (1) $\boldsymbol{x}=k_1\begin{pmatrix}1\\1\\0\\0\end{pmatrix}+k_2\begin{pmatrix}1\\0\\2\\1\end{pmatrix}, k_1,k_2\in\mathbf{R}$；基础解系为 $\boldsymbol{\xi}_1=\begin{pmatrix}1\\1\\0\\0\end{pmatrix},\boldsymbol{\xi}_2=\begin{pmatrix}1\\0\\2\\1\end{pmatrix}$；

(2) $\boldsymbol{x}=k\begin{pmatrix}1\\-1\\1\\1\end{pmatrix}, k\in\mathbf{R}$；基础解系为 $\boldsymbol{\xi}=\begin{pmatrix}1\\-1\\1\\1\end{pmatrix}$；

(3) $\boldsymbol{x}=k_1\begin{pmatrix}2\\1\\0\\0\\0\end{pmatrix}+k_2\begin{pmatrix}-3\\0\\-1\\1\\0\end{pmatrix}, k_1,k_2\in\mathbf{R}$；基础解系为 $\boldsymbol{\xi}_1=\begin{pmatrix}2\\1\\0\\0\\0\end{pmatrix},\boldsymbol{\xi}_2=\begin{pmatrix}-3\\0\\-1\\1\\0\end{pmatrix}$；

(4) $\boldsymbol{x}=k_1\begin{pmatrix}0\\1\\1\\0\\0\end{pmatrix}+k_2\begin{pmatrix}0\\1\\0\\1\\0\end{pmatrix}+k_3\begin{pmatrix}1/3\\-5/3\\0\\0\\1\end{pmatrix}, k_1,k_2,k_3\in\mathbf{R}$；

基础解系为 $\boldsymbol{\xi}_1=\begin{pmatrix}0\\1\\1\\0\\0\end{pmatrix},\boldsymbol{\xi}_2=\begin{pmatrix}0\\1\\0\\1\\0\end{pmatrix},\boldsymbol{\xi}_3=\begin{pmatrix}1/3\\-5/3\\0\\0\\1\end{pmatrix}$.

**15.** $\boldsymbol{\beta}_1,\boldsymbol{\beta}_2,\boldsymbol{\beta}_3$ 仍然是基础解系.

**16.** (1) $\boldsymbol{x}=k_1\begin{pmatrix}-2\\1\\1\\0\end{pmatrix}+k_2\begin{pmatrix}1\\-2\\0\\1\end{pmatrix}+\begin{pmatrix}0\\1\\0\\0\end{pmatrix}, k_1,k_2\in\mathbf{R}$；

(2) 无解；

(3) $\boldsymbol{x}=k_1\begin{pmatrix}1\\-2\\1\\0\\0\end{pmatrix}+k_2\begin{pmatrix}1\\-2\\0\\1\\0\end{pmatrix}+\begin{pmatrix}-3\\2\\0\\0\\0\end{pmatrix}, k_1,k_2\in\mathbf{R}$；

**17.** (1) 基础解系为 $\boldsymbol{\xi}_1=\begin{pmatrix}2\\-2\\3\end{pmatrix},\boldsymbol{\xi}_2=\begin{pmatrix}-2\\2\\-1\end{pmatrix}$；

(2) $\boldsymbol{x}=k_1\begin{pmatrix}2\\-2\\3\end{pmatrix}+k_2\begin{pmatrix}-2\\2\\-1\end{pmatrix}+\begin{pmatrix}1\\0\\2\end{pmatrix}, k_1,k_2\in\mathbf{R}$. **18.** $\boldsymbol{x}=k\begin{pmatrix}1\\-2\\1\\0\end{pmatrix}+\begin{pmatrix}0\\3\\0\\1\end{pmatrix}, k\in\mathbf{R}$.

**19.** (1) 不是； (2) 不是； (3) 是； (4) 不是.

**20.** (1)不是； (2)是； (3)是.

**21.** 2;基:$\boldsymbol{\alpha}_1=\begin{pmatrix}2\\-3\\1\\0\end{pmatrix},\boldsymbol{\alpha}_2=\begin{pmatrix}-2\\3\\0\\1\end{pmatrix}$.

**22.** $\begin{pmatrix}2\\3\\-1\end{pmatrix}$.

**23.** 3;基:$\boldsymbol{\alpha}_1=\begin{pmatrix}1\\1\\-1\\-1\end{pmatrix},\boldsymbol{\alpha}_2=\begin{pmatrix}4\\5\\-2\\-7\end{pmatrix},\boldsymbol{\alpha}_4=\begin{pmatrix}0\\1\\0\\-1\end{pmatrix}$.

**24.** (1)$\begin{pmatrix}3&0&6\\-2&5&0\\0&-1&-3\end{pmatrix}$; (2)$\begin{pmatrix}\frac{52}{11}\\\frac{23}{11}\\-\frac{67}{33}\end{pmatrix}$; (3)$\begin{pmatrix}9\\-2\\-3\end{pmatrix}$.

## 习题 4

**1.** (1)$\|\boldsymbol{\alpha}\|=\sqrt{6},\|\boldsymbol{\beta}\|=\sqrt{11},\|\boldsymbol{\gamma}\|=\sqrt{5},(\boldsymbol{\alpha},\boldsymbol{\beta})=(\boldsymbol{\alpha},\boldsymbol{\gamma})=0$;

(2)$\boldsymbol{\alpha}$与$\boldsymbol{\beta}$及$\boldsymbol{\alpha}$与$\boldsymbol{\gamma}$均正交,且

$$\boldsymbol{\alpha}^0=\begin{pmatrix}\frac{1}{\sqrt{6}}\\\frac{2}{\sqrt{6}}\\-\frac{1}{\sqrt{6}}\end{pmatrix},\boldsymbol{\beta}^0=\begin{pmatrix}\frac{1}{\sqrt{11}}\\\frac{1}{\sqrt{11}}\\\frac{3}{\sqrt{11}}\end{pmatrix},\boldsymbol{\gamma}^0=\begin{pmatrix}0\\\frac{1}{\sqrt{5}}\\\frac{2}{\sqrt{5}}\end{pmatrix}.$$

**2.** $\pm\frac{1}{\sqrt{2}}\begin{pmatrix}-1\\0\\0\\1\end{pmatrix}$.

**3.** (1)$\boldsymbol{\xi}_1=\begin{pmatrix}\frac{1}{\sqrt{3}}\\\frac{1}{\sqrt{3}}\\\frac{1}{\sqrt{3}}\end{pmatrix},\boldsymbol{\xi}_2=\begin{pmatrix}\frac{1}{\sqrt{2}}\\0\\-\frac{1}{\sqrt{2}}\end{pmatrix},\boldsymbol{\xi}_3=\begin{pmatrix}\frac{1}{\sqrt{6}}\\-\frac{2}{\sqrt{6}}\\\frac{1}{\sqrt{6}}\end{pmatrix}$;

(2) $\boldsymbol{\xi}_1=\begin{pmatrix}\frac{1}{\sqrt{3}}\\\frac{1}{\sqrt{3}}\\\frac{1}{\sqrt{3}}\end{pmatrix},\boldsymbol{\xi}_2=\begin{pmatrix}-\frac{2}{\sqrt{6}}\\\frac{1}{\sqrt{6}}\\\frac{1}{\sqrt{6}}\end{pmatrix},\boldsymbol{\xi}_3=\begin{pmatrix}0\\-\frac{1}{\sqrt{2}}\\\frac{1}{\sqrt{2}}\end{pmatrix}$;

(3)$\boldsymbol{\xi}_1=\begin{pmatrix}\frac{1}{\sqrt{3}}\\-\frac{1}{\sqrt{3}}\\\frac{1}{\sqrt{3}}\end{pmatrix},\boldsymbol{\xi}_2=\begin{pmatrix}-\frac{1}{\sqrt{6}}\\\frac{1}{\sqrt{6}}\\\frac{2}{\sqrt{6}}\end{pmatrix},\boldsymbol{\xi}_3=\begin{pmatrix}\frac{1}{\sqrt{2}}\\\frac{1}{\sqrt{2}}\\0\end{pmatrix}$；

(4)$\boldsymbol{\xi}_1=\begin{pmatrix}\frac{1}{2}\\\frac{1}{2}\\\frac{1}{2}\\\frac{1}{2}\end{pmatrix},\boldsymbol{\xi}_2=\begin{pmatrix}\frac{1}{2\sqrt{3}}\\\frac{1}{2\sqrt{3}}\\-\frac{3}{2\sqrt{3}}\\\frac{1}{2\sqrt{3}}\end{pmatrix},\boldsymbol{\xi}_3=\begin{pmatrix}\frac{1}{\sqrt{6}}\\-\frac{2}{\sqrt{6}}\\0\\\frac{1}{\sqrt{6}}\end{pmatrix}$.

**4.** (1)$\boldsymbol{A}$ 为正交矩阵； (2)$\boldsymbol{B}$ 不是正交矩阵.

**5.** 略.

**6.** 略.

**7.** (1)$\lambda_1=-1,\lambda_2=5,\boldsymbol{p}_1=\begin{pmatrix}1\\1\end{pmatrix},\boldsymbol{p}_2=\begin{pmatrix}-1\\1\end{pmatrix}$，$\lambda_1,\lambda_2$ 对应的特征向量分别为 $k_1\boldsymbol{p}_1,k_2\boldsymbol{p}_2(k_1\neq0,k_2\neq0)$；

(2)$\lambda_1=2,\lambda_2=3,\boldsymbol{p}_1=\begin{pmatrix}-1\\1\end{pmatrix},\boldsymbol{p}_2=\begin{pmatrix}-1/2\\1\end{pmatrix}$，$\lambda_1,\lambda_2$ 对应的特征向量分别为 $k_1\boldsymbol{p}_1,k_2\boldsymbol{p}_2(k_1\neq0,k_2\neq0)$；

(3)$\lambda_1=-7,\lambda_2=\lambda_3=2,\boldsymbol{p}_1=\begin{pmatrix}-\frac{1}{2}\\-1\\1\end{pmatrix},\boldsymbol{p}_2=\begin{pmatrix}-2\\1\\0\end{pmatrix},\boldsymbol{p}_3=\begin{pmatrix}2\\0\\1\end{pmatrix}$，$\lambda_1$ 对应的特征向量为 $k_1\boldsymbol{p}_1(k_1\neq0)$，$\lambda_2=\lambda_3$ 对应的特征向量为 $k_2\boldsymbol{p}_2+k_3\boldsymbol{p}_3$（$k_2,k_3$ 不全为 0）；

(4)$\lambda_1=-1,\lambda_2=\lambda_3=3,\boldsymbol{p}_1=\begin{pmatrix}0\\-1\\1\end{pmatrix},\boldsymbol{p}_2=\begin{pmatrix}1\\0\\0\end{pmatrix},\boldsymbol{p}_3=\begin{pmatrix}0\\1\\1\end{pmatrix}$，$\lambda_1$ 对应的特征向量为 $k_1\boldsymbol{p}_1(k_1\neq0)$，$\lambda_2=\lambda_3$ 对应的特征向量为 $k_2\boldsymbol{p}_2+k_3\boldsymbol{p}_3$（$k_2,k_3$ 不全为 0）；

(5)$\lambda_1=-1,\lambda_2=2,\lambda_3=5,\boldsymbol{p}_1=\begin{pmatrix}0\\-1\\1\end{pmatrix},\boldsymbol{p}_2=\begin{pmatrix}1\\0\\0\end{pmatrix},\boldsymbol{p}_3=\begin{pmatrix}0\\1\\1\end{pmatrix}$，$\lambda_1,\lambda_2,\lambda_3$ 对应的特征向量分别为 $k_1\boldsymbol{p}_1,k_2\boldsymbol{p}_2,k_3\boldsymbol{p}_3(k_1\neq0,k_2\neq0,k_3\neq0)$；

(6)$\lambda_1=\lambda_2=1,\lambda_3=2,\boldsymbol{p}_1=\begin{pmatrix}0\\0\\1\end{pmatrix},\boldsymbol{p}_3=\begin{pmatrix}-1\\0\\1\end{pmatrix}$，$\lambda_1=\lambda_2=1$ 对应的特征向量为 $k_1\boldsymbol{p}_1(k_1\neq0)$，$\lambda_3$ 对应的特征向量为 $k_3\boldsymbol{p}_3(k_3\neq0)$；

(7)$\lambda_1=\lambda_2=\lambda_3=\lambda_4=1,\boldsymbol{p}_1=\begin{pmatrix}1\\0\\0\\0\end{pmatrix}$，$\lambda_1=\lambda_2,\lambda_3=\lambda_4$ 对应的特征向量为 $k_1\boldsymbol{p}_1(k_1\neq0)$..

**8.** $a=-3, b=0, \lambda=-1$.

**9.** $-3, 2$.

**10.** (1)$1, -1, \frac{3}{2}$； (2)$-\frac{3}{2}$.

**11.** 略.

**12.** (1)$\boldsymbol{P}=\begin{pmatrix}2 & -1\\1 & 1\end{pmatrix}, \boldsymbol{P}^{-1}\boldsymbol{AP}=\boldsymbol{\Lambda}=\begin{pmatrix}3 & 0\\0 & -3\end{pmatrix}$；

(2)不能相似对角化；

(3)$\boldsymbol{P}=\begin{pmatrix}1 & 0 & 0\\0 & 1 & -1\\0 & 1 & 1\end{pmatrix}, \boldsymbol{P}^{-1}\boldsymbol{AP}=\boldsymbol{\Lambda}=\begin{pmatrix}2 & 0 & 0\\0 & 1 & 0\\0 & 0 & -1\end{pmatrix}$；

(4)不能相似对角化；

(5)$\boldsymbol{P}=\begin{pmatrix}1 & 4 & 13\\0 & 1 & 5\\0 & 0 & 1\end{pmatrix}, \boldsymbol{P}^{-1}\boldsymbol{AP}=\boldsymbol{\Lambda}=\begin{pmatrix}1 & 0 & 0\\0 & 2 & 0\\0 & 0 & 3\end{pmatrix}$；

(6)$\boldsymbol{P}=\begin{pmatrix}-8 & -16 & 0 & 0\\4 & 4 & 0 & 0\\1 & 0 & 1 & 0\\0 & 1 & 0 & 1\end{pmatrix}, \boldsymbol{P}^{-1}\boldsymbol{AP}=\boldsymbol{\Lambda}=\begin{pmatrix}5 & 0 & 0 & 0\\0 & 5 & 0 & 0\\0 & 0 & -3 & 0\\0 & 0 & 0 & -3\end{pmatrix}$.

**13.** $\boldsymbol{A}=\begin{pmatrix}1 & 0 & 0\\-2 & 5 & -2\\-2 & 4 & -1\end{pmatrix}$.

**14.** $\boldsymbol{A}=\begin{pmatrix}1 & 0 & 0\\2 & 0 & 0\\6 & -1 & -1\end{pmatrix}$.

**15.** (1)0； (2)0； (3)0； (4)0.

**16.** $k=1$ 或 $k=-2$.

**17.** (1)$\begin{pmatrix}-1 & -1\\-1 & -1\end{pmatrix}$； (2)$\begin{pmatrix}5 & 62 & -62\\0 & -57 & 62\\0 & -124 & 129\end{pmatrix}$.

**18.** (1)$x=0, y=-2$； (2)$\boldsymbol{P}=\begin{pmatrix}0 & 0 & -1\\-2 & 1 & 0\\1 & 1 & 1\end{pmatrix}$.

**19.** (1)$\boldsymbol{P}=\begin{pmatrix}\frac{1}{\sqrt{2}} & -\frac{1}{\sqrt{2}}\\\frac{1}{\sqrt{2}} & \frac{1}{\sqrt{2}}\end{pmatrix}, \boldsymbol{\Lambda}=\begin{pmatrix}-2 & 0\\0 & 4\end{pmatrix}$；

(2)$\boldsymbol{P}=\begin{pmatrix}-\frac{1}{\sqrt{2}} & 0 & \frac{1}{\sqrt{2}}\\0 & 1 & 0\\\frac{1}{\sqrt{2}} & 0 & \frac{1}{\sqrt{2}}\end{pmatrix}, \boldsymbol{\Lambda}=\begin{pmatrix}-3 & 0 & 0\\0 & 3 & 0\\0 & 0 & 3\end{pmatrix}$；

(3) $\boldsymbol{P}=\begin{pmatrix} 0 & 1 & 0 \\ -\frac{1}{\sqrt{2}} & 0 & \frac{1}{\sqrt{2}} \\ \frac{1}{\sqrt{2}} & 0 & \frac{1}{\sqrt{2}} \end{pmatrix},\boldsymbol{\Lambda}=\begin{pmatrix} 1 & 0 & 0 \\ 0 & 2 & 0 \\ 0 & 0 & 5 \end{pmatrix}$;

(4) $\boldsymbol{P}=\begin{pmatrix} \frac{1}{3} & -\frac{2}{3} & \frac{2}{3} \\ \frac{2}{3} & -\frac{1}{3} & -\frac{2}{3} \\ \frac{2}{3} & \frac{2}{3} & \frac{1}{3} \end{pmatrix},\boldsymbol{\Lambda}=\begin{pmatrix} -2 & 0 & 0 \\ 0 & 1 & 0 \\ 0 & 0 & 4 \end{pmatrix}$;

(5) $\boldsymbol{P}=\begin{pmatrix} -\frac{2}{3\sqrt{5}} & \frac{2}{\sqrt{5}} & -\frac{1}{3} \\ \frac{5}{3\sqrt{5}} & 0 & -\frac{2}{3} \\ \frac{4}{3\sqrt{5}} & \frac{1}{\sqrt{5}} & \frac{2}{3} \end{pmatrix},\boldsymbol{\Lambda}=\begin{pmatrix} 1 & 0 & 0 \\ 0 & 1 & 0 \\ 0 & 0 & 10 \end{pmatrix}$.

**20.** (1) $\boldsymbol{A}=\begin{pmatrix} -2 & 1 & 0 \\ 1 & -6 & 1 \\ 0 & 1 & -4 \end{pmatrix},R(f)=3$;

(2) $\boldsymbol{A}=\begin{pmatrix} 1 & 2 & 1 \\ 2 & 4 & 2 \\ 1 & 2 & 1 \end{pmatrix},R(f)=1$;

(3) $\boldsymbol{A}=\begin{pmatrix} 1 & -1 & 2 \\ -1 & 1 & -2 \\ 2 & -2 & -7 \end{pmatrix},R(f)=2$.

**21.** (1) $f=x_1^2+x_2^2-2x_1x_2$; (2) $f=4x_1x_2$;

(3) $f=x_1^2+2x_2^2+3x_3^2$; (4) $f=-2x_1x_2+4x_1x_3+6x_2x_3$;

(5) $f=2x_1^2+x_2^2+6x_1x_2$.

**22.** $t=4$.

**23.** (1) $\begin{pmatrix} x \\ y \end{pmatrix}=\begin{pmatrix} \frac{1}{\sqrt{2}} & -\frac{1}{\sqrt{2}} \\ \frac{1}{\sqrt{2}} & \frac{1}{\sqrt{2}} \end{pmatrix}\begin{pmatrix} x' \\ y' \end{pmatrix},f=-2x'^2+4y'^2,p=1,q=1,p-q=0$;

(2) $\begin{pmatrix} x \\ y \\ z \end{pmatrix}=\begin{pmatrix} \frac{1}{3} & -\frac{2}{3} & \frac{2}{3} \\ \frac{2}{3} & -\frac{1}{3} & -\frac{2}{3} \\ \frac{2}{3} & \frac{2}{3} & \frac{1}{3} \end{pmatrix}\begin{pmatrix} x' \\ y' \\ z' \end{pmatrix},f=-2x'^2+y'^2+4z'^2,p=2,q=1,p-q=1$;

(3) $\begin{pmatrix} x_1 \\ x_2 \\ x_3 \end{pmatrix}=\begin{pmatrix} -\frac{1}{\sqrt{2}} & \frac{1}{\sqrt{6}} & \frac{1}{\sqrt{3}} \\ 0 & -\frac{2}{\sqrt{6}} & \frac{1}{\sqrt{3}} \\ \frac{1}{\sqrt{2}} & \frac{1}{\sqrt{6}} & \frac{1}{\sqrt{3}} \end{pmatrix}\begin{pmatrix} x_1' \\ x_2' \\ x_3' \end{pmatrix},f=3x_1'^2-3x_2'^2,p=1,q=1,p-q=0$;

(4) $\begin{pmatrix} x_1 \\ x_2 \\ x_3 \end{pmatrix} = \begin{pmatrix} 0 & 1 & 0 \\ -\frac{1}{\sqrt{2}} & 0 & \frac{1}{\sqrt{2}} \\ \frac{1}{\sqrt{2}} & 0 & \frac{1}{\sqrt{2}} \end{pmatrix} \begin{pmatrix} x_1' \\ x_2' \\ x_3' \end{pmatrix}$，$f = x_1'^2 + 2x_2'^2 + 5x_3'^2$，$p=3$，$q=0$，$p-q=3$；

(5) $\begin{pmatrix} x_1 \\ x_2 \\ x_3 \\ x_4 \end{pmatrix} = \begin{pmatrix} \frac{1}{\sqrt{2}} & 0 & -\frac{1}{\sqrt{2}} & 0 \\ \frac{1}{\sqrt{2}} & 0 & \frac{1}{\sqrt{2}} & 0 \\ 0 & -\frac{1}{\sqrt{2}} & 0 & +\frac{1}{\sqrt{2}} \\ 0 & \frac{1}{\sqrt{2}} & 0 & \frac{1}{\sqrt{2}} \end{pmatrix} \begin{pmatrix} x_1' \\ x_2' \\ x_3' \\ x_4' \end{pmatrix}$，$f = x_1'^2 + x_2'^2 - x_3'^2 - x_4'^2$，$p=2$，$q=2$，$p-q=0$.

**24.** (1) $\begin{cases} x_1 = y_1 - y_2 \\ x_2 = y_2 + y_3 \\ x_3 = y_3 \end{cases}$，标准形 $f = y_1^2 + y_2^2$；

(2) $\begin{cases} x_1 = z_1 + z_2 + 2z_2 \\ x_2 = z_1 - z_2 \\ x_3 = z_3 \end{cases}$，标准形 $f = z_1^2 - z_2^2$.

**25.** $\begin{pmatrix} x \\ y \\ z \end{pmatrix} = \begin{pmatrix} 0 & 1 & 0 \\ \frac{1}{\sqrt{2}} & 0 & -\frac{1}{\sqrt{2}} \\ \frac{1}{\sqrt{2}} & 0 & \frac{1}{\sqrt{2}} \end{pmatrix} \begin{pmatrix} x' \\ y' \\ z' \end{pmatrix}$，$4x'^2 + y'^2 + 2z'^2 = 1$，椭球面.

**26.** (1)负定； (2)正定； (3)正定.

**27.** $-\frac{4}{5} < k < 0$.　**28.** $a > 2$.

## 习题 5

**1.** (1) $-493\ 218$，$607\ 668$；

(2) $\begin{pmatrix} 56 & 6 & 25 & 49 \\ 12 & 52 & 24 & 97 \\ -1 & 18 & 22 & 17 \\ 30 & 17 & 14 & -37 \end{pmatrix}$，$\begin{pmatrix} -32 & -18 & -43 & 19 \\ 4 & 68 & 0 & -31 \\ 15 & 2 & 8 & -1 \\ -12 & 7 & -32 & 27 \end{pmatrix}$，$\begin{pmatrix} 36 & -18 & -27 & 102 \\ 24 & 180 & 36 & 99 \\ 21 & 30 & 45 & 24 \\ 27 & 36 & -27 & -15 \end{pmatrix}$；

(3) $\begin{pmatrix} 498 & 624 & 216 \\ 409 & 961 & -201 \\ 49 & 521 & 77 \\ 150 & 708 & -54 \end{pmatrix}$，$1\ 242$，$(207, -948, -441, 218)$，$\begin{pmatrix} 744 \\ -3\ 171 \\ -334 \\ -741 \end{pmatrix}$，$\begin{pmatrix} 617 & 94 \\ 1\ 928 & 252 \\ 650 & -60 \\ 554 & 28 \end{pmatrix}$；

(4) $R(\boldsymbol{A})=4$，$R(\boldsymbol{B})=4$，$R(\boldsymbol{E})=3$，$R(\boldsymbol{F})=2$；

(5) $\begin{pmatrix} 0.014\ 9 & -0.021\ 2 & 0.062\ 7 & 0.061\ 4 \\ -0.010\ 7 & 0.015\ 7 & -0.012\ 8 & 0.010\ 3 \\ -0.010\ 2 & -0.005\ 3 & 0.051\ 6 & -0.021\ 8 \\ 0.019\ 6 & 0.008\ 9 & -0.010\ 7 & -0.025\ 6 \end{pmatrix}$，

$$\begin{pmatrix} 0.0273 & -0.0120 & -0.0391 & -0.0222 \\ 0.0390 & -0.0431 & 0.0560 & -0.0522 \\ -0.0230 & 0.0283 & 0.0291 & 0.0539 \\ 0.0075 & 0.0057 & 0.0040 & -0.0152 \end{pmatrix}.$$

**2.** (1)无解；

(2) $\boldsymbol{x}=k_1\begin{pmatrix}2\\-2\\1\\0\end{pmatrix}+k_2\begin{pmatrix}\frac{5}{3}\\-\frac{4}{3}\\0\\1\end{pmatrix},k_1,k_2\in\mathbf{R}$；

(3)唯一解 $\boldsymbol{x}=\begin{pmatrix}1\\2\\3\\-1\end{pmatrix}$；

(4) $\boldsymbol{x}=k_1\begin{pmatrix}1\\-2\\1\\0\\0\end{pmatrix}+k_2\begin{pmatrix}1\\-2\\0\\1\\0\end{pmatrix}+\begin{pmatrix}-3\\2\\0\\0\\0\end{pmatrix},k_1,k_2\in\mathbf{R}$；

(5) $\boldsymbol{x}=k_1\begin{pmatrix}2\\1\\0\\0\\0\end{pmatrix}+k_2\begin{pmatrix}-3\\0\\-1\\1\\0\end{pmatrix},k_1,k_2\in\mathbf{R}$；

(6) $\boldsymbol{x}=k_1\begin{pmatrix}0\\1\\1\\0\\0\end{pmatrix}+k_2\begin{pmatrix}0\\1\\0\\1\\0\end{pmatrix},k_1,k_2\in\mathbf{R}$.

**3.** (1)秩 3；$\boldsymbol{\alpha}_1,\boldsymbol{\alpha}_2,\boldsymbol{\alpha}_4$ 为一个最大无关组，$\boldsymbol{\alpha}_3=3\boldsymbol{\alpha}_1+\boldsymbol{\alpha}_2$；

(2)秩 3；$\boldsymbol{\alpha}_1,\boldsymbol{\alpha}_2,\boldsymbol{\alpha}_3$ 为一个最大无关组，$\boldsymbol{\alpha}_5=\boldsymbol{\alpha}_1+\boldsymbol{\alpha}_2+\boldsymbol{\alpha}_3$. $\boldsymbol{\alpha}_4=\frac{3}{2}\boldsymbol{\alpha}_1-\frac{5}{2}\boldsymbol{\alpha}_3$.

**4.** (1)负定； (2)正定； (3)正定； (4)不定.

**5.** (1) $\boldsymbol{x}=\boldsymbol{P}\boldsymbol{y},\boldsymbol{P}=\begin{pmatrix}0.6944 & -0.1985 & -0.6917\\ -0.3714 & -0.9221 & -0.1082\\ 0.6164 & -0.3320 & 0.7140\end{pmatrix}$；

$f=-20.6528y_1^2+12.3132y_2^2+32.3396y_3^2$；

(2) $\boldsymbol{x}=\boldsymbol{P}\boldsymbol{y},\boldsymbol{P}=\begin{pmatrix}0 & 1 & 0\\ -0.8398 & 0 & 0.5430\\ 0.5430 & 0 & 0.8398\end{pmatrix}$；$f=0.0683y_1^2+22y_2^2+43.9317y_3^2$；

(3) $\boldsymbol{x}=\boldsymbol{P}\boldsymbol{y},\boldsymbol{P}=\begin{pmatrix} -0.5754 & -0.2233 & -0.0261 & -0.7608 & -0.1988 \\ 0.5319 & 0.1984 & -0.0061 & -0.2559 & -0.7824 \\ -0.5219 & -0.1591 & 0.0212 & 0.5948 & -0.5899 \\ -0.0143 & 0.0430 & -0.9984 & 0.0329 & -0.0017 \\ 0.3367 & -0.9400 & -0.0443 & 0.0275 & -0.0182 \end{pmatrix}$;

$f=-13.5927y_1^2-11.8764y_2^2+10.0444y_3^2+10.8367y_4^2+20.5880y_5^2$;

(4) $\boldsymbol{x}=\boldsymbol{P}\boldsymbol{y},\boldsymbol{P}=\begin{pmatrix} 0.4705 & -0.5195 & 0.1398 & 0 & -0.6994 \\ -0.4841 & -0.7978 & 0.1900 & 0 & 0.3049 \\ 0.7200 & -0.1357 & 0.2465 & 0 & 0.6344 \\ 0 & 0 & 0 & -1 & 0 \\ -0.1609 & 0.2741 & 0.9400 & 0 & -0.1240 \end{pmatrix}$;

$f=-21.0151y_1^2-10.8658y_2^2+2.1546y_3^2+11y_4^2+29.7264y_5^2$.

# 主要参考文献

[1]　白同亮,高桂英. 线性代数及其应用. 北京:北京邮电大学出版社,2007.
[2]　Leon S J(美). 线性代数. 张文博,张丽静,译. 北京:机械工业出版社,2010.
[3]　肖马成,曲文萍,蔡德祺,等. 线性代数. 北京:高等教育出版社,2009.
[4]　大连理工大学应用数学系. 线性代数. 大连:大连理工大学出版社,2007.
[5]　同济大学数学教研室. 线性代数. 4 版. 北京:高等教育出版社,2003.
[6]　陈怀琛,龚杰民. 线性代数实践及 MATLAB 入门. 北京:电子工业大学出版社,2006.